农作物病虫害专业化统防统治培训指南

NONGZUOWU BINGCHONGHAI ZHUANYEHUA

TONGFANG TONGZHI PEIXUN ZHINAN

农业部种植业管理司
全国农业技术推广服务中心　编著

中国农业出版社

图书在版编目（CIP）数据

农作物病虫害专业化统防统治培训指南／农业部种植业管理司，全国农业技术推广服务中心编著. —北京：中国农业出版社，2013.9（2016.1重印）
（最受欢迎的种植业精品图书）
ISBN 978-7-109-18341-4

Ⅰ.①农… Ⅱ.①农… ②全… Ⅲ.①作物-病虫害防治-技术培训-指南 Ⅳ.①S435-62

中国版本图书馆 CIP 数据核字（2013）第 213261 号

中国农业出版社出版
（北京市朝阳区农展馆北路 2 号）
（邮政编码 100125）
责任编辑　张洪光　阎莎莎
————————————
中国农业出版社印刷厂印刷　　新华书店北京发行所发行
2013 年 9 月第 1 版　　2016 年 1 月北京第 6 次印刷
————————————
开本：880mm×1230mm　1/32　印张：9.875
字数：260 千字
定价：28.00 元
（凡本版图书出现印刷、装订错误，请向出版社发行部调换）

编写人员

主　　　　任：钟天润　陈友权

副　主　任：李建伟　王建强

　　　　　　邵振润　赵　清

主　　　编：赵　清　邵振润

主要编著人员：邵振润　赵　清

　　　　　　梁帝允　郭永旺

　　　　　　李永平　郑建秋

　　　　　　肖　强　施　德

　　　　　　楚桂芬　王亚红

　　　　　　任文艺　张　帅

序

　　防病治虫是农业生产中劳动强度大、用工多、技术要求高、时效性强的重要农事活动，随着大量农村青壮年外出务工，劳动力出现结构性短缺，迫切需要发展专业化防治组织来解决一家一户防病治虫难的突出问题。农作物病虫害专业化统防统治，符合现代农业发展方向，适应病虫防治规律，是全面提升植保工作水平的有效途径，是保障农业生产安全、农产品质量安全和农业生态安全的重要措施。专业化统防统治是转变农业发展方式的有效途径，其服务的产业是农业，服务的对象是农民，服务的内容是防灾减灾，不仅具有很强的公益性质，而且符合现代农业的发展方向，对保障国家粮食安全和促进农民增收作用重大。

　　农作物病虫害专业化统防统治，是指具备一定植保专业技术的服务组织，采用先进、实用的设备，对农作物病虫害开展社会化、规模化和契约性的防治服务行为。实践证明，农作物病虫害专业化统防统治可以大力提升农作物病虫害防控效率、防控效果和防控效益，有效减少农药用量、防治用工和环境污染，切实保障作物安全、人畜安全和农产品质量安全。因此，农作物病虫害统防统治是发展"高产、优质、高效、生态、安全"现代农业和建设"资源节约型、环境友好型"农业的客观要求，也是发展现代植保事业和推进"公共植保、绿色植保"的必然选择。

农作物病虫害专业化统防统治的发展方向是专业化、社会化、市场化。专业化，就是要有专业的组织、专业的机防人员、专业的机械、专业的植保技术。社会化，就是要充分吸引和调动社会力量广泛参与，让更多社会主体、社会资本进入专业化统防统治领域，而不是仅由农业部门"包打天下"。市场化，就是要尊重市场规律并依照市场规律办事，营造公平竞争的环境条件。推进农作物病虫害专业化统防统治，涉及农民、专业化统防统治组织、机防手、农业部门等四大主体，以及植保技术和植保机械两大支撑要素。因此，充分调动各利益主体的积极性，并强化各要素的支撑作用显得至关重要。

2010 年和 2012 年的中央 1 号文件都明确提出"大力推进农作物病虫害专业化统防统治"，农业部将农作物病虫害专业化统防统治作为贯彻落实"预防为主、综合防治"植保方针和践行"公共植保、绿色植保、科技植保"理念的重大举措，作为实现"保障农业生产安全、农产品质量安全和农业生态安全"三大目标的重要抓手，并在更大规模、更广范围、更高层次上深入推进。通过大力扶持专业化防治组织，搞好技术指导和服务，逐步建立起一批拉得出、用得上、打得赢的专业化防治队伍，使之成为农作物重大病虫害防控的主导力量，大力提升农作物重大生物灾害防控能力。

农作物病虫害专业化统防统治，是新时期适应农村经济形势发展需要的社会化服务方式，是当前和今后一个时期植保工作的重要任务，是农业发展的必然趋势和方向。各级植保部门要进一步统一思想，提高认识，创新机制，把农作物病虫害专业化统防统治作为发展现代植保的重要抓手，切实抓出成效。要积极争取有关项目，推行物化技术补贴，探索生态补偿机制，充分利用专业化统防统治平台大力推广绿色植保技术，努力实现安全用药、科学防控，加速植保新技术推广普及，提高防控效果。要切实加强农作物病虫害专业化统防统治组织的培训和技术指导及规范管理，不断提高服务质量。要积极扶持专业化统防统治组织开展承包服务，不断扩大服务规模，提升服务能力和服务水平。

2011年，农业部为农民办实事工作方案确定对万名农作物病虫害专业化统防统治机手开展技能培训。为了将这一实事办好，好事办实，取得实效，我们组织有关人员编写了《农作物病虫害专业化统防统治手册》，作为专门培训教材，并作为各级植保工作者和从事专业化统防统治组织的管理人员与机防手的工具箱。发行后深受广大读者欢迎，并于2012年进行第二次印刷，此次应广大读者要求，我们对有关内容进行了修订并增加了相关内容，改名为《农作物病虫害专业化统防统治培训指南》。相信通过大规模的培训，必将推动我国农作物病虫害专业化统防统治更好更快地发展，为有效控制生物灾害，保障农业丰收做出新的更大贡献。

全国农业技术推广服务中心主任　陈生斗

2013 年 8 月 28 日

目　录

序

第一章　农作物病虫害专业化统防统治概述 ……………………… 1

第一节　开展农作物病虫害专业化统防统治的意义 …………… 1
一、农作物病虫害专业化统防统治的基本概念 ……………… 1
二、各级农业部门重点扶持的专业化防治组织应具备的条件 ……… 1
三、专业化统防统治是适应病虫发生规律变化，解决农民防病
治虫难的必然要求 …………………………………………… 2
四、专业化统防统治是提高重大病虫防控效果，促进粮食稳定
增产的关键措施 ……………………………………………… 2
五、专业化统防统治是降低农药使用风险，保障农产品质量安全
和农业生态环境安全的有效途径 ………………………… 3
六、专业化统防统治是提高农业组织化程度，转变农业生产经营
方式的重要举措 ……………………………………………… 3
七、专业化统防统治是推广普及新技术，实现可持续防控的客观
需要 …………………………………………………………… 4

第二节　开展农作物病虫害专业化统防统治的指导思想与
目标任务 …………………………………………………… 4
一、指导思想 …………………………………………………… 4
二、目标任务 …………………………………………………… 5
三、工作原则 …………………………………………………… 5

第三节　各地开展农作物病虫害专业化统防统治的
主要形式 …………………………………………………… 7

一、组织形式 ··· 7
二、服务方式 ··· 8
三、服务方式的分析 ··· 8
第四节　开展专业化统防统治的困难分析及推进措施的
　　　　探索思考 ··· 10
一、困难分析 ··· 10
二、推进措施 ··· 12
三、专业化防治组织提高服务水平壮大自身实力的途径 ·········· 15

第二章　安全使用农药 ··· 23

第一节　农药的选择 ··· 23
一、依据国家的有关规定选择农药 ·························· 23
二、根据防治对象选择农药 ································· 25
三、根据农作物和生态环境安全要求选择农药 ·············· 25
第二节　农药的购买 ··· 25
一、仔细阅读农药标签 ····································· 25
二、辨识假劣农药 ··· 29
三、购买农药技巧 ··· 30
第三节　农药的配制 ··· 31
一、计算农药和配料的取用量 ······························ 31
二、安全、准确配制农药 ··································· 32
第四节　科学用药的意义 ····································· 33
一、科学使用农药的重要意义 ······························ 33
二、科学用药的措施 ······································· 37
第五节　施药后的处理 ······································· 39
一、施药田块的处理 ······································· 39
二、残余药液及废弃农药包装的处理 ························ 40
三、清洁与卫生 ··· 41
四、用药档案记录 ··· 42

第三章　科学施用农药 ··· 43

第一节　常用植保机械的工作原理与维修保养 ·············· 43

一、手动喷雾器 ································· 43

二、背负式机动喷雾喷粉机 ················· 45

三、喷杆喷雾机 ······························· 50

四、自走式旱田作物喷杆喷雾机 ··········· 56

五、自走式高秆作物喷杆喷雾机 ··········· 57

六、担架式液泵喷雾机 ······················ 58

七、风送式高效远程喷雾机 ················· 58

第二节　常用植保机械的使用技术 ··········· 61

一、机具的检查和调整 ······················ 61

二、机械的使用技术 ························· 62

三、施药器械的保养 ························· 71

第三节　安全施药注意事项 ··················· 73

一、施药人员应符合要求 ··················· 73

二、按要求使用农药 ························· 73

三、施药时间应安全 ························· 74

四、施药操作应规范 ························· 74

第四节　两种主要机型常见故障的排除方法 ··· 75

一、背负式机动喷雾喷粉机常见故障的排除方法 ··· 75

二、担架式液泵喷雾机常见故障的排除方法 ··· 77

第四章　农药中毒与急救 ····················· 80

第一节　农药中毒的判断 ····················· 80

一、农药中毒的含义 ························· 80

二、农药毒性的分级 ························· 80

三、农药中毒的程度和种类 ················· 81

四、农药中毒的原因、影响因素及途径 ····· 81

第二节　农药中毒的急救治疗 ················· 83

一、正确诊断农药中毒情况 ················· 83

二、现场急救 ······························· 84

三、中毒后的救治措施 ······················ 84

四、对症治疗 ······························· 85

五、注意防止迟发毒效应 ··················· 85

第五章　主要病虫害防治 ·················· 86

第一节　水稻主要病虫害发生规律与综合防治技术 ············· 86

一、水稻病害 ·················· 86

稻瘟病（86）　水稻纹枯病（87）　水稻恶苗病（88）　稻曲病（89）　水稻白叶枯病（90）　水稻细菌性条斑病（91）　水稻条纹叶枯病（91）　水稻黑条矮缩病（92）　水稻干尖线虫病（93）

二、水稻害虫 ·················· 93

水稻螟虫（93）　稻纵卷叶螟（95）　褐飞虱（96）　白背飞虱（98）　灰飞虱（99）　黑尾叶蝉（100）　稻蓟马（101）　稻秆潜蝇（102）　中华稻蝗（103）　稻水象甲（104）水稻蚜虫（105）

第二节　防治水稻病虫害常用农药及其使用技术 ············· 105

一、杀虫剂 ·················· 105

氯虫苯甲酰胺（105）　茚虫威（106）　阿维菌素（107）　毒死蜱（108）　稻丰散（109）　丙溴磷（109）　敌敌畏（110）　异丙威（111）　丁硫克百威（112）　噻嗪酮（113）　吡虫啉（114）　吡蚜酮（114）　噻虫嗪（115）　氯虫·噻虫嗪（116）　丙溴·氟铃脲（117）　阿维·丙溴磷（117）　甲维·毒死蜱（118）

二、杀菌剂 ·················· 119

苯甲·丙环唑（119）　井冈霉素（119）　噻菌铜（120）　噻唑锌（121）　氯溴异氰尿酸（122）　咪鲜胺（122）　宁南霉素（123）　三环唑（124）　稻瘟灵（124）　多菌灵（125）

三、近年登记的农药品种 ·················· 126

氟虫双酰胺＋阿维菌素（126）　氰氟虫腙（126）　烯啶虫胺（127）

第三节　小麦主要病虫害发生规律与综合防治技术 ············· 128

一、小麦病害 ·················· 128

小麦条锈病（128）　小麦白粉病（130）　小麦赤霉病（132）　小麦纹枯病（133）　小麦全蚀病（135）　小麦散黑穗病（137）　小麦腥黑穗病（138）　小麦胞囊线虫病（140）

二、小麦虫害 ·················· 141

小麦蚜虫（141）　小麦吸浆虫（143）　麦蜘蛛（145）　麦叶蜂（147）　蝼蛄（148）　蛴螬（150）　金针虫（154）

第四节　防治小麦病虫害常用农药及其使用技术 ············· 156

吡虫啉（156） 啶虫脒（158） 抗蚜威（159） 氯氟氰菊酯（160） 辛硫
磷（162） 毒死蜱（163） 二嗪磷（164） 硫丹（165） 丁硫克百威
（166） 高效氯氰菊酯（168） 敌敌畏（169）

第五节 玉米主要病虫害的发生特点与综合防治技术 ……… 171
一、玉米病害 …………………………………………………… 171
苗期病害（171） 玉米大斑病、小斑病（172） 玉米丝黑穗病（172）
二、玉米虫害 …………………………………………………… 173
地下害虫（173） 黏虫（173） 玉米蚜虫（173） 玉米螟虫（174）
草地螟（174）

第六节 苹果主要病虫害发生规律与综合防治技术 ………… 175
一、苹果病害 …………………………………………………… 175
苹果树腐烂病（175） 苹果轮纹病（176） 苹果炭疽病（178） 苹果斑点落
叶病（179） 苹果褐斑病（181） 苹果白粉病（182） 苹果锈病（183）
二、苹果虫害 …………………………………………………… 184
桃小食心虫（184） 叶螨类（186） 蚜虫类（189） 苹果绵蚜（190） 金
纹细蛾（192） 卷叶蛾类（193） 金龟甲类（195） 梨网蝽（196） 朝鲜
球坚蚧（197）

第七节 茶树主要病虫害发生特点与综合防治技术 ………… 198
一、茶树病害 …………………………………………………… 199
茶饼病（199） 茶白星病（200） 茶炭疽病（200）
二、茶树虫害 …………………………………………………… 201
茶尺蠖（201） 茶毛虫（203） 茶黑毒蛾（204） 茶刺蛾（205） 茶卷叶
蛾（206） 假眼小绿叶蝉（207） 黑刺粉虱（208） 丽纹象甲（209） 角
胸叶甲（210） 茶蓟马（211） 茶橙瘿螨（211） 咖啡小爪螨（212） 茶
跗线螨（213）

第八节 蔬菜主要病虫害发生特点与综合防治技术 ………… 214
一、蔬菜病害 …………………………………………………… 214
黄瓜霜霉病（214） 黄瓜枯萎病（215） 黄瓜疫病（215） 黄瓜白粉病（216）
黄瓜角斑病（217） 黄瓜根结线虫病（218） 苦瓜枯萎病（218） 苦瓜白
粉病（219） 西瓜枯萎病（220） 甜瓜白粉病（220） 甜瓜蔓枯病（221）
番茄黄化曲叶病毒病（222） 番茄蕨叶病毒病（223） 番茄晚疫病（223）
番茄叶霉病（224） 番茄灰霉病（225） 番茄溃疡病（226） 番茄根结线
虫病（226） 辣椒病毒病（227） 辣椒疫病（228） 茄子绵疫病（228）
茄子黄萎病（229） 菜豆（豇豆）细菌性叶烧病（230） 花椰菜黑腐病

（231） 菜心霜霉病（231） 白菜病毒病（232） 白菜黑腐病（233） 白菜

霜霉病（233） 白菜根肿病（233） 芹菜斑枯病（234） 芹菜根结线虫病

（235）

二、蔬菜虫害 ……………………………………………………………… 236

菜蛾（236） 菜粉蝶（237） 甜菜夜蛾（238） 棉铃虫（239） 烟青虫

（240） 豆野螟（241） 桃蚜（242） 黄曲条跳甲（243） 美洲斑潜蝇

（243） 温室白粉虱（245） 瓜蚜（246） 黄蓟马（247） 花蓟马（248）

朱砂叶螨和二点叶螨（249） 茶黄螨（250） 小地老虎（251） 蛴螬（252）

沟金针虫（253）

第九节　专业化防治组织应大力推广应用综合防控技术 …… 254

一、水稻病虫害综合防控技术 …………………………………… 254

二、玉米病虫害综合防控技术 …………………………………… 254

三、蔬菜病虫害综合防控技术 …………………………………… 255

四、果树病虫害综合防控技术 …………………………………… 255

附录1　农药安全使用规范　总则（NY/T1276—2007）……… 256

附录2　湖南省岳阳市田园牧歌农业综合服务有限公司

　　　　管理制度和服务协议 ………………………………… 265

附录3　河南沙隆达春华益农（商丘）农资连锁有限公司

　　　　管理制度和服务协议 ………………………………… 284

附录4　安全科学使用农药图解 ………………………………… 293

第一章
农作物病虫害专业化
统防统治概述

第一节　开展农作物病虫害专业化
统防统治的意义

一、农作物病虫害专业化统防统治的基本概念

农作物病虫害专业化统防统治，是指具备一定植保专业技术条件的服务组织，采用先进、实用的设备和技术，为农民提供契约性的防治服务，开展社会化、规模化的农作物病虫害防控行动。

大力推进专业化统防统治，是符合现代农业发展方向、适应病虫发生规律变化、提升植保工作水平的有效途径，是保障农业生产安全、农产品质量安全和农业生态安全的重要措施，势在必行、大有可为，必须高度重视，全力推进。

二、各级农业部门重点扶持的专业化防治组织应具备的条件

1. 有法人资格　经工商或民政部门注册登记，并在县级以上农业植保机构备案。

2. 有固定场所　具有固定的办公、技术咨询场所和符合安全要求的物资储存条件。

3. 有专业人员　具有 10 名以上经过植保专业技术培训合格的防治队员，其中，获得国家植保员资格或初级职称资格的专业技术

人员不少于 1 名。防治队员持证上岗。

4. 有专门设备 具有与日作业能力达到 300 亩*（设施农业 100 亩）以上相匹配的先进实用设备。

5. 有管理制度 具有开展专业化防治的服务协议、作业档案及员工管理等制度。

三、专业化统防统治是适应病虫发生规律变化，解决农民防病治虫难的必然要求

从农业生产过程来看，病虫防治是技术含量最高、用工最多、劳动强度最大、风险控制最难的环节。许多病虫害具有跨国界、跨区域迁飞和流行的特点，还有一些暴发性和新发生的疑难病虫也危害较重，农民一家一户难以应对，常常出现"漏治一点，危害一片"的现象。加之农村大量青壮年劳力外出务工，务农劳动力结构性短缺，病虫害防治成为当前农业生产者遇到的最大难题。发展专业化统防统治，促进传统的分散防治方式向规模化和集约化统防统治转变，可以提高防控效果、效率和效益，最大限度减少病虫危害损失，保障农业生产安全。

四、专业化统防统治是提高重大病虫防控效果，促进粮食稳定增产的关键措施

从我国的国情看，保障粮食安全和主要农产品的有效供给是一项长期而艰巨的战略任务。受异常气候、耕作制度变革等因素影响，农作物病虫害呈多发、重发和频发态势，成为制约农业丰收的重要因素，确保粮食稳定增产对植保工作提出了更高的要求。与传统防治方式相比，专业化统防统治具有技术集成度高、装备比较先进、防控效果好、防治成本低等优势，能有效控制病虫害暴

---

* 亩为非法定计量单位，1 亩≈667 米^2。——编者注

发成灾。各地实践证明，专业化统防统治作业效率可提高 5 倍以上，每亩可增产水稻 50 千克以上，增产小麦 30 千克以上。减损就是增产，发展专业化统防统治是进一步提升粮食生产能力的重要措施。

五、专业化统防统治是降低农药使用风险，保障农产品质量安全和农业生态环境安全的有效途径

大多数农民缺乏病虫防治的相关知识，不懂农药使用技术，施药观念落后，仍习惯大容量、针对性的喷雾方法，农药利用率低，农药飘移和流失严重，盲目、过量用药现象较为严重。这不仅加重了农田生态环境的污染，而且常导致发生农产品农药残留超标等质量安全事件。而通过实施专业化统防统治，实行农药统购、统供、统配和统施，规范田间作业行为，可以有效避免中毒事故，实现安全、科学、合理使用农药，规范农药使用，提高利用率、减少使用量，是从生产环节上入手，降低农药残留污染，保障生态环境安全和农产品质量安全的重要措施。更为重要的是，有助于从源头上控制假冒伪劣农药，杜绝禁用、限用高毒农药的使用。同时，通过组织专业化防治，普遍使用大包装农药，减少了农药包装废弃物对环境的污染。

六、专业化统防统治是提高农业组织化程度，转变农业生产经营方式的重要举措

随着工业化、城镇化和农业现代化同步推进，农业生产规模化和集约化发展趋势明显，需要建立与统分结合双层经营体制相适应的新型农业社会化服务体系。病虫害专业化统防统治作为新型服务业态，既是植保公共服务体系向基层的有效延伸，也是提高病虫害防控组织化程度的有效载体。通过实施专业化统防统治，创新防控机制、集成防控技术，有利于提高防治效果，有利于防控方式向资

源节约型、环境友好型转变，不仅较好地解决了因农村劳动力大量转移，防治病虫害日趋困难等方面的难题，也是新型社会化服务体系的重要组成部分，有效地促进了规模化经营，有利于高效新型植保机械的推广应用，促进植保机械升级换代，提升农业现代化水平。

七、专业化统防统治是推广普及新技术，实现可持续防控的客观需要

病虫专业化防治组织的出现，改变了我们面对千家万户农民开展培训的困局，可以大大降低我们的培训面，增强培训效果，解决农技推广的"最后一公里"问题。并通过他们提供的大面积防治服务，实现科学防治，可以迅速地将新技术推广普及开来。通过组织专业化承包防治，可以从规模和措施上统筹考虑，为了降低防治成本，而促使专业化防治组织开展规模化的农业防治、物理防治和生物防治等综合防治措施。同时，这一组织形式也为统一采取综合防治措施提供了可能和强有力的保障，真正实行绿色防控，实现病虫害的可持续防控。

第二节　开展农作物病虫害专业化统防统治的指导思想与目标任务

一、指导思想

坚持以科学发展观为指导，以贯彻落实"预防为主、综合防治"的植保方针和"公共植保、绿色植保"的植保理念为宗旨，坚持"政府支持、市场运作、农民自愿、因地制宜"的原则。以加强领导、加大投入为保障，以规范管理、强化服务为突破口，大力扶持规范运行、自我发展、有生命力的农作物病虫专业化防治服务组织，鼓励服务组织多元化、服务模式多样化、扶持措施多渠道，吸

引社会资本积极参与，不断拓宽病虫专业化防治的服务领域和服务范围，努力提升病虫防治的质量和水平，全面推进病虫专业化防治向健康、可持续的方向发展。

二、目标任务

发展专业化统防统治，是一项长期而艰巨的工作任务，必须立足当前，谋划长远，稳步推进。力争到"十二五"末，全国规范化防治组织数量达到 2 万个以上，总作业能力达到 10 亿亩次以上；主要粮食作物病虫害专业化统防统治覆盖率提高 30%，棉花、蔬菜、水果等经济作物病虫害专业化统防统治覆盖率提高 15%，化学农药使用量减少 20%。力争水稻、小麦等粮食主产区，蔬菜、水果优势区域和重大病虫源头区实现全覆盖。

三、工作原则

开展病虫害专业化防治应遵循政府支持、市场运作、农民自愿和因地制宜的原则。

（一）在支持环节上，突出发展专业化防治组织

通过政策扶持，加强信息服务、技术培训、规范管理等措施，扶持发展一批持续稳定、高素质的专业化服务队伍，引导防治组织采取规范行为、提供优质服务，实施科学防控，使之成为能为政府分忧、为农民解难的病虫防灾主力军。

专业化统防统治服务的产业是农业，服务的对象是农民，服务的内容是防灾减灾，具有较强的公益性。目前，专业化统防统治还处于发展初期，防治组织的规模和服务水平还参差不齐，需要强化政策扶持。农业部从 2013 年开始利用重大农作物病虫害防治补助资金 8 亿元，开展对专业化统防统治服务组织和农民进行补贴试点。各地出台了一系列推进专业化防治的扶持政策，促进专业化统

防统治工作稳步发展，整合利用"现代农业""高产创建""测土配方施肥""油料倍增计划"等农业项目部分资金补贴配置高效施药机械，在农机购置补贴的基础上，加大补贴额度，补贴配置高效施药机械，大大提高了防治作业效率和防治效果，提高了组织及机手的收益水平，很好地解决了机手难聘问题，有力地推动了专业化统防统治的深入开展。

（二）在防治模式上，突出发展承包防治服务

承包防治是提高病虫防治效果、降低农药使用风险的有效方式，是实现规模效益和病虫害防控可持续发展的关键，是统防统治发展的方向。要通过创新服务机制、规范承包服务合同管理，推行农药等主要防控投入品的统购、统供、统配、统施"四统一"模式，优先扶持贯穿农作物生长全过程的专业化统防统治服务。

（三）在发展布局上，突出重点作物和关键区域

从保障粮食稳定发展和农产品质量安全的需要出发，率先在小麦、水稻等粮食作物主产区、经济作物优势区和重大病虫发生源头区推进专业化统防统治，逐步向其他作物和区域辐射推广，重点区域和关键地带实现全覆盖。水稻和小麦产区要突出做好"两迁"害虫、螟虫、稻瘟病等重大病虫综合防控为主的统防统治；玉米产区要突出做好玉米螟生物防治为主的统防统治；蔬菜、水果、茶叶产区要突出绿色防控为主的统防统治。

（四）在推进方式上，突出整建制示范带动

针对病虫发生规律和防控要求，重点要在经济发达地区、劳动力外出务工多的地区，以及病虫害防治需求大的地区开展统防统治试点，以整村推进的方式，建立一批示范区和示范组织，通过示范带动和典型引路，逐步实现整村、整乡推进，最终实现区域间联防联控、区域内统防统治。

第三节 各地开展农作物病虫害专业化统防统治的主要形式

一、组织形式

各地专业化统防统治组织形式主要有 7 种。

1. 专业合作社和协会型 按照农民专业合作社的要求，把大量分散的机手组织起来，形成一个有法人资格的经济实体，专门从事专业化防治服务。或由种植业、农机等专业合作社，以及一些协会，组建专业化防治队伍，拓展服务内容，提供病虫专业化防治服务。

2. 企业型 成立股份公司把专业化防治服务作为公司的核心业务，从技术指导、药剂配送、机手培训与管理、防效检查、财务管理等方面实现公司化的规范运作。或由农药经营企业购置机动喷雾机，组建专业化防治队，不仅为农户提供农药销售服务，同时还开展病虫专业化防治服务。

3. 大户主导型 主要由种植大户、科技示范户或农技人员等"能人"创办专业化防治队，在进行自身田块防治的同时，为周围农民开展专业化防治服务。

4. 村级组织型 以村委会等基层组织为主体，或组织村里零散机手，或统一购置机动药械，统一购置农药，在本村开展病虫统一防治。

5. 农场、示范基地、出口基地自有型 一些农场或农产品加工企业，为提高农产品的质量，越来越重视病虫害的防治和农产品农药残留问题，纷纷组建自己的专业化防治队，对本企业生产基地开展专业防治服务。

6. 互助型 在自愿互利的基础上，按照双向选择的原则，拥有防治机械的机手与农民建立服务关系，自发地组织在一起，在病虫防治时期开展互助防治，主要是进行代治服务。

7. 应急防治型　这种类型主要是应对大范围发生的迁飞性、流行性重大病虫害，由县级植保站组建的应急专业防治队，主要开展对公共地带的公益性防治服务，在保障农业生产安全方面发挥着重要作用。

二、服务方式

各地开展农作物病虫害专业化统防统治的服务方式主要有以下3种。

1. 代防代治　专业化防治组织为服务对象施药防治病虫害，收取施药服务费，一般每亩收取 4～6 元。农药由服务对象自行购买或由防治组织统一提供。这种服务方式，专业化防治组织和服务对象之间一般无固定的服务关系。

2. 阶段承包防治　专业化防治组织与服务对象签订服务合同，承包部分或一定时段内的病虫防治任务。

3. 全程承包防治　专业化防治组织根据合同约定，承包作物生长季节所有病虫害的防治任务。全程承包与阶段承包具有共同的特点，即专业化防治组织在县植保部门的指导下，根据病虫发生情况，确定防治对象、用药品种、用药时间，统一购药、统一配药、统一时间集中施药，防治结束后由县植保部门监督进行防效评估。

三、服务方式的分析

（一）代防代治

优势：简单易行，不需要组织管理，收费容易，不易产生纠纷。

不足：仅能解决劳动力缺乏的问题，无法确保实现安全、科学、合理用药，谈不上提高防治效果，提高防治效益，降低防治成本；机手盈利不足，服务愿望不强；不便于植保技术部门开展培训、指导和管理。

困境：由于现有的植保机械还是半机械化产品为主，要靠人背负或手工辅助作业，机械化程度和工效低。作业辛苦，劳动强度大；作业规模小，收费低，收益不高，难以满足通过购买机动喷雾机，为他人提供服务而赚取费用的需求。如背负式机动喷雾机一天最多只能防治30亩，收入150元，扣除燃油、折旧等，纯利也就是100多元，与一般体力劳动的工钱差不多，还要冒农药中毒的危险，不具有什么吸引力。现有的植保机械技术含量不高，作业质量受施药人员水平影响大。

解决途径：在消化吸收国外先进机型的基础上，开发出适合我国种植特点的大中型高效、对靶性强、农药利用率高的植保机械。提高植保机械的机械化水平，提高防治效率，实现防治规模化效益；提高机器本身的技术含量，从技术装备上提高施药水平，避免人为操作因素对施药质量的影响。

（二）承包防治

优势：提高防治效果，降低病虫为害损失；提高防治效率，降低防治用工；提高防治效益，降低防治成本；使用大包装农药，减少农药包装废弃物对环境的污染，同时有利于净化农药市场；为了降低用药成本，而加速其他综合防治措施的应用，同时强有力的组织形式也为统一采取综合防治措施提供了保障；有利于植保技术部门集中开展培训、指导和管理，加速新技术的推广应用。

不足：组织管理较为费事，收费较为困难，容易产生纠纷；专业化防治组织效益低、风险大；机手流动性较大，增加了培训难度。

困境：由于收取的费用不能比农民自己防治的成本高很多，防治用工费全部要支付给机手，专业化防治组织如何在不增加农民成本的情况下，找到自身的盈利模式成为能否健康发展的关键。现在运行较好的专业化防治组织，主要靠农药的销售和包装差价盈利。专业化防治组织是根据往年的平均防治次数收取承包防治费的，当有突发病虫或某种病虫暴发为害需增加防治次数时，当作物后期遭受自然灾害时，承受的风险很大，在没有相应政策的扶持下，很多企业望而却步。

解决途径：出台补贴政策，鼓励农民参与专业化防治，促进专业化防治组织健康发展；补贴专业化防治组织开展管理和培训费用；建立突发、暴发病虫害防治补贴基金，用于补贴因增加防治次数而增加的成本；设立保险资金，建立保险制度，规避风险；逐步拓展服务领域，增加收入来源。

第四节　开展专业化统防统治的困难 分析及推进措施的探索思考

一、困难分析

近年来，各地也通过强化行政推动、加大扶持力度、广泛宣传培训、加强服务引导，很好地推进了专业化统防统治工作，发展很快。目前全国在工商、民政部门注册或登记的病虫专业化防治组织达到 3.1 万个，从业人员 131 万人，日作业能力在 5 511 万亩以上，2012 年实施统防统治面积达 6.25 亿亩次，承包防治面积 1.31 亿亩。但专业化统防统治工作总体上还处于发展的初级阶段，区域间、省份间、作物间发展还很不平衡，还存在不少亟待解决的问题，专业化防治组织普遍感到的困难主要是以下几个方面。

1. 市场培育力度不够　对专业化统防统治的宣传不足、引导不够。有些地方，农民虽有防治服务的需求，但由于农民愿意支付的费用偏低，与防治组织的收费标准间存在差距，服务组织认为无利可图，双方能承受的价位之间还存在一定差距。同一地区的农民接收程度有差异，不能整村推进，影响作业效率和统防统治效果。加上其他一些风险因素，也导致无法实现防治服务的市场化。还有很多专业化防治组织，是依靠上级部门利用不同项目提供的免费施药机械为农民开展防治服务，市场化运作能力不强，收费低、规模小，只能勉强维持，自身积累不足，当机器损坏而又无法获得扶持的情况下，就会失去服务能力。

2. 防治组织抵御风险能力弱，缺乏保险保障制度 专业化防治组织既要面对自然环境等不可抗拒因素的考验，又要经受市场竞争的压力，特别是在服务过程中，常常遇到一些突发性病虫、旱涝灾害等不确定因素，在一定程度上增加了防治服务的风险，影响承包服务收益和服务组织的发展壮大。专业化防治组织是根据往年的平均防治次数与农民签订防治合同并收取定金的，当遇突发性病虫为害或某种病虫暴发为害需增加防治次数时，开展防治面临亏本；不开展防治将会造成为害损失，而无法收取承包防治费。当作物后期遭受自然灾害时，即便前期的防治效果很好，农民也会因为受灾而无法兑现承包防治费用。专业化防治组织承受的风险很大，在没有相应政策扶持下，很多企业望而却步，影响社会资本投入专业化统防统治工作的积极性。同时，施药人员的安全也缺乏保障。长时间、连续施药作业对施药作业人员身体健康影响很大，中毒、中暑的风险极大，甚至还常有遭毒蛇咬伤的危险。

3. 缺乏高效适用的植保机械 目前，所有专业化防治组织感到的最大困难就是聘不到足够的机防手，防治队伍极不稳定。表面的原因是机手辛苦一天，收入也就120元左右，与一般体力劳动工钱差不多，还要冒农药中毒风险，作业季节又不长，不具备什么吸引力。但究其根本还是由于现有的植保机械仍是半机械化产品为主，要靠人背负或手工辅助作业，机械化程度和工作效率低，而且施药性能差，防治效果不好，难以满足通过购买机动喷雾机，为他人提供服务而赚取费用的需求，导致专业化统防统治的机手队伍难以稳定，流失严重。也就是说，目前靠这些低工效的施药机械养不活那么多机手。与此同时，专业化防治组织收取的防治服务费，工钱部分全部支付给机手，组织本身只能靠农药的批零差价和包装成本方面获得一定利润，盈利点很低，管理方面稍跟不上，或出现一些暴发的病虫害就会亏本。因此，落后的施药机械还导致专业化防治组织的收益低下，不能满足专业化防治规模化的需要，成为限制专业化统防统治发展的瓶颈。

4. 技术培训和指导难以满足需要 由于防治组织机手量大面广，再加上当机手对农民的吸引力不强，极易造成人员流失，导致对培训的需求大且反复不断，增加难度，需要投入很大的人力、财力。由于缺乏专项培训经费和工作经费的不足，植保技术部门对专业化防治组织的培训和指导也难以到位。一些规模较小或刚成立的专业化防治组织与植保技术部门间的信息沟通渠道还不畅通，在制定防治技术方案或开展防治时不能得到技术部门的指导。加上植保体系向下延伸不够，人员少，设备落后，造成病虫发生、防治适期、防治技术等信息服务不能及时传达到所有的专业化防治组织。

5. 总体投入不足 病虫害防治在农业生产环节属于劳动强度最大、用工量最多、技术要求最高、任务最重的环节。农民在自行防治时是不计算用工成本的，在接受专业化统防统治服务时，却要支付用工等方面的费用，客观上增加了现金支出压力，影响了参与积极性，这就需要政府采取补贴等方式，引导农民积极参与。专业化统防统治工作虽然已经开展了几年，但一些地方对专业化统防统治的认识不够，除浙江、上海、湖南等个别省（直辖市）外，绝大部分地方财政都未能将专业化防治列入财政专项投资扶持，基本上还处于无项目、无资金的起步阶段，缺乏推进专业化防治工作的动力和发展后劲，整体发展缓慢。

二、推进措施

1. 积极争取专业化统防统治物化技术补助专项 为充分调动农民和服务组织的积极性，确保提高防治技术到位率和农药利用率，实现规模化地整村推进病虫害专业化统防统治，应采取补贴政策。2013 年农业部、财政部已开始利用重大农作物病虫害防治补助资金 8 亿元，开展对专业化统防统治服务组织和农民进行补贴试点。相信随着工作的进一步深入，补贴范围和总量将会逐步增加。

2. 充分调动农民的参与积极性 这是广大农业植保部门目前最首要的任务，也是专业化防治组织自行无法开展的工作。各地农业部门要制定一揽子宣传计划，组织专门力量、制定专项措施，定期检查考核，将宣传组织发动工作落实到乡、村，通过电视、广播等媒体，采用明白纸、宣传画册、示范片展示等形式，广泛宣传推进农作物病虫害专业化统防统治的重要性、科学性和必要性，力争做到家喻户晓。提高培训实效，通过给农民算经济账，说明可以解决哪些防治难题，提高农民的认知程度。特别是专业化防治组织到"异乡"开展统防统治时，更需要在当地农业植保部门的带领下，共同组织开展对农民的宣传培训。而专业化防治组织开拓新服务区域，自身开展培训也难以获得不熟悉地区农民的广泛认可。

3. 集中资源，重点扶持发展专业化防治组织 积极支持引导，培植多元服务组织。在积极争取新的扶持政策的同时，要充分利用好现有的政策，整合好各方面的资源，将中央与地方财政各种用于农业项目的经费进行整合，形成合力，集中安排用于专业化防治。把工作重点放在引导、培育和扶持专业化防治组织上，扶持但不"官办"。发动、鼓励涉农企业，尤其是农资流通企业，积极参与专业化统防统治。给他们算经济账，使他们有信心投入到这个新兴行业中，切实服务"三农"。

一是争取税收优惠。积极协调国家税务总局，应免除专业化统防统治组织的营业税，为处于发展初期的专业化统防统治营造良好的政策氛围。二是推进出台暴发性病虫害的政策性保险。以小麦条锈病、稻飞虱、稻瘟病等迁飞性、流行性病虫害为重点，研究提出暴发性病虫害引发作物减产的政策性保险建议，中央、省、专业化统防统治组织等按照 5：3：2 的比例投保，以提高专业化统防统治组织应对风险的能力。同时，积极引导保险机构推出专业化统防统治的商业性保险。三是加大植保机械购置补贴力度。对专业化防治服务组凭"四证"（工商营业执照、税务登记证、组织机构代码证、法人身份证）购机，补贴额度提高 50%～60%。四是补贴配备绿色防控物资。选择有规模的专业化防治组织，补贴配备杀虫灯、性诱剂、黄板、生物农药等绿色防控物资，鼓励、引导他们开展病虫害综合防治。五是规范专业化统防统治组织的发展。农业部门应尽快研究出台行业准入制度，如各地专业化统防统治收费标准、防治技术标准、防治效果评定标准、损失赔偿标准等一系列标准。六是搞好对专业化防治组织的指导和服务。专业化防治组织的出现，给我们植保技术部门提供了新的平台，这就要求广大植保部门创新工作思路，提高服务质量。利用现代通讯手段及时提供病虫发生情况和防治适期等方面的信息服务，指导制定全程科学防控方案，指导专业化防治队伍实行科学用药、轮换用药、合理用药；改变病虫防治就是用药防治的狭隘观念，培养他们综合防治理念，使综合防治真正落到实处。指导和督促专业化防治组织建立健全各种规章制度，合理收费，诚信服务，提高服务水平，保障防治服务的正常运行。

4. 切实发挥好各地农业部门推进工作的积极性 专业化统防统治组织是公益性事业，虽然农业部门难以也不能包办，但需要各级农业部门大力推进。一是增加工作经费。主要用于工作发动和宣传、病虫测报、信息传递、药效试验、抗性监测、技术培训和指导、防效调查和评估等。二是增加仲裁职能。在各地农业植保部门增加仲裁的职能，公平公正妥善处理各类赔偿纠纷，化解矛盾。

5. 加大高效施药机械的研制开发力度 先进高效的施药机械，是专业化防治组织提高防治效益、增强生命力的物质基础。应从国家发展战略的高度统筹规划，加大对施药机械的研发投入，制定短期和中长期发展目标。针对企业自主研发能力不足的问题，组织优势力量，集中攻关，在消化吸收国外成熟机型和技术的基础上，结合我国的作物和种植特点进行改进开发，开发出适合我国农作物病虫害防治和作物种植特点的高效、对靶性强、农药利用率高，且价格适中的植保机械。力争在水稻、果树施药机械方面取得突破性进展。选择实力较强的企业，进行重点扶持，实行无偿技术转让，实现规模化生产。提高机器本身的技术含量，从技术装备上提高施药水平。同时，积极调整种植模式，在追求高产的前提下，充分考虑如何适应高效植保机械的顺利作业，促进现代农业的发展，促进农机、农艺的有机融合。让专业化防治组织在不提高收费标准的情况下，通过提高工效获得更多收益，稳定专业化防治队伍；通过物化技术提高防治水平，避免人为操作因素对施药质量的影响，解决施药人员难以稳定的问题，事半功倍地促进专业化统防统治的发展。

三、专业化防治组织提高服务水平壮大自身实力的途径

1. 加强内部管理，提供规范、优质的服务　专业化防治组织只有通过提高自身管理水平，开展规范化服务，才能不断壮大自身实力，在提高服务水平的同时，增加收益，才能不断增强发展后劲，保证专业化统防统治工作健康稳定发展。通过科学制定规章制度，更好地管理机手，与农民签订更完善合理的服务协议，更好地建立和发挥村级服务站的作用，制定科学防治方案并科学组织防治，开拓可靠的农药购进渠道降低成本，与农民签订服务跟踪卡，监控防治效果，提高服务水平。附录3、附录4收录了两个"百强组织"的内部管理制度和服务协议等，供参考。

2. 建好村级服务站，拓展服务区域　村级服务站是专业化防治组织与农民联系的纽带，也是专业化防治组织在各村的下设机构，和承担防治服务的主体，服务站的建设直接关系到专业化统防统治的成败。村级服务站的站长应选择在当地有影响、工作能力强的人担任，主要工作职责是定面积、定机器、定机手、定农户、定田块。专业化防治组织只有通过建立村级服务站，才能拓展服务区域，实现规模效益。向规模要效益，包括扩大服务面积和开展全程承包统防统治服务两个方面。湖南一些做得较好的防治组织都是通过建立村级服务站和开展承包防治服务不断扩大规模的，该省的一个组织的服务面积可以覆盖30万亩水稻，规模效益显著。

3. 积极依托植保技术部门，提升防控技术水平　在植保技术部门指导下，科学制定全程防控方案，在服务区内建立病虫害观测点，在植保站指导下培训观测员，在及时获得植保站病虫信息的前提下，结合服务区内病虫实际发生情况实时开展防治。搞好机手技

术培训，使他们掌握科学施药方法，提高对靶性施药，提高农药利用率。积极争取农业有关项目，配备物理防治、生物防治相关设备，优化应用农业防治、物理防治、生态控制和安全用药等措施，真正将综合防控技术落到实处，在减少用药防治次数的同时，提高防控效果，提高专业化防治组织的效益，更好地保护生态环境，实现病虫害的可持续防控。

4. 统一购进大包装农药，选用高效药械，两条腿走路，提升收益水平　专业化防治组织收取的防治费用，都作为工钱支付给机手和作为药费了，自身盈利空间十分有限，必须通过提高管理水平，统一购进大包装农药，并优先选用高效施药机械，才能在不增加农民防治投入的情况下，提升收益水平。选择药剂以同类药剂比效果，效果相当比价格，价格相同比服务为原则，充分论证确定农药品种和品牌后，专业化防治组织应尽可能减少农药经营环节采购，最好是一站式从生产企业直接采购大包装农药（10～20千克装），配送到村级服务站，村级服务站按机手的服务面积分发到机手，这样农药从出厂价到零售价的70％～300％的利润空间及大包装节省的包装费用，变为专业化防治组织的收益，这是专业化防治组织保障服务质量、提高服务水平、抗御灾害风险、维持正常运行、确保永续发展的根本。实行一站式采购大包装农药，不仅是从源头上把好了农药质量关，杜绝了假冒伪劣农药坑农害农，确保了防治效果，而且，大包装节省了包装材料和减少了包装废弃物对农田的污染，实现了资源节约和环境友好的成功结合。

由于缺乏适合专业化统防统治使用的高效施药机械，已严重影响专业化防治组织投入和机手参与的积极性，成为限制专业化统防统治发展的最大制约因素。目前，专业化防治组织使用的最主要机型是背负式机动弥雾机和担架式液泵喷雾机，属于半机械化产品，要靠人背负或手工辅助作业，机械化程度和工效低。不仅作业辛苦，劳动强度大，而且作业规模小，收费低，收益不高，难以满足通过购买机动喷雾机为他人提供服务而赚取费用的需求。从而导致专业化防治组织和机手的收益低下，防治队伍不稳定，也不能满足专业化防治规模化的需要，成为限制专业化防治工作发展的瓶颈。如背负式机动喷雾机一天最多只能防治 30 亩，收入 150 元，扣除燃油、折旧等，纯利也每天仅有 120 元左右，与一般体力劳动的工钱差不多，还要冒农药中毒风险，不具备什么吸引力。加上近年来，我国劳动力成本上升较快，这些工效低的施药机械已经不能满足提高劳动生产率的需要，换句话说，现在的常用施药机械养不活那么多机手。同时，现有的植保机械技术含量不高，作业质量受施药人员水平影响大。对施药人员的施药技术要求高，作业质量很大程度上受施药人员操作水平的影响。对机手的培训能否到位，成为决定专业化防治效果的关键。先进高效的施药机械，是专业化防治组织提高防治效益、增强生命力和发展后劲的物质基础。如江西省利通水稻病虫防治专业合作社负责人已从事农资经营多年，认识到现在仅靠销售农资产品服务已不能满足农民需要，于 2011 年注册成立专业合作社，开始为农民提供病虫害防治服务。2012 年初从国外购进 5 台单价为 30 万元的高效喷杆喷雾机，在 5 个县承担了近 2 万亩水稻病虫防治任务。该机每分钟可防治 1.5 亩（喷幅 13米，作业行走 77 米就是一亩地）日作业能力超过 500 亩（扣除加药及往返时间）。按每年作业 30 天（早稻、中稻、晚稻），按每天作业 400 亩、防治 1 亩收取 10 元费用计算，每年可收取 12 万元防治费。扣除机手工资及燃油费（按每天 700 元计，每年 2.1 万元）和机器折旧维护等项费用（按 4 年折旧，每年 7.5 万元计），共计9.6 万元。单机每年可创造 2.4 万元盈利，在不增加收费的情况下很好地拓展了盈利空间。

5. 统一为机手购买意外伤害保险，防控人身风险　长时间、连续施药作业对机手身体健康影响很大，不仅工作强度大，还要冒中毒风险，在夏季要顶着高温酷暑施药，中暑的风险也极大，在稻田甚至还有遭毒蛇咬伤的危险。机手若在施药过程中遭遇意外伤亡事故又没有保险，将可能直接导致整个合作社亏损解体。因此，应在相关管理办法中明确规定，专业化防治组织要为机手购买人身意外伤害保险，主要由专业化防治组织集中购买解决。2011 年江苏邗江区利民植保专业化合作社首次与人保公司合作，为机手购买作业安全保险，一般伤害保险金额 4 000 元，最高保险金额达 2 万元。在机手自付 15 元保险费的基础上，合作社再每人补贴 38.6元，目前参保机手已达 117 人。浙江南湖区绿农植保专业合作社每年从利润中按照每名机手 60 元标准，给机手投保人身意外伤害险。湖南万家丰合作社不仅为每个机防手购买了人身意外伤害险，人均保险额度为 5 万元，还为每个承包农户购买农业保险，增强了农户抵抗自然灾害、减免损失的能力，使农户在遭遇突发性灾害时不至于颗粒无收，从而保证了万家丰合作社开展专业化统防统治工作的持续性。湖南田园牧歌公司为全部承包服务田块购买了农业保险，最大限度地降低了农业风险。如 2010 年，因寒露风偏早，公司服务对象中有 158 户的 632.6 亩晚稻减产，公司通过农业保险赔付 88 564 元；2012 年上半年，华容县东山镇黄合村早稻因破口期遇连续阴雨，导致 460 亩早稻感染穗颈瘟，其中 78 亩绝收，公司在做好农民解释工作的前提下，积极与当地政府、保险公司沟通协调，通过农业保险赔付 12 万多元，既保障了农民利益，又维护了农村和谐稳定。

6. 积极延伸服务链，提升综合实力 病虫害防治季节性强，每种病虫害的防治适期只有 3～5 天，水稻一般防治 3～6 次，小麦一般防治 3 次左右，玉米防治 2 次左右。对防治组织来说，防治时任务重、时间紧，而其他时间就很空闲，仅靠提供病虫害防治服务难以稳定防治组织和机手队伍，难以满足专业化防治组织自身发展的需要，应积极拓展延伸服务链，积极开展耕地、种植和收割等方面的服务。同时，也应鼓励那些为农民提供耕地、种植和收割服务的农机合作社，引进先进植保机械为农民提供病虫害专业化防治服务。例如，获得全国农作物病虫害专业化统防统治百强服务组织称号的陕西汇丰源农业科技发展有限公司，于 2012 年小麦种植期，探索了全程服务模式，承包小麦种植过程中的全部农活，即耕地、种植、施肥、灌溉、除草、防治病虫害和收割等，农户每亩地交460 元，就可以等着分麦子。2012 年签订了 1 万多亩的服务协议，不仅服务效果得到农民的广泛认可，服务组织也获得了可观的收益。

附 录

中华人民共和国农业部公告

第 1571 号

农作物病虫害专业化统防统治符合现代农业发展方向，是解决一家一户农民防病治虫难、提高防治效果、减少农药污染的有效途径。为大力扶持发展专业化统防统治组织，规范其服务行为，根据《中华人民共和国农业法》、《中华人民共和国农民专业合作社法》、《中华人民共和国农药管理条例》，我部制定了《农作物病虫害专业化统防统治管理办法》，现予发布实施。请各地依照本办法，强化各项扶持措施，加强管理服务，切实推进专业化统防统治持续健康发展。

特此公告。

二〇一一年六月十七日

农作物病虫害专业化统防统治管理办法

第一章 总 则

第一条 为推进农作物病虫害专业化统防统治，扶持发展专业化统防统治组织，规范专业化统防统治服务行为，提升农作物病虫害防控能力，保障粮食安全、农产品质量安全和生态环境安全，制定本办法。

第二条 本办法所称农作物病虫害专业化统防统治（以下简称"专业化统防统治"），是指具备相应植物保护专业技术和设备的服务组织，开展社会化、规模化、集约化农作物病虫害防治服务的行为。

第三条 各级农业行政主管部门应当按照"政府支持、市场运作、农民自愿、循序渐进"原则，制定政策措施，以资金补助、物资扶持、技术援助等方式扶持专业化统防统治组织的发展，大力推进专业化统防统治。

第四条 县级以上人民政府农业行政主管部门负责专业化统防统治的指导和监督工作，具体工作可以委托农业植物保护机构承担。

第五条 专业化统防统治组织，应当以服务农民和农业生产为宗旨，按照"预防为主、综合防治"的植物保护方针，开展病虫害防治工作，自觉接受有关部门的监督与指导。

第二章 组织管理与指导

第六条 对具备以下条件的专业化统防统治组织，农业行政主管部门应当优先予以扶持：

（一）经工商或民政部门注册登记，取得法人资格，并在所在服务区域县级以上农业植物保护机构备案；

（二）具有固定的经营服务场所和符合安全要求的物资储存条件；

（三）具有10名以上经过植物保护专业技术培训合格的防治队员，其中获得国家植物保护员资格或初级职称资格的专业技术人员不少于1名；

（四）日作业能力达到300亩（设施农业100亩）以上；

（五）具有健全的人员管理、服务合同管理、田间作业和档案记录等管理制度。

第七条 第六条规定的专业化统防统治组织向农业植物保护机构备案的，应当提供以下材料：

（一）工商或民政部门注册登记证复印件；

（二）组织章程；

（三）有关管理制度；

（四）防治队员名册及资格证书复印件；

（五）主要负责人身份证复印件；

（六）机械设备、服务区域等其他说明材料。

第八条 农业行政主管部门应当将拟扶持的专业化统防统治组织名单在本部门办公场所和部门网站上公示。公示期不少于 15 日。

对公示期间提出的异议，农业行政主管部门应当及时调查处理，并将处理结果以适当方式反馈异议人。

第九条 农业行政主管部门给予专业化统防统治组织扶持的，应当与接受扶持的专业化统防统治组织签订协议，约定双方的权利义务。

本办法的相关要求（包括取消相关扶持措施、收回扶持资金和设备的情形）应当纳入前款规定的协议中。

第十条 各级农业植物保护机构应当为专业化统防统治组织提供必要的病虫害发生、防治等信息服务，帮助开展技术培训，指导科学防控。

第十一条 发生突发性农作物重大病虫灾害，各级人民政府依法启动应急防治预案时，专业化统防统治组织应当积极配合应急防治行动。

第三章 防治作业要求

第十二条 专业化统防统治组织应当根据当地主要农作物病虫害发生信息和农业植物保护机构的指导意见，科学制定病虫害防治方案，与服务对象签订协议，并按照协议开展防治服务。

第十三条 专业化统防统治组织应当采用农业、物理、生物、化学等综合措施开展病虫害防治服务，按照农药安全使用的有关规定科学使用农药。

第十四条 专业化统防统治组织实施具有安全隐患的防治作业，应当在相应区域设立警示牌，防止人畜中毒和伤亡事故发生。

第十五条 专业化统防统治组织应当为防治队员配备必要的作业保护用品。防治队员应当做好自身防护。

鼓励专业化统防统治组织为防治队员投保人身意外伤害险。

第十六条　专业化统防统治组织应当安全储藏农药和有关防治用品，妥善处理农药包装废弃物，防止有毒有害物质污染环境。

第十七条　专业化统防统治组织应当建立服务档案，如实记录农药使用品种、用量、时间、区域等信息，与服务协议、防控方案一并归档，并保存两年以上。

第十八条　符合条件的专业化统防统治组织，可以通过当地县级农业植物保护机构申请使用全国统一的统防统治服务标志。

第四章　监督和评估

第十九条　县级以上农业行政主管部门应当对专业化统防统治组织的服务活动进行监督检查，对不按照国家有关农药安全使用的规定使用农药的，应当按照《农药管理条例》有关规定予以处罚。

第二十条　接受国家扶持的专业化统防统治组织有下列行为之一的，由县级以上地方人民政府农业行政主管部门予以批评教育、限期整改；情节严重的，取消相关扶持措施、收回扶持资金和设备；构成违法的，还应当依法追究法律责任：

（一）不按照服务协议履行服务的；

（二）违规使用农药的；

（三）以胁迫、欺骗等不正当手段收取防治费的；

（四）作业人员未采取作业保护措施的；

（五）不接受农业植物保护机构监督指导的；

（六）其他坑害服务对象的行为。

第二十一条　各级农业行政主管部门可以对专业化统防统治组织的服务质量、服务能力等方面进行评估，对服务规范、信誉良好的专业化统防统治组织，应当向社会推荐并重点扶持。

第五章　附　　则

第二十二条　本办法自 2011 年 8 月 1 日起施行。

第二章

安全使用农药

第一节　农药的选择

一、依据国家的有关规定选择农药

农药使用不当会带来严重的负面影响，给农业生产和社会造成危害。为此，国际上都非常重视农药使用的管理工作，我国农药管理和使用的相关部门也制定了一系列的法规来规范农药的使用，在选择农药品种时，必须遵守这些法规和《农药登记公告》。目前我国主要的农药法规有下列4种。

（一）《农药安全使用规定》

《农药安全使用规定》（以下简称《规定》）是由农业部和卫生部于1982年颁布的一个农药使用法规，虽然时隔20多年，但至今仍然具有重要的指导意义，在购买和使用农药时，要了解该规定的要求，避免在相应的作物和范围内使用不符合要求的农药品种。《规定》将当时生产上应用的农药划分为三类：第一类为高残留农药和高毒农药，列入此类的农药品种有26个；第二类为中毒农药，列入此类的农药有42个品种（类）；第三类为低毒农药，列入此类的农药有27个品种。《规定》要求，所有使用的农药品种，凡已制定农药安全使用标准（即合理使用准则）的品种，均按标准的要求执行。尚未制定出标准的品种，则按《规定》执行。对第一类农药的使用作出了具体的限制：即高毒农药不得使用于果树、蔬菜、茶树和中药材,不得用于防治卫生害虫和人、畜皮肤病;高残留农药不得用于果树、蔬菜、茶树、中药材、香料、饮料等作物。《规定》同时还对农药的购买、运输、保管、使用中的注意事项和防护等进行了规范。

(二)《农药合理使用准则》

《农药合理使用准则》(以下简称《准则》)是由农业部负责制定,国家颁布的农药使用标准。它对每一种作物上使用的农药品种的使用量、使用次数、安全间隔期等做了明确的规定,按照《准则》使用农药,可以保证收获后的农产品中农药的残留量不超标。在选择使用农药品种时,最好根据《准则》中的名单来决定何种作物选用什么农药。然而,尽管我国已经制定了四批农药合理使用准则,但由于作物品种和农药品种众多,制定的《准则》仍远不能适应生产的需要。

(三)《农药安全使用规范 总则》(见附录1)

《农药安全使用规范 总则》是由农业部于1997年颁布的农药使用标准。它根据农药使用特点,提出了农药在使用前、使用中和使用后3种情况的具体安全操作行为规范,不仅可以满足使用者选购和使用农药的需要,也使与农药使用有关的销售、运输、贮藏、中毒急救等方面的行为得以规范,可以保证农药使用全过程的规范化操作。

(四)《中华人民共和国农业部公告》

由农业部发布的有关农药管理的公告,如《中华人民共和国农业部公告》第199号公布了国家明令禁止使用的农药和在蔬菜、果树、茶树、中草药材上不得使用和限制使用的农药。

(五)《农药登记公告》

《农药登记公告》是由农业部农药检定所发布的获得农药登记的所有农药品种的一个公告。每一种农药的生产厂家、商品名称、毒性、许可使用的范围和时间、许可使用的作物、使用剂量、使用时间和使用注意事项都在《公告》中列出。基本上涵盖了农药标签的主要内容，是选择使用农药时的重要参考资料。

二、根据防治对象选择农药

农药的品种很多，各种药剂的理化性质、生物活性、防治对象等各不相同，某种农药只对某些甚至某种防治对象有效。因此，施药前应调查病、虫、草和其他有害生物发生情况，对不能识别和不能确定的，应查阅相关资料或咨询有关专家，明确防治对象并获得指导性防治意见后，根据防治对象选择合适的农药品种。

病、虫、草和其他有害生物单一发生时，应选择对防治对象专一性强的农药品种；混合发生时，应选择对防治对象有效的农药品种。在一个防治季节应选择不同作用机理的农药品种交替使用。

三、根据农作物和生态环境安全要求选择农药

选择对处理作物、周边作物和后茬作物安全的农药品种，选择对天敌和其他有益生物安全的农药品种，选择对生态环境安全的农药品种。

第二节　农药的购买

一、仔细阅读农药标签

农药的标签是农药使用的说明书，是购买和使用农药的最重要参考。通过对标签的阅读，可以了解农药的合法性和农药的使用方法、注意事项等。阅读标签时应注意如下几方面内容：

1. 产品的名称、含量及剂型

（1）针对"一药多名"问题，2007 年 12 月 8 日，《中华人民

共和国农业部公告》第 944 号明文规定：自 2008 年 7 月 1 日起，农药生产企业生产的农药产品一律不得使用商品名称，而改用通用名称。因此，标签上的农药产品名称使用农药通用名称或由 2 个或 2 个以上的农药通用名称简称词组成的名称。一个农药产品应只有一个产品名称。

（2）农药产品名称以醒目大字表示，并位于整个标签的显著位置。

（3）在标签的醒目位置标注了产品中含有的各有效成分通用名称的全称及含量、相应的国际通用名称等。

（4）农药产品的有效成分含量通常采用质量百分数（％）表示，也可采用质量浓度（克/升）表示。特殊农药可用其特定的通用单位表示。

2. 产品的批准证（号）标签上注明该产品在我国取得的农药登记证号（或临时登记证号）、有效的农药生产许可证号或农药生产批准文件号，以及产品标准号。

3. 使用范围、剂量和使用方法

（1）标签上按照登记批准的内容标注了产品的使用范围、剂量和使用方法。包括适用作物、防治对象、使用时期、使用剂量和施药方法等。

（2）用于大田作物时，使用剂量采用每公顷（hm^2）使用该产品总有效成分质量克（g）表示，或采用每公顷使用该产品的制剂量克（g）或毫升（mL 或 ml）表示；用于树木等作物时，使用剂量可采用总有效成分量或制剂量的浓度值（毫克/千克、毫克/升）表示；种子处理剂的使用剂量采用农药与种子质量比表示。其他特殊使用的，使用剂量以农药登记批准的内容为准。为了用户使用的方便，在规定的使用剂量后，一般用括号注明亩用制剂量或稀释倍数。

（3）净含量。在标签的显著位置注明了产品在每个农药容器中的净含量，用国家法定计量单位克（g）、千克（kg）、吨（t）或毫升（mL 或 ml）、升（L 或 l）、千升（kL）表示。

4. 产品质量保证期 农药产品质量保证期一般用以下 3 种形

式中的一种方式标明：

（1）生产日期（或批号）和质量保证期。如生产日期（批号）"2000 - 06 - 18"，表示 2000 年 6 月 18 日生产，注明"产品保证期为 2 年"。

（2）产品批号和有效日期。

（3）产品批号和失效日期。

（4）分装产品的标签上分别注明产品的生产日期和分装日期，其质量保证期执行生产企业规定的质量保证期。

5. 毒性标志　在显著位置标明农药产品的毒性等级及其标志。农药毒性标志的标注应符合国家农药毒性分级标志及标识的有关规定。

6. 注意事项

（1）标明该农药与哪些物质不能混合使用。

（2）按照登记批准内容，注明该农药限用的条件（包括时间、天气、温度、湿度、光照、土壤、地下水位等）、作物和地区（或范围）。

（3）注明该农药已制定国家标准的安全间隔期，一季作物最多使用的次数等。

（4）注明使用该农药时需穿戴的防护用品、安全预防措施及注意事项等。

（5）注明施药器械的清洗方法、残剩药剂的处理方法等。

（6）注明该农药中毒急救措施，必要时注明对医生的建议等。

（7）注明该农药国家规定的禁止使用的作物或范围等。

7. 贮存和运输方法

（1）标签上注明了农药贮存条件的环境要求和注意事项等。

（2）注明了该农药安全运输、装卸的特殊要求和危险标志。

8. 生产者的名称和地址

（1）标签上有生产企业的名称、详细地址、邮政编码、联系电话等，如是分装农药还要有分装企业的名称、详细地址、邮政编码、联系电话等。

（2）进口产品有用中文注明的原产国名（或地区名）、生产者名称以及在我国的代理机构（或经销者）名称和详细地址、邮政编码、联系电话等。

9. 农药类别特征颜色标志带 标签底部有一条与底边平行的、不褪色的农药类别特征颜色标志带，以表示不同类别的农药（卫生用农药除外）。其中，除草剂为绿色；杀虫（螨、软体动物）剂为红色；杀菌（线虫）剂为黑色；植物生长调节剂为深黄色；杀鼠剂为蓝色。

10. 象形图 标签底部有用黑白两种颜色印刷的象形图，象形图的种类和含义见图 2-1。

放在儿童接触不到的地方，并加锁　配制液体农药　配制固体农药　喷药

戴手套　戴防护罩　施药后需清洗　戴口罩

穿胶靴　戴防毒面具　危险/对畜禽有害　危险/对鱼有害，不要污染湖泊、河流、池塘和小溪

图 2-1　象形图的种类和含义

11. 其他内容 标签上可以标注必要的其他内容。如对消费者有帮助的产品说明、有效期内商标、质量认证标志、名优标志、有关作物和防治对象图案等。但标签上不得出现未经登记批准的作物、防治对象的文字或图案等内容。

12. 标签的其他注意事项

（1）规范的农药标签应粘贴于包装容器上。有些将标签的内容直接印刷于包装容器上也是可以的。如果包装容器过小，标签不能说明全部内容的，有随外包装附上的与标签内容要求相同的说明书，但此时标签上至少应有产品的名称、含量、剂型、净含量、生产企业等内容。

（2）标签的材料结实耐用，不易变质。

（3）标签上的文字、符号、图形清晰，易于辨认和阅读。在流通中，标签不脱落，其内容不会变得模糊。

（4）标签的重要内容如产品名称、含量、剂型、有效成分中文及英文通用名称、防治对象、使用方法、毒性标志等被置于显著位置。

（5）标签的文字为规范的中文简体汉字，少数民族地区可以同时使用少数民族文字。

（6）分装产品的标签设计内容应与其生产企业的标签基本一致，仅在原标签基础上加注有关证号、分装日期、净含量以及分装企业的名称、详细地址、邮政编码、联系电话等。

（7）一种标签只适用一种农药产品；一种包装规格的产品，应只有一种标签；不同包装规格的同一种产品，其标签的设计和内容基本一致。

二、辨识假劣农药

假劣农药的危害是十分严重的，它往往使用药者浪费了资金、人力，更导致防治效果不好，农作物病虫害得不到有效控制，严重时导致作物药害，对生产造成严重破坏。因此，避免购进假劣农药，是保证农业生产顺利进行的前提之一。假劣农药的辨识可从以下几个方面进行：

1. 外观　看包装标贴和内容物，劣质农药一般体现在：

（1）外包装：印刷质量不良或粘贴不好，包装物污渍严重；

（2）内容物：乳油、超低量乳油和水剂、水溶性剂、微乳剂等混浊不清，有分层和沉淀的杂质；浓乳剂、悬浮剂等严重分层，轻摇后倒置，底部仍有大量的沉淀物或结块；粉剂和可湿性粉剂结块严重，手摸有硬块；片状熏蒸剂粉末化，烟剂受潮严重等。

2. 标签　仔细阅读标签，对照标签的 11 项基本内容要求，检查各项内容是否全面；查阅《农药登记公告》，看标签上的登记证号与公告里的是否相同，厂家是否为同一个厂家，登记的使用作物和使用剂量是否和标签所标明的一样；仔细观察农药的生产厂家和地址，对照电话区号本，确认联系电话的区号是厂家地址的区号，按照标签所标明的电话打电话核实。

3. 试验　将少量农药取出，用量筒等玻璃器皿进行稀释试验，观察试验的结果。如果乳油出现浮油、分层等，则认为乳化效果不良；如果水剂、水溶性液剂、微乳剂等短时间内不能完全溶于水，则表明剂型不合格；如果可湿性粉剂、水分散粒剂、干悬浮剂、悬浮剂等出现过快的沉淀，则证明悬浮剂的悬浮率过低，产品不合格；气雾罐揿下时喷雾力小，证明气压不足；烟剂点燃后很快熄灭，证明发烟效果不良等。

4. 化验　根据农药检验的有关要求，对农药的有效成分进行化验。

三、购买农药技巧

1. 根据作物的病虫草害发生情况，确定农药的购买品种，对于自己不认识的病虫草，最好携带样本到农药零售店。

2. 仔细阅读标签，对照标签的 11 项基本要求进行辨别，最好查阅《农药登记公告》进行对照。

3. 选择可靠的销售商，一般生产资料系统、植保和技术推广系统以及厂家直销门市部的产品比较可靠，杀鼠剂和高毒农药的销售，在部分地区需要有专销许可证。

4. 选择熟悉的农药生产厂家的品种，新品种应该在当地通过试验，证明是可行的。

5. 对于大多数病虫害，不要总是购买同一种有效成分的药剂，应该轮换购买不同的品种。

6. 要求农药销售者提供农药的处方单，购买农药时应索要发票，使用时或使用后如发现为假劣农药，应该保留包装物；出现药害，应该保留现场或拍下照片，并及时向农业行政主管部门或法律、行政法规规定的有关部门反映，以便及时查处。

第三节　农药的配制

除少数可以直接使用的农药制剂以外，一般农药在使用前都要经过配制才能施用。农药的配制就是把商品农药配制成可以施用的状态。农药配制一般要经过农药和配料取用量的计算、量取、混合几个步骤。

一、计算农药和配料的取用量

农药制剂取用量要根据其制剂有效成分的百分含量、单位面积的有效成分用量和施药面积来计算。商品农药的标签和说明书中一般均标明了制剂的有效成分含量、单位面积上有效成分用量，有的还标明了制剂用量或稀释倍数。所以，要准确计算农药制剂和配料用量，首先要仔细、认真阅读农药标签和说明书。

如果农药标签或说明书上已注有单位面积上的农药制剂用量，可以用下式计算农药制剂用量：

$$\dfrac{\text{农药制剂用量}}{[\text{毫升（克）}]} = \dfrac{\text{单位面积农药制剂}}{\text{用量}[\text{毫升（克）/亩}]} \times \text{施药面积（亩）}$$

如果农药标签上只有单位面积上的有效成分用量，其制剂用量可以用下式计算：

$$\frac{农药制剂用量}{[毫升（克）]} = \frac{单位面积有效成分用量[克/亩]}{制剂中有效成分百分含量（\%）} \times 施药面积（亩）$$

如果已知农药制剂要稀释的倍数，可通过下式计算农药制剂用量：

$$\frac{农药制剂用量}{[毫升（克）]} = \frac{要配制的药液量或喷雾器容量（毫升）}{稀释倍数}$$

二、安全、准确配制农药

计算出制剂取用量和配料用量后，要严格按照计算的结果量取或称取。液体药要用有刻度的量具，固体药要用秤称取。量取好药和配料后，要在专用的容器里混匀。混匀时，要用工具搅拌。由于配制农药时接触的是农药制剂，有些制剂有效成分相当高，引起中毒的危险性大，所以在配制时要注意安全。为了准确、安全地进行农药配制，应注意以下几点：①不能用瓶盖倒药或用饮水桶配药；不能用盛药水桶直接下沟河取水。②在开启农药包装、称量配制时，操作人员应戴用必要的防护器具。③配制人员必须经专业培训，掌握必要技术和熟悉所用农药性能。④孕妇、哺乳期妇女不能参与配药。⑤农药称量、配制应根据药品性质和用量进行，防止溅洒、散落。⑥配制农药应在离住宅区、牲畜栏和水源远的场所进行，药剂随配随用，已配好的应尽可能采取密封措施，开装后余下的农药应封闭在原包装内，不得转移到其他包装中（如喝水用的瓶子或盛食品的包装）。⑦配药器械一般要求专用，每次用后要洗净，不得在河流、小溪、井边冲洗。⑧少数剩余和不要的农药应埋入地坑中。⑨处理粉剂和可湿性粉剂时要小心，防止粉尘飞扬。如果要倒完整袋可湿性粉剂农药，应将口袋开口处尽量接近水面，站在上风处，让粉尘和飞扬物随风吹走。⑩喷雾器不要装得太满，以免药液泄漏，当天配好的药，当天用完。

第四节　科学用药的意义

一、科学使用农药的重要意义

（一）防止农药残留与农药污染危害

农药残留是指农药使用后残存在生物体、农副产品、环境中的原体和有毒代谢物、降解物和杂质的总称。

农药残留可造成污染，危害农畜产品和环境，高残留的农药造成的污染会相当严重。在农畜产品生产中，按照推荐的剂量、方法和时间施用非高残留农药，不会有残留毒性问题。

在环境中，直接喷洒的农药除部分着落于作物上或飘移至附近农田外，大部分落入土壤中。一般的农药因土壤中各种降解因素的影响，其残留主要是当年使用的农药，但部分高残留的农药则可能遗存更长的时间。土壤中的农药可被作物吸收，可蒸发逸失进入大气，亦可经雨水或灌溉水流入河流和渗入地下水中。均三氮苯类除草剂在土壤中残留期很长，玉米地除草如使用不当，对下茬作物小麦有药害；麦田中使用的高效除草剂绿磺隆，虽用量很少，但对下茬玉米、油菜、大豆和水稻等作物生长有影响。水中溶解度大的农药，易于被雨水淋溶而污染地下水，如涕灭威、克百威、莠去津、甲草胺、乐果等在地下水中都有检出，有的地区地下水温低，微生物活动弱，进入地下水的农药降解慢，如涕灭威需 2~3 年才降解一半，而许多国家都以地下水为主要饮用水源，因此，对地下水的农药污染十分重视，一般农药的残留标准为 0.001 毫克/千克，存在多种农药时，总量不超过 0.005 毫克/千克。

农药残留主要由直接施药引起，也可由吸收环境中的农药或通过食物链富集造成。残留可以通过生物和非生物的方式分解。农药在农副产品和环境中的残留关系到人类的健康，人们要求没有被农药污染的食物和环境，因此必须研究控制和减少农药残留的措施。

农药的残留量与农药本身的性质和环境条件有密切的关系，控制农药残留量的主要措施在于农药的使用，包括农药剂型、施药量、施药方法、施药次数、最后一次施药距收获的时间等。在农药使用时遵守施药行为规范，则农药残留的污染可以得到有效的控制。我国制定的规范主要包括两方面内容：一是农药安全使用规定，它规定农药许可使用的范围；二是农药合理使用准则，它规定如何使用农药才能保证农产品中农药残留不超过限量。

此外，为了控制被污染的农副产品进入消费市场，对主要农副产品进行残留检测，也是一项重要的措施。

（二）避免产生农作物药害

科学使用农药，能有效地控制病虫害，确保农业增产，提高产品质量。但如用药不当，可能会出现药害。药害是指农药使用后，对作物产生的损害，是农药施用到作物上所产生的不良作用，或在土壤中的残留对后茬作物的不良影响。如种子不发芽、发芽后不出土，根、芽膨大畸形，叶片焦斑、黄化、青立、扭曲、畸形、脱落等，造成产量降低，品质变劣，等等。

根据药害的表现时间，一般可分为急性、慢性和残留性3种。

急性药害：是指短期内（施药后1~10天）作物表现发芽率下降，叶片表现黄化、斑点、畸形、生长矮化等症状。

慢性药害：作物表现生长停滞、不结实、延迟成熟等症状。

残留性药害：是当农药在土壤中积累到一定数量，对后茬作物产生药害的症状。

药害产生的原因主要有：一是用药不当造成的，如把农药用在敏感的作物上，或在作物敏感的生育期施用，或用药量过大，或是混用不合理，施药不匀或重复喷药等；二是施药时农药飘移到敏感的作物上；三是使用过除草剂的喷雾器具未清洗干净而造成的；四是残留在土壤中的农药及其分解物所引起的。

为了防止药害的产生，应注意以下几个方面：

1. 正确选用农药品种　不同作物或一种作物中的不同品种对农药的敏感性有差异，如果把某种农药施用在敏感的作物或品种上就会出现药害。如高粱对敌敌畏、敌百虫较敏感；乙草胺可广泛用于番茄、辣椒、茄子、大白菜、芹菜、萝卜、葱、姜、蒜等多种蔬菜，但在黄瓜、菠菜、韭菜上使用易发生药害。

2. 注意用药剂量和用药时间　　五氯酚钠是一种除草、杀菌、杀虫兼具的农药，果农用五氯酚钠与石硫合剂的混合液进行葡萄清园，可防治葡萄黑痘病、炭疽病、灰霉病等病害，但若盲目提高使用浓度，或在葡萄老蔓剥过枯皮后使用，极易产生药害。有些除草剂的使用量有严格的规定，只有在一定的剂量下才对作物安全，超过一定的范围或施药不均匀，就容易发生药害。农作物和果树的开花和幼果期，其组织幼嫩，抗逆能力弱，容易发生药害，因此，必须避开作物开花（扬花）期和果树幼果期进行施药。露水未干及雨后作物叶片上留有水珠时喷粉易造成药害。

3. 气候条件　　刮风喷农药会使农药飘移；施用除草剂后降雨量过大，也可能导致药害。如在玉米田施用乙草胺，施药后降雨量过大，有可能出现药害。除草剂以土壤处理方式施用后，如遇上低温天气，作物出苗慢，接触药剂的时间长，很容易发生药害。烈日下施药，植物代谢旺盛，叶片气孔张开，容易发生药害，同时易使药剂挥发，降低防治效果。

4. 防止飘移　　使用除草剂时要特别注意防止雾滴飘移到邻近的敏感作物上。阔叶植物（棉花、大豆、马铃薯、油菜、瓜类及果树等）对 2，4-滴丁酯、2 甲 4 氯等敏感，因此，麦田使用 2，4-滴丁酯进行化学除草，一定要考虑毗邻是否有阔叶作物和注意施药时的风向。

5. 清洗药械、量杯、容器　　盛装过除草剂的量杯、容器和喷雾器，须经水洗，热碱或热肥皂水洗 2～3 次，然后再用清水洗净，才能用来盛装其他农药喷施别的作物，否则，很容易造成药害。

6. 防止残留药害　　有些除草剂如莠去津、甲磺隆、氯磺隆、胺苯磺隆、氯嘧磺隆、普施特、广灭灵等生物活性高，在土壤中降解较慢，残留期长。在上季作物施用而残留在土壤中的这些除草剂有可能影响下茬敏感作物的正常出苗和生长。如在麦田施用甲磺隆和氯磺隆造成下茬棉花、玉米、水稻的药害；在大豆田施用普施特造成下茬水稻药害。为了防止这类除草剂的残留药害，一是按照说明书要求的使用剂量施药，不得随意加大剂量；二是施药期不得推迟；三是下茬不种植敏感作物。

（三）减轻对有益生物的伤害和害虫再增猖獗

在使用农药时，环境中往往存在很多非靶标生物，农药对它们同样会产生毒害作用。这些生物，它们有些是人类出于利用的目的而饲养的，例如，家蚕、蜜蜂、鱼、虾、蟹等，有些是可以帮助人类消灭害虫的，如瓢虫、草蛉、青蛙等天敌，或是对于生态的保护有很大作用的，例如，鸟类、蚯蚓等，它们对于人类来说是有益的，通称为有益生物。

为了避免在使用农药时大量杀伤它们，原则上需要了解每一个农药品种对它们的毒性，以便在使用农药时采取相应的措施来减少危害。由于有益生物种类很多，对每一种都进行了解是十分困难的，因此，常用一些主要的有益生物来作为代表，这些生物主要有：蜜蜂、鸟类（鹌鹑、鸽子等）、鱼类（鲤鱼、虹鳟鱼等）、蚕（家蚕）、蚯蚓、水藻（小球藻）、水蚤、赤眼蜂等，以这些生物作为试验对象，试验的内容包括急性毒性试验和慢性毒性试验。根据试验的结果，来制定每种农药的安全使用注意事项。例如，通过试验证明，杀虫单等沙蚕毒素类产品对家蚕的毒性极高，因此，在蚕桑上和桑田周围不得使用此类药剂；氟虫腈对虾、蟹类毒性极高，因此，在养殖的水塘、水源地周围不能使用该药剂。

使用农药防治害虫，导致害虫更大程度的发生或次要害虫变成了主要害虫，这种现象称为害虫的再增猖獗。原因主要是：①大量杀伤天敌，使害虫失去了天敌的控制作用；②某些农药还对植株的生理结构和营养成分产生影响，导致有利于害虫的取食；③药剂本身对害虫有某些刺激作用，导致害虫的生命力、产卵数量增加。因此，对于害虫有某些刺激作用的一些农药品种，在使用时要加以限制。防止害虫再增猖獗的措施主要包括：①在施药时尽量使用选择性杀虫剂，如灭幼脲、抗蚜威等药剂；②利用生态选择性可从利用天敌和害虫间的时间差或空间差来实现；③选育抗药性的天敌。

（四）延缓和减轻有害生物抗药性的发生

农药的抗药性往往随着农药的使用而发生。抗药性是一种微进化现象，它的发展不像种群增长那样立即表现出来，只有在防治失败时才察觉。药剂的使用虽然暂时降低了有害生物的种群数量，但与此同时却增加了有害生物产生抗药性的频率，使用药剂的代价是消耗了一部分"自然资源"，即有害生物中的敏感性个体，这种敏感性个体在一次又一次地使用杀虫剂的过程中逐步丧失，而一旦消耗殆尽时，再想恢复是一个十分缓慢的过程，甚至是不太可能的。因此，抗药性的预防比抗药性产生后的治理更为重要。

为此，在使用农药时，应该遵从以下策略：①限制使用药剂，降低药剂的选择压，做法包括减少农药的使用次数和采用适当的使用浓度；②换用无交互抗药性的杀虫剂；③合理混用（包括应用增效剂）和轮用；④选择靶标敏感的时期；⑤镶嵌式防治。其中，第②、③条措施是预防与治理抗药性的最主要措施，主要是要使用不同作用机制的杀虫剂。

二、科学用药的措施

（一）对症下药

各类农药的品种很多，特点不同，应针对要防治的对象，选择最适合的品种、防止误用，并尽可能选用对天敌杀伤作用小的品种。

（二）适时施药

现在各地已对许多重要病、虫、草、鼠害制定了防治标准，即常说的防治指标。根据调查结果，达到防治指标的田块应该施药防治，没达到防治指标的不必施药。施药时间一般根据有害生物的发育期、作物生长进度和农药品种而定，还应考虑田间天敌状况，尽可能躲开天敌对农药敏感期施用。既不能单纯强调"治

37

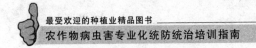
早、治小"，也不能错过有利时期。特别是除草剂，施用时既要看草情还要看"苗"情，例如芽前除草剂，绝不能在出芽后用。

（三）适量施药

任何种类农药均须按照推荐用量使用，不能任意增减。为了做到准确，应将施用面积量准，药量和水量称准，不能草率估计，以防造成作物药害或影响防治效果。

（四）均匀施药

喷洒农药时必须使药剂均匀分布在作物或有害物表面，以保证取得好的防治效果。现在使用的大多数内吸性杀虫剂和杀菌剂，以向植株上部传导为主，称"向顶性传导作用"，很少向下传导的，因此要喷洒均匀。

（五）合理轮换用药

多年实践证明，在一个地区长期连续使用单一品种农药，容易使有害生物产生抗药性，特别是一些菊酯类杀虫剂和内吸性杀菌剂，连续使用数年，防治效果即大幅度降低。轮换使用作用机制不同的品种，是延缓有害生物产生抗药性的有效方法之一。

（六）合理混用

合理地混用农药可以提高防治效果，延缓有害生物产生抗药性或兼治不同种类的有害生物，节省人力。混用的主要原则是：混用必须增效，不能增加对人、畜的毒性，有效成分之间不能发生化学变化，例如，遇碱分解的有机磷杀虫剂不能与碱性强的石硫合剂混用。要随用随配，不宜贮存。

为了达到提高施药效果的目的，将作用机制或防治对象不同的两种或两种以上的商品农药混合使用。

有些商品农药可以同时混合使用，有的在混合后要立即使用，有些则不可以混合使用或没有必要混合使用。在考虑混合使用时必须有目的，如为了提高药效，扩大杀虫、除草、防病或治病范围，同时防治虫害、病害或杂草，收到迅速消灭或抑制病、虫、草为害的效果，防治抗性病、虫和草，或用混合使用方法来解决农药不足的问题等。但不可盲目混用，因为有些种类的农药混合使用时不仅起不到好的作用反而会使药剂的质量变坏或使有效成分分解失效，即使有些农药混合使用时不会产生不良影响，但也增加了使用上的麻烦，甚至浪费了药剂。

除草剂之间的混用较为普遍，市售的很多除草剂品种本身就是混剂，如丁·苄、二氯·苄、丁·恶、乙·莠等。除草剂的混用除了提高药效和扩大杀草谱外，还有一个很重要的目的是降低单剂的使用剂量，从而防止对作物产生药害。

（七）注意安全采收间隔期

各类农药在施用后分解速度不同，残留时间长的品种，不能在临近收获期使用。有关部门已经根据多种农药的残留试验结果，制定了《农药安全使用规范——总则》和《农药安全使用准则》，其中，规定了各种农药在不同作物上的"安全间隔期"，即在收获前多长时间停止使用某种农药。

（八）注意保护环境

施用农药须防止污染附近水源、土壤等，一旦造成污染，可能影响水产养殖或人、畜饮水等，而且难于治理。按照使用说明书正确施药，一般不会造成环境污染。

第五节　施药后的处理

一、施药田块的处理

（一）常规施药田块的处理

施过农药的田块，作物、杂草上都附有一定量的农药，一般经

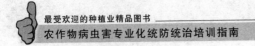
4～5 天后会基本消失。因此，要在施用过农药的田块树立明显的警示标志，在一定的时间内禁止人、畜进入。

（二）施用过高毒农药田块的处理

对施用过有机磷高毒农药的棉田，3～5 天内人、畜都不可进入。稻田施药后要巡视田埂，防止田水渗漏和溢出污染水源，3 天内不放田水。警示牌可这样制作："此田已喷农药，5 天内禁止入内。×月×日"；"蔬菜已喷农药，15 天内请勿采摘。×月×日"；"果树已喷农药，30 天内请勿采摘。×月×日"。

二、残余药液及废弃农药包装的处理

（一）残余药液的处理

1. 配制后未喷完药液（粉）的处理　在该农药标签许可的情况下，可再将剩余药液用完。对于少量的剩余药液，如果不可能在下一天继续使用，可在当天重复施用在目标物上。

2. 拆包装后未用完农药的处理　农药喷施结束后，对包装内未配制的农药液或药粉必须保存在其原有的包装中，并密封储存于上锁的地方，不能用其他容器盛装，严禁用空饮料瓶分装剩余农药，并要存放到儿童拿不到的地方。

（二）废弃农药包装物的处理

废弃农药包装物一般为有毒有害的化学品。据统计，我国每年的农药包装废弃物约有 32 亿个，这些废弃农药包装物被随意弃之于河流、沟边渠旁、田间地头，污染地下水源，对人类和环境造成极大的危害，如一些高分子树脂的塑料袋被日复一日地埋在土壤里，不但会浪费宝贵土地，而且在自然环境下不易降解，可保留 200～700 年，污染环境，影响农作物生长。有资料显示，每亩塑料残留量达 15 千克时，可使油菜、小麦、稻谷分别减产 54%、26%、30%。丢弃在水中的容易被动物吞入，导致中毒或死亡。因此，农药的空容器和包装，必须妥善处理，不得随意乱丢，尤其不要弃之于田间地头。

1. 对常用废弃农药包装物的处理

（1）对金属类的农药容器应冲洗3次，砸扁后将其深埋于土壤中。

（2）对塑料容器应冲洗3次，砸碎后掩埋或烧毁。

（3）对玻璃瓶冲洗3次，砸碎后掩埋。

（4）对纸包装烧毁或掩埋。

2. 对农药溢出物污染的包装和废弃物的处理　被农药溢出物污染的包装和废弃物必须集中在一个通风和远离人群、牲畜、住宅和作物的地方烧毁或掩埋在不可能污染水井和水源的地方。

3. 对特殊农药的包装处理要求

（1）除草剂的包装不能焚烧，因燃烧时产生的烟雾有可能对作物产生药害。

（2）植物生长调节剂类农药的包装也不能采用焚烧的办法处理废弃物。

4. 废弃包装物处理的安全注意事项

（1）焚烧农药废弃物必须在远离住宅和作物的地方进行，操作人员在焚烧时不要站在烟雾中，要阻止儿童接近。

（2）掩埋废容器和废包装应远离水源和居民点。

（3）对于不能及时处理的农药容器，应妥善保管，以防被盗和滥用，同时要阻止儿童和牲畜接近。

（4）不要用农药空容器盛装其他农药，更不能作为人畜的饮食用具。

三、清洁与卫生

（一）施药器械的清洗

施过农药的器械不得在小溪、河流或池塘等水源中冲洗或洗涮，洗涮过施药器械的水应倒在远离居民点、水源和作物的地方。

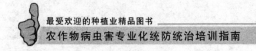
（二）防护服的清洗

1. 施药作业结束后，应立即脱下防护服及其他防护用具，装入事先准备好的塑料袋中带回处理。

2. 带回的各种防护服、用具、手套等物品，应立即清洗。根据一般农药遇碱容易分解的特点，可以用碱性物品对上述物品进行消毒。如用碱水或肥皂水或草木灰水浸泡。草木灰是碱性物质，常用 1 千克草木灰加 16 千克水做成消毒液，待澄清后取上面的清液使用，有一定的消毒效果。若被农药原液污染，可先放入 5％碱水或肥皂水中浸泡 1～2 小时，然后用清水清洗。

3. 橡皮及塑料薄膜手套、围腰、胶鞋被农药原液污染，可放入 10％碱水内浸泡 30 分钟，再用清水冲洗 3～5 遍，晾干备用。

（三）施药人员的清洗

1. 应先用清水冲洗手、脚、脸等暴露部位，再用肥皂洗涤全身，并漱口换衣。

2. 对于使用了背负式喷雾器人员的腰背部，因污染较多，需反复清洗。有条件的地方最好采用淋浴，条件差的地方在用肥皂清洗后，用盆或桶装上温度适合的清水进行冲洗。

四、用药档案记录

每次施药应记录天气状况、用药时间、药剂品种、防治对象、用药量、对水量、喷洒药液量、施用面积、防治效果、安全性。

第三章

科 学 施 用 农 药

第一节　常用植保机械的工作原理
与维修保养

一、手动喷雾器

能喷洒各种农药、叶面肥、生长调节剂等，可广泛应用于粮食、棉花、蔬菜、果树及保护地等方面病、虫、草害的防治；也可用于宾馆、车站等公共场所及畜禽圈舍的卫生防疫、清洁环境等方面。

（一）工作原理

当摇动摇杆时，连杆带动气室和皮碗，在唧筒内做上下运动。当气室和皮碗上行时，出水阀关闭，唧筒内皮碗下方的容积增大，形成真空，药液箱内的药液在大气压力的作用下，冲开进水球阀涌入唧筒中；当摇杆带动气室和皮碗下行时，进水球阀关闭，唧筒内皮碗下方容积减少，压力增大，所贮存的药液即冲开出水球阀，进入气室。由于气室和皮碗不断地上下运动，使气室内的药液不断增加，气室内空气被压缩，从而产生了一定的压力，这时打开出水开关，气室内的药液在压力的作用下，流入喷头体，经喷孔呈雾状喷出，达到喷洒作业的目的。

（二）喷头选择

喷头是施药机具最为重要的部件之一，是关系施药效果的关键因素。它在农药使用过程中的作用包括：计量施药液量、决定喷雾形状（如扇形雾或空心圆锥雾）和把药液雾化成细小雾滴。喷头一般由四部分组成：滤网、喷头帽、喷头体和喷嘴（喷片），不同的喷头有其使用范围。我国手动喷雾器上多安装的是切向离心式涡流芯喷头，即常说的空心圆锥雾喷头，也有些新型手动喷雾器装配有扇形雾喷头，便于除草剂的使用。喷头在工作中会有不同程度的磨损，当发现喷出的雾形有明显改变，如雾形圆锥面不圆、有棱角，就应及时更换喷头。在喷雾机的喷杆上，禁止混合安装使用不同类型的喷头，确保各喷头喷雾的雾形一致。

1. 扇形雾喷头 药液从椭圆形或双凸状的喷孔中呈扇面喷出，扇面逐渐变薄，裂解成雾滴。扇形雾喷头所产生的雾滴大都沉积在喷头下面的椭圆形区域内，雾滴分布均匀，主要用于安装在喷杆上进行除草剂的喷洒，也可喷洒杀虫剂或杀菌剂用于作物苗期病虫害的防治。喷除草剂或做土壤处理时，喷头离地面高度为 0.5 米；喷杀虫剂、杀菌剂和生长调节剂时，喷头离作物高度为 0.3 米。采用顺风单侧平行推进法喷雾，严禁将喷头左右摆动。首先将扇形喷头的开口方向调整到与喷杆方向垂直，施药时手持喷杆与身体一侧，保持一定距离（以直线前进时踩不到施药带为宜）和一定高度，直线前进即可。

2. 空心圆锥雾喷头 空心圆锥雾喷头的喷孔片中央部位有 1 喷液孔，按照规定，这种喷头应该配备有 1 组孔径大小不同的 4 个喷孔片，它们的孔径分别是 0.7 毫米、1.0 毫米、1.3 毫米和 1.6 毫米，在相同压力下喷孔直径越大则药液流量也越大。用户可以根据不同的作物和病虫草害，选用适宜的喷孔片。由于喷孔的直径决定着药液流量和雾滴大小，操作者切记不得用工具任意扩大喷片的孔径，以免破坏喷雾器应用的特性。用于喷洒杀虫剂和杀菌剂等。适用于作物各个生长期的病虫害防治，不宜用于喷洒除草剂。施药时应使喷头与作物保持一定距离，避免因距离过近直接喷洒而造成药液流淌、分布不均匀等现象。采用顺风单侧多行交叉"之"字形喷雾方法，确保施药人员处在无药区。

3. 可调喷头　可根据不同防治对象，旋转调节喷头帽而改变雾锥角和射程，但调节喷头对其雾化质量有很大影响。随着旋转喷头帽角度的增大，雾滴直径将显著变粗，甚至变成水柱状，此时虽可进行果树施药，但农药流失量大，浪费严重。此喷头的流量大，主要用于喷洒土壤处理型除草剂和作物基部病虫害的防治。

4. 激射式喷头　也称导流式或撞击式喷头，射流液体撞击到物体表面后扩展形成液膜，根据撞击表面的角度和形状，液膜形成一定的角度。这种喷头可以形成较宽的喷幅，在较低的工作压力下，能得到雾滴直径 200～400 微米的大雾滴，这特别适合除草剂的喷施。

（三）维护与保养

喷雾器每次使用完毕后，应倒出桶内残余药液，加入少量清水继续喷洒干净，并用清水清洗各部分，然后打开开关，置于室内通风干燥处存放，禁止阳光曝晒。喷头堵塞后，用清水冲洗或软木条、小毛刷清理，不可用尖锐坚硬的金属物捅喷孔。开关滤网应经常清理，防止堵塞，装配时在压轴密封圈处涂黄油。更换皮碗时，应将皮碗表面涂抹适量润滑油，然后插入唧筒并旋转 360°；拇指堵住出水口，上下抽动试气，松开拇指时发出喷气声即可拧紧气室帽。气室帽内毡条、皮碗处在使用前需添加润滑油。

二、背负式机动喷雾喷粉机

背负式机动喷雾喷粉机，是一种轻便、灵活、效率高的植物保护机械。主要适用于大面积农林作物之病虫害防治工作。如棉花、玉米、小麦、水稻、果树、茶树、橡胶树等作物的病虫害防治，亦可用于水稻化学除草、城市卫生防疫、消灭仓储害虫、消灭家畜体外寄生虫、喷撒颗粒剂等项工作。

（一）机器特点

1. 因为采用气流输粉、气流弥雾方式，所以本机取消了机械

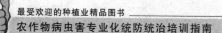

的送进装置、搅拌装置、液泵装置等最容易发生故障的机构。故机器结构简单、工作可靠、维护保养方便。

2. 背带、背垫采用泡沫塑料制成，背负时柔软舒适，有减震装置，震动小。

3. 本机大部分采用塑料树脂和轻铝合金作原材料，因此质轻耐腐蚀。

4. 用途广泛，将机器简单地更换一下个别零件，可以进行不同作业。

（1）喷洒液剂工作。

（2）喷撒粉剂工作。

（3）长薄膜喷管大面积喷撒粉剂工作。

（4）喷撒粒剂工作（如化学肥料，播种草籽等）。

（5）水稻抛秧作业（配专用抛秧盘后）。

5. 喷洒药液雾点极细，借助风力将叶子吹翻，使叶子正反两面都能着药，故可采用高浓度小喷量，又省药又省水。

6. 喷撒粉剂，因风速风量大，可将粉剂充分扬开，喷撒均匀。这样对害虫不仅有胃毒和触杀作用，而且还有较强烈的熏蒸作用。

（二）工作原理

背负式机动喷雾喷粉机采用了气流输粉和气流弥雾的工作原理。

1. 喷雾工作原理　叶轮组装与汽油机输出轴连接，汽油机带动叶轮组装旋转，产生高速气流，并在风机出口处形成一定压力，其中大部分高速气流经风机出口流经喷管，而小量气流经出风筒、进气塞、进气管、过滤网组合、出气口返入药箱内，使药箱形成一定的压力，药水在风压的作用下经粉门体、出水塞、输液管、开关、喷头，从喷嘴周围小孔流出，流出的药水在高速气流的冲击下弥散成极细的雾粒，吹到很远的前方。

2. 喷粉工作原理　和喷雾一样，汽油机带动叶轮组装旋转，大部分气流流经喷管，少量气流经出风筒进入吹粉管，进入吹粉管的气流由于速度高又有一定压力，这时风从吹粉管周围的小孔钻出来，将粉松散，并吹向粉门体；由于输粉管内是负压（即有吸力）将粉剂吸向弯头内。这时的粉剂，被从风机出来的高速气流通过喷管吹向远方。药箱内吹粉管上部的粉剂借汽油机的震动不断下落，供吹粉管吹送。

（三）机器使用方法

1. 启动前的准备

（1）检查各部件安装是否正确和牢固。

（2）新机器或封存的机器，首先排除缸体内及浮子室内存留的机油。排除方法：卸下火花塞，用左手拇指稍堵住火花塞孔，然后用启动绳拉几次，将多余油喷出。再卸下浮子室，用汽油清洗沉淀在浮子室底部的机油。

（3）检查压缩比：一般用手转动启动轮，活塞近上死点时有一定的压力，并且越过上死点时，曲轴能很快地自动转过一个角度。这是因为压缩气体迫使活塞下行。

（4）检查火花塞跳火情况，一般蓝火花为正常。

2. 启动

（1）加燃油。本机采用的是单缸二冲程汽油机，烧的是机油和汽油的混合油，加机油的目的是为了润滑摩擦运动件。汽油用 90号，机油应选用二冲程汽油机专用机油，也可用一般汽车用机油代替，代替时选用原则是夏季采用 10 号车用机油（千万注意别用拖拉机油底壳上的油），冬季用 6 号车用机油，不可用柴油。本机采用混合比瓶配制混合油，瓶上刻有刻度，配制时先加汽油至规定低刻度线，再加机油至规定高刻度线，然后摇晃均匀，即可倒入油箱。

（2）开燃油阀。手柄尖头朝上或下表示"开"，转过 90°水平横向是"关"。转动时注意不要用力过猛，以防手柄弄断。

（3）加药粉后，旋紧药箱盖，并把风门打开。

（4）背机后将油门调整到最适宜位置，稳定运转片刻，然后调整粉门操纵手柄进行喷撒。

（5）在林区进行喷撒注意利用地形和风向，晚间利用作物表面露水进行喷粉较好。

（6）使用长喷管进行喷粉时，先将薄膜从小车上放出，再加油门，能将长喷管吹起来即可，不要转速过高。然后调整粉门喷撒。为防止管末端存粉，前进中应随时抖动喷管。

3. 开启油门，将油门操纵手柄往上提 1/2～2/3 位置。

4. 调整阻风门。阻风门往外推为"关"往里推为"开"。冷天或第一次启动关闭 2/3 左右，热机启动时，阻风门处于全开位置。

5. 按加浓杆出油为止。这是为了查看浮子室内是否有燃油。

6. 拉启动手把，良好的汽油机拉 1～3 次即可启动。

7. 启动后应立即将防护罩合上，随即将阻风门全部打开，同时调整油门使汽油低速运转 3～5 分钟，等机器温度正常后再加速，新机器最初 4 小时不要加速运转（约在 4 000～4 500 转/分），以便更好地运转。

（四）喷洒（撒）作业

1. 喷雾作业方法

（1）全机具应处于喷雾作业状态。此时进风门开关应处于全开状态，粉门操纵杆也应处于全开状态，手把药液开关处于横向关状态。

（2）添加药液：加药液之前，应用清水试喷一次，检查有无渗漏；加液不要过急过满，以免从过滤网组合出气口溢进风机壳里，药液必须干净以免喷嘴堵塞；加药液后药箱盖要盖紧，加药液可以不停车，但汽油机要处于低速运转状态。

（3）喷洒：将机器背上后，调整油门开关使汽油机稳定在 5 000 转/分左右（有经验者可以听汽油机工作声音，发出"呜！呜！"的声音时，一般此时转速就达 4 500～5 000 转/分），然后开启手把开关转芯，手柄朝前或朝后为开，横向为关。

药液浓时应注意几个问题：

①开关开启后，随即用手摆动喷管，严禁停留在一处喷洒，以

防引起药害。

②喷洒过程中左右摆喷管，以增加喷幅。前进速度与摆动速度应适当配合，以防漏喷影响作业质量。

③控制单位面积喷量，除用行进速度来调节外，转动药液开关转芯角度，改变通道截面积也可调节喷量大小。

④大田作业喷洒可改变换弯管方向；喷洒灌木丛时（如茶树）可将大管口朝下防止雾粒向上飞扬。

由于喷雾雾粒极细，喷洒较高林木时不易观察喷洒情况，一般情况下，树叶只要被喷管风吹动，证明雾点就达到了，不要和手动喷雾器相比，如果喷量跟手动喷雾器一样多，那么植物就要受药害了（因药液浓度可比手动喷雾高达 2～10 倍）。另外，还可以利用有上升气流喷较高大作物。

2. 喷粉作业方法

（1）全机应处于喷粉状态，此时应将药箱滤网下的进气管与塞全取下，换上吹粉件，将输液部件与下粉口胶塞取下，换上输粉管并用喉箍紧固。

（2）添加粉剂：先将粉门与风门关好，粉剂应干燥，不要过湿；粉剂内不得混有杂草、杂物或结块。可以不停车加粉；此时汽油机应处于低速运转，并关闭进风门。

（3）加药粉后，旋紧药箱盖，并把风门打开。

（4）背机后将油门调整到最适宜位置，稳定运转片刻，然后调整粉门操纵手柄进行喷撒。

（5）在林区进行喷撒注意利用地形和风向，晚间利用作物表面露水进行喷粉较好。

（6）使用长喷管进行喷粉时，先将薄膜从小车上放出，再加油门，能将长喷管吹起来即可，不要转速过高。然后调整粉门喷撒。为防止管末端存粉，前进中应随时抖动喷管。

（五）停止运转

（1）先将粉门或药液开关闭合。

(2) 减小油门,使汽油机低速运转,3～5分钟后关闭油门。

(3) 关闭燃油阀。

(六) 药液的排放

每次喷洒(撒)作业完成后都应尽可能将药箱内药液(粉)用净,不要在药箱内存放药液。如遇药液未用尽的情况,就应将药箱内的药液排放干净。具体做法是:将喷口置于药液盆中,打开药液开关,将药箱盖旋松,将喷雾喷粉机适当向出液口方向倾斜,让药液自己流到药液盆中。如药液不多也可先准备一个纯净水瓶子,然后将药液管从药箱出水塞上拔下的同时迅速将事先准备好的瓶子对准出药口,将药液接到瓶子中。药液的存放要严格按照药厂的规定去做。

三、喷杆喷雾机

喷杆喷雾机是装有横喷杆或竖喷杆的一种液力喷雾机。近年来,作为大田作物高效、高质量的喷洒农药的机具,深受我国广大农民的青睐。该机具可广泛用于大豆、小麦、玉米和棉花等农作物的播前、苗前土壤处理,作物生长前期灭草及病虫害防治。装有吊杆的喷杆喷雾机与高地隙拖拉机配套使用可进行诸如棉花、玉米等作物生长中后期病虫害防治。该类机具的特点是生产率高,喷洒质量好,是一种理想的大田作物用大型植保机具。

(一) 喷杆喷雾机的种类

喷杆喷雾机的种类很多,可分为下列几种。

1. 按喷杆的形式分三类

(1) 横喷杆式 喷杆水平配置,喷头直接装在喷杆下面,是常用的机型。

(2) 吊杆式 在横喷杆下面平行地垂吊着若干根竖喷杆,作业时,横喷杆和竖喷杆上的喷头对作物形成门字形喷雾,使作物的叶面、叶背等处能较均匀地被雾滴覆盖。主要用于棉花等作物的生长中后期喷洒杀虫剂、杀菌剂等。

（3）气袋式　在喷杆上方装有一条气袋，有一台风机往气袋中供气，气袋上正对每个喷头的位置都有一个出气孔。作业时，喷头喷出的雾滴与从气袋出气孔排出的气流相撞击，形成二次雾化，并在气流的作用下，吹向作物。同时，气流对作物枝叶有翻动作用，有利于雾滴在叶丛中穿透及在叶背、叶面上均匀附着。主要用于对棉花等作物喷施杀虫剂。这是一种较新型的喷雾机，我国目前正处在研制阶段。

2. 按与拖拉机的连接方式分三类

（1）悬挂式　喷雾机通过拖拉机三点悬挂装置与拖拉机相连接。

（2）固定式　喷雾机各部件分别固定装在拖拉机上。

（3）牵引式　喷雾机自身带有底盘和行走轮，通过牵引杆与拖拉机相连接。

3. 按机具作业幅宽分三类

（1）大型　喷幅在 18 米以上，主要与功率为 36.7 千瓦（50马力）以上的拖拉机配套作业。大型喷杆喷雾机大多为牵引式。

（2）中型　喷幅为 10～18 米，主要与功率为 20～36.7 千瓦（30～50 马力）的拖拉机配套作业。

（3）小型　喷幅为 10 米以下，配套动力多为小四轮拖拉机和手扶拖拉机。

（二）喷杆喷雾机的结构和工作原理

喷杆喷雾机的主要工作部件包括：液泵、药液箱、喷头、过滤器、喷杆桁架机构、操作控制部件和搅拌器等。

1. 液泵　液泵是喷雾机的心脏，在一定的压力下提供足够的药液，供应喷头、搅拌。液泵要装调压阀，可按需调节压力。要耐腐蚀，封闭严密，不滴漏。

液泵有柱塞泵和隔膜泵两种。

（1）柱塞泵：流量大、压力高、体积小、结构紧凑、重量轻，

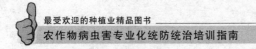

操作与维修方便，不能脱水运转，适用范围广。

（2）隔膜泵：流量大、压力较高、体积小、结构紧凑、重量轻、耐腐蚀能力强，操作与维修方便，能经受短时脱水运转，适用范围广。

2. 喷头　喷头一般分两类：

（1）扇形喷头：包括喷头体、过滤器、喷嘴、防滴装置、喷头帽。

（2）锥形喷头：包括喷头体、过滤器、涡流片、喷头片。

喷杆喷雾机用扇形喷头，主要是扇形喷嘴。

3. 喷嘴的作业指标

（1）覆盖率：一般小雾滴的覆盖性能要好于大雾滴（同等喷雾量）。

（2）飘移率：在有风的情况下，大雾滴的抗飘移性能明显好于小雾滴。

（3）穿透性：大雾滴的穿透力弱于小雾滴，特别是当作物密度较高时。

4. 喷嘴的选用

（1）材质的选用：喷嘴的材质有铜、尼龙、不锈钢、刚玉瓷、陶瓷等。喷嘴的材质决定喷嘴寿命，一般铜喷嘴寿命 100 小时，尼龙喷嘴寿命 200 小时，刚玉瓷喷嘴寿命 300 小时，不锈钢、陶瓷、聚合材料喷嘴寿命 400 小时。喷嘴寿命除取决于喷嘴的材质外，还与药液的理化性质、喷雾压力、剂型等多种因素有关。喷嘴磨损及损坏以后会导致药液流量、喷雾角度、雾滴大小发生变化。喷嘴的质量主要体现在喷孔的尺寸精密度、材质和光洁度，喷孔的尺寸精密度决定药液流量、喷雾形状、雾滴大小及分布均匀性等关键因素，材质决定喷嘴使用寿命，光洁度好可减少喷嘴堵塞。

（2）型号的选用：选择喷嘴的型号时，首先要根据作业指标来选择技术指标。由于覆盖率、飘移率、穿透性这 3 个指标之间存在矛盾，很难有一种喷嘴同时满足以上条件，针对不同情况下所强调的重点，使用的喷嘴性能就有所不同，使得目前使用的喷嘴品种十分繁杂。

喷嘴型号决定输出量的大小、雾化效果、覆盖度，喷雾角度有40°、65°、80°、95°、110°和150°，小角度穿透力强（同样雾滴大小时），但分布的均匀性不如大角度的好。

实际作业时，一般是根据单位面积要求的喷雾量和行走速度，算出单个喷嘴的喷雾量。符合这个要求的喷嘴应该不止一种（不同喷雾角、不同雾滴大小，但喷量相等），然后根据具体喷雾目标的要求最后确定选用哪种喷嘴。一般大田使用为80°（苗后，穿透力强）和110°（苗前，要求覆盖性好）两种。

5. 防滴装置 喷杆喷雾机在喷药剂时，为了消除停喷时药液在残压作用下沿喷头滴漏而造成药害，需配有防滴装置。

一些产品上装有换向阀，停喷时利用泵的吸水口，将管路中残液吸回药液箱，但这样将使泵脱水运转，会对泵产生不利影响，所以近年来这种方法已很少采用。

喷头上的防滴装置共有两种：膜片式防滴阀、球式防滴阀。

（1）膜片式防滴阀有多种形式，大多由阀体、阀帽、膜片、弹簧、弹簧盒、弹簧盖组成。

工作原理：打开喷雾机上的截流阀时，由液泵产生的压力通过药液传递到膜片的环状表面，又通过弹簧盖传递到弹簧。当此压力超过调定的阀开启压力时，弹簧受压缩，药液即冲开膜片流往喷头进行喷雾。在截流阀被关的瞬间，喷头在管路残压的作用下继续喷雾，管路中的压力急剧下降，当压力下降到调定的阀关闭压力时，膜片在弹簧作用下迅速关闭出液口，从而有效地防止管路中的残液沿喷头下滴，起到了防滴的作用。

（2）球式防滴阀同喷头滤网组成一体，直接装在普通的喷头体内，它由阀体、滤网、玻璃球和弹簧组成，工作原理与膜片式防滴阀相同，只是将膜片换成了玻璃球。由于玻璃球与阀体是刚性接触，又不可避免地存在着制造误差，所以密封性能较膜片式防滴阀差。

（三）工作原理

喷雾机工作时由拖拉机动力驱动液泵，将药液从药箱经过滤器吸入液泵内，加压后进入管路控制器，分别送入喷杆、搅拌管路，进入喷杆的药液经防滴阀、过滤网由喷头雾化后喷出。调节压力，可调节回液搅拌流量及达到正常工作压力，工作压力由压力表读出。

（四）喷杆喷雾机的性能

1. 喷雾机喷头应有防滴性能，在正常工作时，关闭截止阀5秒后，允许有2～3个喷头滴漏（喷幅大于或等于12米为3个；小于12米为2个）。每个喷头滴漏液滴数不得大于10滴/分。

2. 喷雾机泵应具有调压、卸荷装置。

3. 在额定压力或最高工作压力范围内应能平稳地调压。

4. 当关闭泵出口截止阀时，压力增值不得超过调定压力的20%。

5. 喷雾机在额定工作压力时，喷杆上各喷头的喷雾量变异系数不得大于15%。

6. 喷雾机在额定工作压力时，沿喷杆喷雾量分布均匀性变异系数不得大于20%。

7. 药箱搅拌器搅拌均匀性变异系数不得大于15%。

8. 与农药接触的零件应具有良好的防腐蚀性能。不允许有锈斑、涂层露底现象。

（五）喷杆喷雾机的田间操作

1. 安装与调整

（1）安装机体。

（2）喷头的安装与调整。喷头间距50厘米。喷嘴高度40～60厘米，不同角度喷嘴高度不一样。

（3）安装后做一次检查，用清水校准喷雾机。

（4）单喷头喷液量测定，各喷头喷雾量变异系数不大于 15％。药箱装上水—停放于平整地面—启动机车、定压力、定油门—喷洒正常后—容器每个喷嘴接水 1 分钟—量杯测量—变异系数不大于 15％。

2. 设计喷雾量

喷洒除草剂，苗前 180～200 升/公顷，苗后 100 升/公顷。

苗前 110°喷嘴，喷液量 180～200 升/公顷。

压力 0.2～0.3 兆帕 TP11003 11004 配 50 目过滤器。

5°～10°偏转角，避免相邻喷头的喷雾面互相干涉。一般国产喷头需要调整，进口喷头只要保证防滴装置方向一致即可。

苗后 60°～80°喷嘴，喷液量 100 升/公顷。压力 0.3～0.4 兆帕 TP80015 配 100 目过滤器。

选择喷雾压力。苗前 0.2～0.3 兆帕；苗后 0.3～0.4 兆帕。

3. 选择拖拉机行走速度　一般 6～10 千米/时。

$$V = \frac{Q}{B \times q} \times 40$$

式中：V——机组前进速度，千米/时；

Q——喷雾机的喷药量，升/分（各个喷头的总和）；

q——单位面积施药量，升/亩（由农艺要求确定）；

B——喷雾机的喷幅，米。

4. 用药量计算

$$\text{每药箱加药量（千克或升）} = \frac{\text{药箱容量（升）}}{\text{喷液量（升/公顷）}} \times \text{用药量（升或千克/公顷）}$$

5. 药剂配制　药箱加半箱水，再加入药液搅拌，加满水搅拌。

6. 操作注意事项　作业时应注意各种障碍物，防止撞坏喷杆。道路不平严禁高速行驶。

工作压力不可调得过高，防止胶管爆裂。

若出现喷头堵塞，应停机卸下喷嘴，用软质专用刷子清理杂物，切忌用铁丝、改锥等强行处理，否则会损伤喷嘴、影响喷洒雾形、喷头流量及喷洒均匀性，降低喷头寿命。

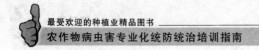

操作机器时，手指不要伸入喷杆折叠处，避免发生意外伤害事故。

四、自走式旱田作物喷杆喷雾机

3WX-280H型自走式旱田作物喷杆机是由全国农业技术推广服务中心指导，北京丰茂植保机械有限公司最新研制的可实现旱田作物全过程喷药的植保机械，可广泛应用于小麦、棉花、大豆、花生等旱田作物以及葱、姜、蒜等蔬菜作物。

该机具有以下特点：

工作效率高、操作者劳动强度低；

极具人性化的结构设计，操作简单、易学、方便；

喷杆高度可调——可根据作物不同生长时期的高矮来确定最佳喷洒高度；

后轮距可调——可根据作物的不同行距来确定后轮的行走宽度，可大大减少工作时对作物的损坏；

采用多种离合器控制方式，能够实现启动、行走、喷药等动作的单独控制；

采用Teejet喷杆专用喷雾系统，雾粒细、雾化均匀，能够大大提高农药的利用率；

特殊制作的轮胎及轮辋，更适合在旱田工作。

总之，该机是一种大大减轻农民的劳动强度、大大提高工作效率、非常适合我国国情、是目前唯一一款能够实现旱田作物全过程喷药的植保机械。

工作原理：采用188F四冲程汽油机经过皮带轮将动力传输到变速箱，变速箱输出动力分两部分：一部分经行走箱将动力传到前轮供行走驱动；另一部分通过传动轴驱动液泵，将药液从药箱经过滤器吸入液泵内，加压后经调压阀进入分水器，分别送入三段喷杆及回液管，进入喷杆的药液经防滴阀、过滤网，由喷头雾化后喷出。调节调压阀开度，可调节回液搅拌流量及达到正常工作压力，工作压力由分水器上压力表读出。

五、自走式高秆作物喷杆喷雾机

3WX‐280G 型自走式高秆作物喷杆喷雾机，是由全国农业技术推广服务中心指导，北京丰茂植保机械有限公司最新研制的东方牌系列产品之一，是应用于玉米、高粱等高秆作物全过程施药的植保机械。

该机具有以下特点：

工作效率高、操作者劳动强度低；

极具人性化的结构设计，操作简单、易学、方便；

喷杆高度可调——可根据作物不同生长时期的高矮来确定最佳喷洒高度；

采用多种离合器控制方式，能够实现启动、行走、喷药等动作的单独控制；

采用 Teejet 喷杆专用喷雾系统，雾粒细、雾化均匀，能够大大提高农药的利用率；

特殊制作的轮胎及轮辋，更适合在旱田工作。

总之，该机是一种大大减轻农民的劳动强度、大大提高工作效率、非常适合我国国情、是目前唯一一款能够实现高秆作物全过程施药的植保机械。

工作原理：采用 188F 四冲程汽油机经过皮带轮将动力传输到变速箱，变速箱输出动力分两部分：一部分经行走箱将动力传到前轮供行走驱动；另一部分通过传动轴驱动液泵，将药液从药箱经过滤器吸入液泵内，加压后经调压阀进入分水器，分别送入三段喷杆及回液管，进入喷杆的药液经防滴阀、过滤网，由喷头雾化后喷出。调节调压阀开度，可调节回液搅拌流量及达到正常工作压力，工作压力由分水器上压力表读出。

六、担架式液泵喷雾机

（一）产品的特点和用途

该机具有较高的工作压力、雾化好、耐腐蚀。

主要用途：

1. 对各种农作物以及城市的环保绿化病虫防治。如茶园、棉花、水稻、花卉、蔬菜、梨、桃、苹果、荔枝、龙眼等农作物的药剂喷雾及畜牧防疫消毒等。

2. 清洗各种车辆、机械设备，清洗墙壁地面等。

3. 疏通渠道、管道：平地送水 3 千米，45°坡送水 1 千米。

（二）工作原理及特点

本机动力采用 5.5 马力（4 042.5 瓦）发动机，水泵采用三缸柱塞泵。利用汽油机产生的旋转动力，通过两根三角皮带带动柱塞泵工作，由柱塞泵完成吸水、压缩，产生高压水，再通过耐高压液体输送管，将高压水送入喷枪，从喷嘴喷出。该机具有以下特点：

1. 柱塞采用高硬度耐磨不锈钢材料。

2. 密封件采用氟橡胶材料。

3. 调压阀采用陶瓷材料。

4. 安全阀自动卸压：即喷雾机内保持一定的工作压力，自动控制工作压力式喷雾开关，打开喷雾开关后液压立即恢复正常的工作压力，节约能源。

5. 该机射程半径可达 10 米，雾化效果好。

该机具有工作效率高，防治效果明显，性能可靠等特点。

七、风送式高效远程喷雾机

（一）用途及特点

3WFY-600 型风送式高效远程喷雾机与 44.76～59.68 千瓦拖

拉机配套使用，主要用于对大田农作物如玉米、小麦、大豆等喷施化学除草剂、杀虫剂和液态肥料。喷洒系统由一个远程喷射口和一个近程喷射口组成，近程喷射口喷射方向斜向下。喷射系统可以向左右两面 180°摆动和上下 90°摆动。机器喷洒时，有效喷洒距离为40 米，此时效果最佳。喷射口的转动通过液压系统来完成，用四根液压管连接拖拉机液压系统和喷雾机液压系统，分别控制上下移动和左右移动。可用于蝗虫、草地螟等重大病虫应急防治。

（二）主要技术参数

药箱容量：600 升

水平射程：≥40 米

液泵形式：隔膜泵（意大利 AR 泵）

液泵流量：70 升/分

搅拌方式：回液搅拌

喷头数量：14 个

工作压力：0.5～1 兆帕

工作转速：480 转/分

重　　量：小于 340 千克

运输尺寸：1 850 毫米×1 400 毫米×2 000 毫米

（三）工作原理

由拖拉机驱动液泵，将药液从药箱经过滤网吸入液泵内，加压后进入控制阀，分别送入喷管、回液管，进入喷管的药液经喷头雾化后喷出。调节控制阀上部调压阀，可调节回液搅拌流量及达到正常工作压力。同时拖拉机驱动风机旋转，雾化的药液被高速气流吹向远方。

（四）部件安装与调整

1. 将喷雾机与拖拉机悬挂装置连接好，并用销子锁死。

注意：连接时，拖拉机必须处于熄火状态。

2. 将机器的液压控制系统与拖拉机的液压系统相连接。共有 4 根管子来连接液压系统，2 根控制左右移动，2 根控制上下移动，另外，还有一根管子与拖拉机液压缸连接，用于将液压油返回拖拉机液压缸。

3. 所有连接完成以后，启动拖拉机，将机器抬起，使连接臂处于水平位置。然后用传动轴连接拖拉机的输出轴和泵。

注意：连接时，拖拉机必须处于熄火状态。

（五）使用与操作注意事项

1. 使用前检查　观察泵和减速器上的润滑油的液面是否在正确的位置，同时察看是否有杂质或沉淀。

检查各个过滤器是否清洗干净，如果存在污垢，将影响机器的正常运行，而且还会增加喷头的压力。

液压油输送管不能太短，更不能碰到传动轴。

检查各个紧固管子的喉箍是否松动。

2. 工作　风机离合器操纵手柄处于"离"的位置，药箱内加入半箱水，再加入农药，然后加满水。关闭控制阀管路开关，将调压手柄旋松。启动拖拉机，搅拌约 10 分钟。

田间工作时，在拖拉机发动机静止状态，将风机从封锁状态调到运行状态。启动拖拉机时，使输出轴的转速逐渐提升，慢慢达到机器所需要的转速，不可以直接使用最大转速。

启动机器，打开管路阀门，并将压力阀调整到工作压力。根据实际需要调节压力阀，正确的压力为 0.5～1 兆帕。

注意：在进行转动喷射口的作业中，周围禁止站人，避免碰伤的危险！

工作完毕后，旋松调压手柄，切断后输出轴动力，关闭管路阀门。

喷洒作业结束，向药箱内加入 200 升左右清水（或者使用清洗机器容器，选配件）。通过泵使水在机器内循环，达到清洗机器的目的。如果需要继续喷洒作业，则可以回收这些清洗液进行新一轮喷洒作业。如果配有清洗机器的容器，则通过过滤器上的转换开关，将清水引入药箱内，也可完成清洗工作。

第二节　常用植保机械的使用技术

一、机具的检查和调整

1. 施药作业前，需要检查施药器械的压力部件、控制部件等，例如，喷雾器（机）开关能否自如扳动，药液箱盖上的进气孔是否畅通等，保证器械能够满足施药作业的需要。

2. 在喷雾作业开始前、喷雾机具检修后、拖拉机更换车轮后或者安装新的喷头时，都应该对喷雾机具进行校准。影响喷雾机校准的因子主要有行走速度、喷幅以及药液流量。喷雾作业校准中应遵循以下步骤：

（1）确定施药液量　农田病虫草害的防治，每公顷所需用农药量（有效成分，克）是确定的，但由于选用施药机具和雾化方法不同，所需用水量变化很大。应根据不同喷雾机具及施药方法和该方法的技术规定来决定田间施药液量（升/公顷）。

（2）计算行走速度　施药作业前，应根据实际作业情况首先测定喷头流量 Q，并确定机具有效喷幅 B，然后计算行走速度 V。

$$V = \frac{Q}{q \times B} \times 10$$

式中：V——行走速度，米/秒；

Q——喷头流量，毫升/秒；

q——农艺上要求的施药液量，升/公顷；

B——喷雾时的有效喷幅，米。

若计算的行走速度过高或过低，实际作业有困难时，可适当改变施液量，或更换喷头来调整作业速度。

（3）校核施药液量　药箱内装入额定容量的清水，以上面的计算行走速度（V）作业前进，测定喷完一箱清水时的行走距离 L，重复 3 次，取平均值。按下式校核施药液量：

$$q' = \frac{G}{B \times L} \times 10^4$$

式中：q'——实际施药液量，升/公顷；

　　　G——药箱额定容量，升；

　　　B——喷雾时的有效喷幅，米；

　　　L——喷完一箱水的行进距离，米。

q'应满足下式，并保证用药量（农药有效成分）不变。

$$\frac{q' - q}{q} \times 100\% \leqslant \pm 10\%$$

（4）计算出作业田块需要的用药量和加水量　首先应确定所需处理农田的面积（按公顷计）。然后，根据所校验的田间施药液量 q'（升/公顷），确定所需处理农田面积上的实际施药液量 q''（升/公顷）。根据农药说明书或植保手册，确定所选农药的用药量（有效成分，克/公顷），根据所需处理的实际农田面积，准确计算出实际需用农药量 w（有效成分，克/公顷）。对于小块农田，施药液量不超过 1 药箱的情况下可直接一次性配完药液。若田块面积较大，施药液量超过 1 药箱时，则可以以药箱为单位来配制药水。

将上述实际施药液量 q''（升/公顷）除以喷雾器药箱的额定装载容积（G），得到处理田块上共需喷多少箱（N）的药液，以及每一药箱中应加入的农药量（W/N）。这时往药箱中加水量为额定装载容量；而每一药箱中应加入的农药量应为 W/N。

凡是需要称重计量的农药，可以在安全场所预先分装。即把每一药箱所需用的农药预先称好，分成几份，带到田间备用。这样，田间作业时，只要记住每一药箱加 1 份药即可，不至于出错，也比较安全，以免田间风大造成对粉末状药剂（如可湿性粉剂）的飘失。

二、机械的使用技术

（一）使用手动喷雾器注意事项

1. 施药人员在使用背负手动喷雾器喷雾作业时，应先扳动摇杆数次，使气室内的气压达到工作压力后再打开开关，边走边打气边喷雾。如扳动摇杆感到沉重，就不能过分用力，以免气室爆炸。对于老式喷雾器（如工农-16型等）一般走2～3步摇杆上下扳动一次；每分钟扳动摇杆18～25次即可。新型卫士牌喷雾器使用的是大容量活塞泵，每分钟扳动摇杆6～8次就可保持正常工作压力喷雾，可以显著降低工作强度，轻松完成喷雾作业。作业时，空气室中的药液超过安全水位时，应立即停止打气，以免气室爆炸。

2. 施药人员在使用压缩式喷雾器作业时，加药液不能超过规定的水位线，保证有足够的空间储存压缩空气，以便使喷雾压力稳定、均匀。没有安全阀的压缩喷雾器，一定要按产品使用说明书上规定的打气次数打气（一般30～40次），禁止加长杠杆打气和两人合力打气，以免药液桶超压爆破。压缩喷雾器使用过程中，药箱内压力会不断下降，当喷头雾化质量下降时，要暂停喷雾，重新打气充压，以保证良好的雾化质量。

3. 手动喷雾器作常量喷雾时应进行针对性喷雾，做低容量喷雾时既可飘移性喷雾，也可针对性喷雾。应针对不同作物、不同病虫草害和农药，选用不同的喷雾方法。应改变目前常见的沿行进方向左右双侧Z形交叉喷雾习惯，提倡顺风单侧Z形喷雾，保证施药人员所在的区域是无药区。

4. 手动喷雾器土壤喷洒除草剂时，要求除草剂在田间沉积分布要均匀，避免局部地块药量过大造成除草剂药害，并且易于飘失的细小雾滴要少，避免雾滴飘失造成邻近敏感作物药害。因此，喷洒除草剂应采用扇形雾喷头。喷雾时要求控制喷头距离地面高度保持一致，手持喷杆于身体一侧，行走路线也要保持一致；平行推进喷雾，避免喷头摆动。有条件时，也可安装双喷头、三喷头或四喷头的小喷杆喷雾。应尽量避免用空心圆锥雾喷头喷洒除草剂。

5. 当用手动喷雾器防治作物病虫害时，最好选用小喷孔片，切不可用钉子人为把喷孔冲大。这是因为小喷孔片喷头产生的农药雾滴较大喷孔片的雾滴细，有利于提高防治效果。

6. 使用手动喷雾器喷洒触杀性杀虫剂防治栖息在作物叶片背

面的害虫（例如棉花苗蚜），应把喷头向上，采用叶背定向喷雾方法。

7. 使用手动喷雾器喷洒保护性杀菌剂，应在植物未被病原菌侵染前或侵染初期施药，要求雾滴在植物靶标上沉积分布均匀，并有一定的雾滴覆盖密度。

8. 使用手动喷雾器行间喷洒除草剂时，一定要配置喷头防护罩，对靶作业，防止雾滴飘移造成邻近作物药害；喷雾时喷头高度要保持一致，力求药剂沉积分布均匀，不得重喷和漏喷。

（二）使用背负式机动喷雾机的注意事项

背负式机动喷雾机使用比较复杂，作业人员一定要仔细阅读使用说明，最好经过机具生产厂家的技术培训。该机适合做低容量喷雾，宜采用飘移叠加喷雾的方式施药，不可近距离对着作物植株喷雾。应避免将喷头对着作物直接喷洒，以及沿行进方向左右Ｚ字形喷雾的错误施药方法，应充分利用有效喷幅（一般在４米左右），进行叠加喷雾，提高工效和防治效果。具体操作过程如下：

1. 机器启动前药液开关应停在半闭位置。调整油门开关使汽油机高速稳定运转，开启手把开关后，人立即按预定速度和路线前进，严禁停留在一处喷洒，以防引起药害。

2. 行走路线的确定。喷药时行走要匀速，不能忽快忽慢，防止重喷漏喷。行走路线根据风向而定，走向应与风向垂直或成不小于45°的夹角，操作者应从下风口方向开始作业，喷向与风向一致。

3. 喷施时应采用侧向喷洒，即喷药人员背机前进时，手提喷管向一侧喷洒，一个喷幅接一个喷幅向上风方向移动（图3-1），使喷幅之间相连接区段的雾滴沉积有一定程度的重叠。操作时还应将喷口稍微向上仰起，并离开作物20～30厘米高。离喷口较近的区域雾滴沉积较少，但在进行下一个喷幅时，会有足够的叠加沉积。

4. 当喷完第一喷幅时，先关闭药液开关，减小油门，向上风

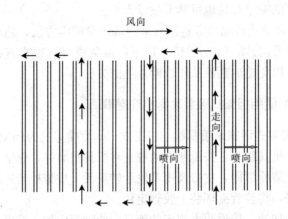

图 3-1　机动背负气力喷雾机田间喷雾作业示意

向移动，行至第二喷幅时再加大油门，打开药液开关继续喷药。

5. 防治棉花伏蚜，应根据棉花长势、结构，分别采取隔 2 行喷 3 行或隔 3 行喷 4 行的方式喷洒。一般在棉株高 0.7 米以下时采用隔 3 行喷 4 行，高于 0.7 米时采用隔 2 行喷 3 行，这样有效喷幅为 2.1~2.8 米。喷洒时把弯管向下，对着棉株中、上部喷，借助风机产生的风力把棉叶吹翻，以提高防治叶背面蚜虫的效果。走一步就左右摆动喷雾一次，使喷出的雾滴呈多次扇形累积沉积，提高雾滴覆盖均匀度。

6. 对灌木林丛（如茶树）喷药，可把喷管的弯管口朝下，防止雾滴向上飞散。

7. 对较高的果树和其他林木喷药，可把弯管口朝上，使喷管与地面保持 60°~70° 的夹角，利用田间有上升气流时喷洒。

8. 喷雾时雾滴直径在 125 微米左右，不易观察到雾滴，一般情况下，作物枝叶只要被喷管吹动，雾滴就达到了。不要因为看不见雾滴而担心雾滴没有达到作物，而加大喷雾量，将作物打湿，甚至流淌，这不仅会造成农药浪费，工效降低，而且加重环境污染，防治效果也不理想。

9. 调整施液量除用行进速度来调节外，转动药液开关角度或选用不同的喷量挡位也可调节喷量大小。

10. 背负式机动喷雾机适宜采用低容量喷雾方法，施药液量控制在150升/公顷（10升/亩）以下，避免喷雾机喷头直接对着作物喷雾，以免造成药液从作物叶片上流失。

（三）使用担架式液泵喷雾机注意事项

1. 担架式活塞泵喷雾机　以工农-36型喷雾机为例说明如下：

（1）机具组装　按说明书的规定将机具组装好，保证各部件位置正确、螺栓紧固，皮带及皮带轮运转灵活，皮带松紧适度，防护罩安装好，将胶管夹环装上胶管定块。

（2）加油　按说明书规定的牌号向曲轴箱内加入润滑油至规定的油位。以后每次使用前及使用中都要检查，并按规定对汽油机或柴油机检查及添加润滑油。

（3）正确选用喷洒及吸水滤网部件

①对于水稻或邻近水源的高大作物、树木，可在截止阀前装混药器，再依次装上直径13毫米喷雾胶管及远程喷枪。田块较大或水源较远时，可再接长胶管1～2根。从水田里吸水时，吸水滤网上要有插杆。

②对于施液量较少的作物，在截止阀前装上三通（不装混药器）及两根直径8毫米喷雾胶管及喷杆、多头喷头。从药桶内吸药液时吸水滤网上不要装插杆。

（4）启动和调试

①检查吸水滤网，滤网必须沉没于水中。

②将调压阀的调压轮按逆时针方向调节到压力较低的位置，再把调压柄按顺时针方向扳至卸压位置。

③启动发动机，低速运转10～15分钟，若见有水喷出，并且无异常声响，可逐渐提高至额定转速。然后将调压手柄向逆时针方向扳至加压位置，并按顺时针方向逐步旋紧调轮调高压力，使压力指示器指示到要求的工作压力。

④调压时应由低向高调整压力。因由低向高调整时指示的数值

较准确，由高向低调指示值误差较大。可利用调压阀上的调压手柄反复扳动几次，即能指示出准确的压力。

⑤用清水进行试喷。观察各接头处有无渗漏现象，喷雾状况是否良好，混药器有无吸力。

⑥混药器只有在使用远程喷枪时才能配套使用。如准备使用混药器，应先进行调试。使用混药器时，要待液泵的流量正常，吸药滤网处有吸力时，才能把吸药滤网放入事先稀释好的母液桶内进行工作。对于可湿性粉剂，母液的稀释倍数不能大于 1：4（即 1 千克农药加水不少于 4 千克），太浓了会吸不进。母液应经常搅拌以免沉淀，最好把吸药滤网缚在一根搅拌棒上，搅拌时，吸药滤网也在母液中游动，可以减少滤网的堵塞。

（5）确定药液的稀释倍数　为使喷出的药液浓度能够符合防治要求，必须确定母液的稀释倍数。确定母液稀释倍数的方法有查表法和测算法。

①查表法：根据工农-36 型担架式机动喷雾机的喷雾试验结果，喷出药液稀释倍数与母液稀释倍数的关系列在表 3-1 中，可参考使用。查表方法为：根据防治要求，确定好需要喷射药液的稀释倍数，查找表中"喷枪排液稀释倍数"栏内相同的稀释倍数，再根据所选定的 T 形接头孔径，找到相应的"小孔"或"大孔"栏内的母液稀释倍数，即为所需的母液中原药、原液的稀释倍数。例如，某稻田治虫，要求喷洒的药液稀释倍数为 1：300，选择 T 形接头的小孔，查表得知母液稀释倍数为 1：18，即 1 千克药对 18 千克水。

这种查表方法虽然简单方便，但由于液泵、喷枪以及混药器在使用中的工作状况往往会发生一些变化，如机件磨损、转速不稳定、压力变化以及喷雾胶管长短的不同等，都会影响混药器的吸药量和喷枪的喷出量，造成喷出药液浓度的差异，如仍按表中的比例关系配制母液，就可能使施药量过多而产生药害，或施药量不足而达不到防治效果。因此，在进入田间使用前，最好先进行校核，得出较准确的结果后再按此数据在田间实际使用。

表3-1 喷出药液浓度与母液稀释浓度的关系

喷枪排液稀释倍数	母液稀释倍数1：m		喷枪排液稀释倍数	母液稀释倍数1：m	
	小孔	大孔		小孔	大孔
1：80	1：4	1：6.5	1：500	1：31	1：47
1：100	1：5.5	1：8.5	1：600	1：38	1：57
1：120	1：6.5	1：10.5	1：800	1：51	1：76
1：160	1：9.5	1：14.5	1：1 000	1：64	1：96
1：200	1：12	1：18.5	1：1 200	1：77	1：115
1：250	1：15	1：23	1：1 600	1：100	1：155
1：300	1：18	1：28	1：2 000	1：130	1：190
1：350	1：22	1：33	1：2 500	1：160	1：190
1：400	1：25	1：38	1：3 000	1：190	

注：①本表试验数据的工作条件是：液泵的工作压力为2.0兆帕；

②喷枪排液稀释倍数和母液稀释倍数均指1份原液与若干份水之比；

③小孔、大孔，指混药器的透明塑料管插在T形接头上的小孔或大孔。

校核方法：

先测出单位时间内喷枪的喷雾量A_P（千克/秒），再测出单位时间内水泵吸入母液的量B（千克/秒）（可测母液桶内液体单位时间内减少的质量）。

喷雾药液的稀释倍数

$$C = \frac{A_P(1+m)}{B}$$

式中：m为表3-1中的药液倍数。

②测算法：根据防治对象，确定喷药浓度，选择好T形接头的孔径，将混药器的塑料管插入接头，套好管封，再将吸药滤网和吸水滤网分别放入已知药液量（乳剂可用清水代替）的母液桶和已知水量的清水桶内，开动发动机进行试喷。经过一定时间的喷射后，停机并记下喷射时间（t秒），然后，分别称量出桶内剩余的母液量和清水量。把喷射前母液桶内原先存放的药液量减去剩余的药液量，即得混药器在t秒内吸入的母液量。同理，可算出吸水量。把吸母液

量和吸水量相加，除以时间 t，即得喷枪的喷雾量（千克/秒）。则喷枪的喷雾浓度和母液之间的关系是：

$$m = \frac{BC}{A_P} - 1$$

式中：A_P——单位时间内喷枪的喷雾量（千克/秒）；

   B——单位时间内混药器吸入的母液量（千克/秒）；

   C——喷雾药液的稀释倍数；

   m——母液的稀释倍数。

上式中，A_P、B 值在试喷中测定，C 为农艺要求的给定值，如防治某种病虫害，农艺要求喷雾药液稀释倍数为 1：1 000，即 C 值为 1 000，就可以计算出 m 值。

例如　用 50% 杀螟硫磷乳油配成母液防治水稻螟虫，要求喷枪的喷雾液稀释倍数为 1：1 000，已知喷枪喷雾量为 0.48 千克/秒，混药器吸母液量为 0.048 千克/秒（以 T 形接头大孔吸药），问母液稀释倍数应是多少？

解：由题意可知：

$$A_P = 0.48（千克/秒）$$
$$B = 0.048（千克/秒），C = 1\ 000$$
$$m = \frac{BC}{A_P} - 1 = \frac{0.048 \times 1\ 000}{0.48} - 1 = 100 - 1 = 99$$

母液稀释倍数为 1：99，即 1 千克药对 99 千克水。

在喷雾时，为了使喷雾药液浓度的误差不致太大，新机具第一次使用和长期未用的旧机具重新使用时，都必须进行试喷，进行测算。工作时液泵的压力和喷雾胶管的长短都应和试喷测定时相同。

在实际作业中，还是存在母液配比和稀释浓度较难把握的情况。为避免因喷枪调节不当而导致的喷洒药液浓度偏差（应喷洒的田块已喷完，所配置的母液尚未用完；或应喷洒的田块尚未喷完，而所配置的母液已经喷完），可用较大的容器配置母液，将 1 亩地所需的喷洒药液配在一个容器中，确保药液浓度符合要求，喷洒均匀一致。

（6）田间使用操作　注意使用中液泵不可脱水运转，以免损坏胶碗。在启动和转移机具时尤需注意。

在稻田使用时，将吸水滤网插入田边的浅水层（不少于 5 厘米）里，滤网底的圆弧部分沉入泥土，让水层顺利通过滤网吸入水泵。田边有水渠供水时，可将吸水滤网放在渠水里。在果园使用时可将吸水滤网底部的插杆卸掉，将吸水滤网放在药桶里。如启动后不吸水，应立即停车检查原因。

在田间吸水时，如滤网外周吸附了水草要及时清除。

机具转移生产地点的路途不长时（时间不超过 15 分钟）可按下述操作，不停车转移：

①降低发动机转速，怠速运转。

②把调压阀的调压手柄往顺时针方向扳（卸压），关闭截止阀，然后才能将吸水滤网从水中取出，这样可保持部分液体在泵体内部循环，胶碗仍能得到液体润滑。

③转移完毕后立即将吸水滤网放入水源，然后旋开截止阀，并迅速将调压手柄往逆时针方向扳至升压位置，将发动机转速调至正常工作状态，恢复田间喷药状态。

喷枪喷药时不可直接对准作物喷射，以免损伤作物，也不利于药液沉积。喷近处时，应按下扩散片，以便喷洒均匀。向上对高树喷射时，操作人员应站在树冠外，向上斜喷，注意喷洒均匀。当停止喷雾时，必须在液泵压力降低后（可用调压手柄卸压），才可关闭截止阀，以免损坏机具。

喷雾操作人员应穿戴必要的防护用具，特别是掌握喷枪或喷杆的操作人员。喷洒时应注意风向，应顺风喷洒。

作业时必须严格遵守各项安全操作规程，每次开机或停机前，应将调压手柄扳在卸压位置。

2. 担架式柱塞泵喷雾机

以 3WZ-40 型担架式喷雾机为例，它与工农-36 型担架式喷雾机的不同之处是：

①喷洒部件有远程喷枪（枪-22 型），只配 1 根喷雾胶管（直径 13 毫米，长 20 米）。

②调压阀溢流管没有与液泵的进入管连通，吸水滤网提出水面时无法形成泵内液流循环。

③不带混药器。

④配用柴油机。

在使用操作上，其操作方法基本上与活塞泵喷雾机相同，其不同点是：

①泵运转时柱塞处允许有少量液滴渗出。要注意及时向泵体上的油杯加润滑脂（黄油）。

②转移工作地点时，发动机必须熄火。

③在工作压力状态下调节柴油机调速手柄，待液泵曲轴转速在额定转速（880 转/分）附近时，固紧翼形调速螺帽。

3. 担架式隔膜泵喷雾机

以金蜂-40 型担架式喷雾机为例。它与工农-36 型担架式喷雾机不同之处是：

产品不带混药器。

使用操作上主要是泵的操作方法不同。

新泵使用前应给空气室充足空气（压力 0.5～0.6 兆帕，此值约等于用新气筒打气 20 次）。以后在使用中应及时检查补充空气。充气完毕后，将气嘴帽旋紧，以防漏气。

新机初次使用时应在 1 兆帕压力下运行 1 小时，然后方可转入正常工作压力运行。

因隔膜泵能经受短时间的脱水运转，故该机在田间转移时发动机可以不熄火，但应调节至怠速运转。

在工作压力状态下调节柴油机调速手柄，待液泵偏心轴转速在额定转速（600 转/分）附近时，固紧翼形调速螺帽。

其他注意事项与前两种担架式喷雾机相同。

三、施药器械的保养

施药器械每天使用结束后，应倒出药液桶内残余药液，加入少量清水继续喷洒干净，并用清水清洗各部分。每年防治季节过后，应把施药机具的重点部件（如喷头、药液箱等）用热洗涤剂或弱碱水清洗，再用清水洗干净，晾干后存放。具体有如下要求：

（1）施药作业结束后，不能马上把机具放置在仓库中，需要仔细清洗机具和进行保养，以使机具保持良好的工作状态。

（2）喷雾器（机）喷洒除草剂后，一定要用加有清洗剂的清水彻底清洗干净（至少清洗 3 遍），避免以后喷洒农药时造成敏感作物药害。

（3）不锈钢制桶身的喷雾器，用清水清洗完后，应擦干桶内积水，然后打开开关，倒挂于室内干燥阴凉处存放。

（4）器械存放前，要对可能锈蚀的部件涂防锈黄油。

（5）背负式机动喷雾喷粉机进行喷粉作业后，要及时清洗化油器和空气滤清器。

（6）背负式机动喷雾喷粉机的长薄膜管内不得存粉，拆卸之前空机运转 1～2 分钟，将长薄膜管内的残粉吹净。

（7）背负式机动喷雾喷粉机在长期不用时还要注意定期对汽油机进行保养。

（8）保养后的施药器械应放在干燥通风的库房内，切勿靠近火源，避免露天存放或与农药、酸、碱等腐蚀性物质放在一起。

（9）担架式液泵喷雾机每天作业完后，应在使用压力下，用清水继续喷洒 2～5 分钟，清洗泵内和管道内的残留药液，防止残留的药液腐蚀机件。

（10）担架式液泵喷雾机作业完后，卸下吸水滤网和喷雾胶管，打开出水开关；将调压阀减压手柄往逆时针方向扳回，旋松调压手轮，使调压弹簧处于自由松弛状态。再用手旋转发动机或液泵，排除泵内存水，并擦洗机组外表污物。

（11）使用担架式液泵喷雾机，应按使用说明书要求，定期更换曲轴箱内机油。遇有因膜片（隔膜泵）或油封等损坏，曲轴箱进入水或药液，应及时更换零件修复好机具并提前更换机油。清洗时应用柴油将曲轴箱清洗干净后，再换入新的机油。

（12）当防治季节工作完毕，担架式液泵喷雾机长期贮存时，应严格排除泵内的积水，防止天寒时冻坏机件。应卸下三角皮带、喷枪、喷雾胶管、喷杆、混药器、吸水滤网等，清洗干净并晾干。能悬挂的最好悬挂起来存放。对于活塞隔膜泵，长时间存放时，应将泵腔内机油放净，加入柴油清洗干净，然后取下泵的隔膜和空气室隔膜，清洗干净放置阴凉通风处，防止过早腐蚀、老化。

第三节　安全施药注意事项

一、施药人员应符合要求

（1）施药人员应身体健康，经过专业技术培训，具有安全用药及安全操作的知识，具备一定的植保知识，严禁儿童、老人、体弱多病者及经期、孕期、哺乳期妇女参与施用农药。

（2）施药人员需要穿着防护服，不得穿短袖上衣和短裤进行施药作业；身体不得有暴露部分；防护服需穿戴舒适、厚实，防护服能吸收较多的药雾而不至于很快进入衣服的内侧，棉质防护服通气性好于塑料的；施药过程中切勿进食、饮水或吸烟。在工作状态严禁旋松或调整任何部件，以免药液突然喷出伤人。施药作业结束后，要用大量清水和肥皂冲洗，换上干净衣服，尽快把防护服清洗干净并与日常穿戴的衣物分开。

二、按要求使用农药

选择对路农药，在适宜的施药时期，用适宜的施药方法，施用经济有效的农药剂量，切忌污染环境。仔细阅读农药标签，要购买和使用农药瓶（袋）上标签清楚，登记证、准产证、质量标准号齐全的农药，并在保质期内使用。严禁使用高毒、高残留农药防治蔬菜、瓜果、果树、茶树、中药材等作物的病虫害，并严格控制施药后的安全采收期。

三、施药时间应安全

（1）应选择好天气施药：田间的温度、湿度、雨露、光照和气流等气象因子对施药质量影响很大。在刮大风和下雨等气象条件下施用农药，对药效影响很大，不仅污染环境，而且易使喷药人员中毒。刮大风时，药雾随风飘扬，使作物病菌、害虫、杂草表面接触到的药液减少；即使已附着在作物上的药液，也易被吹拂挥发、振动散落，大大降低防治效果；刮大风时，易使药液飘落到施药人员身上，增加中毒机会；刮大风时，如果施用除草剂，易使药液飘移，有可能造成药害。下大雨时，作物上的药液被雨水冲刷，既浪费了农药又降低了药效，且污染环境。应避免在雨天及风力大于 3 级（风速大于 4 米/秒）的条件下施药。

（2）应选择适宜时间施药：在气温较高时施药，施药人员易发生中毒。由于气温较高，农药挥发量增加，田间空气中农药浓度上升，加之人体散热时皮肤毛细血管扩张，农药经皮肤和呼吸道吸入，引起中毒的危险性就增加。所以喷雾作业时，应避免夏季中午高温（30℃以上）的条件下施药。夏季高温季节喷施农药，要在上午 10 时前和下午 15 时后进行。对光敏感的农药选择在上午 10 时以前或傍晚施用。施药人员每天喷药时间一般不得超过 6 小时。

四、施药操作应规范

1. 田间施药

（1）进行喷雾作业时，应尽量采用降低容量的喷雾方式，把施药液量控制在 300 升/公顷（20 升/亩）以下，避免采用大容量喷雾方法。喷雾作业时的行走方向应与风向垂直，最小夹角不小于45°。喷雾作业时要保持人体处于上风方向喷药，实行顺风、隔行前进或退行，避免在施药区穿行。严禁逆风喷洒农药，以免药雾吹到操作者身上。

（2）为保证喷雾质量和药效，在风速过大（大于 5 米/秒）和风向常变不稳时不宜喷雾。特别是在喷洒除草剂时，当风速过大时容易引起雾滴飘移，造成邻近敏感作物药害。在使用触杀性除草剂时，喷头一定要加装防护罩，避免雾滴飘失引起的邻近敏感作物药害；另外，喷洒除草剂时喷雾压力不要超过 0.3 兆帕，避免高压喷雾作业时产生的细小雾滴引起的雾滴飘失。

2. 设施内施药

在温室大棚等设施内施药时，应尽量避免常规大容量喷雾技术，如采用喷雾方法，最好采用低容量喷雾法。如采用烟雾法、粉尘法、电热熏蒸法等施药技术，应在傍晚进行，并同时封闭棚室。第 2 天将棚室通风 1 小时后人员方可进入。

如在温室大棚内进行土壤熏蒸消毒，处理期间人员不得进入棚室，以免发生中毒。

第四节　两种主要机型常见故障的排除方法

一、背负式机动喷雾喷粉机常见故障的排除方法

故障现象	故障原因	排除方法
不能启动或启动困难，火花塞无火	火花塞积炭	清除积炭
	火花塞间隙过小或过大	调整间隙 0.6～0.7 毫米
	火花塞电极烧坏或绝缘损坏	更换火花塞
	磁电机导线包皮破损	修理
	磁电机线圈断线或绝缘不良	更换
	电子点火器损坏	更换
	白金触点间隙不对、沾污或烧损	调整、擦净间隙或更换
	继电器固定螺钉松动	紧固

（续）

故障现象	故障原因	排除方法
火花塞有火，但不能启动或启动困难	吸入燃油过量	减少供油
	燃油质量不好，有水、过脏	更换燃油
	气缸、活塞环磨损或胶结	更换
	火花塞松动	旋紧
	油箱无油	加油
	过滤网堵塞	清洗
	油箱通气孔堵塞	清理
	量孔堵塞	清理
	浮子室内油面过低	调整
压缩良好，也不熄火，但运转功率不足	滤清器的滤片堵塞	清洗
	从油管接头处吸入空气	旋紧
	从化油器连接处吸入空气	旋紧
	燃油中混有水	更换燃油
	汽油机过热	停机冷却，避免长时间高负荷运转
	消音器积炭	清除积炭
运转功率不足且过热	燃油浓度过低	调节化油器
	燃烧室积炭	清除积炭
	润滑油不良	使用二冲程汽油机专用机油
	不合理运转（未接大软管）	正确使用
运转功率不足且有敲击声	使用燃油不好	更换燃油
	燃烧室积炭	清除积炭
	运动件磨损	检查更换
运转中突然熄火	火花塞引线松脱	接牢
	活塞咬死	修理或更换
	火花塞积炭短路	清除积炭
	燃油烧尽	加注燃油

（续）

故障现象	故障原因	排除方法
运转中慢慢熄火	化油器内部堵塞	清洗
	油箱盖通气孔堵塞	清洗
	燃油里有水	更换燃油
停机困难	油门杠杆或拉绳调节不当	调整
不出液或出液不连贯	喷头、开关、调量阀堵塞	清除
	输液管堵塞	清除
	药箱内无压力或压力过低	拧紧药箱盖
	过滤网通气孔堵塞	清除
向上喷雾时不出雾	喷头抬得过高	降低喷头高度
漏液	药箱盖未盖紧	拧紧药箱盖
	药箱盖密封圈未放好或胀大	调整好或更换
	各接头处未拧紧	拧紧接头处
药液进入风机	气堵组件与药箱装配不当	正确装配
	进气管从过滤网的进气塞上脱落	重新安好

二、担架式液泵喷雾机常见故障的排除方法

故障现象	故障原因	排除方法
吸不上药液或吸力不足，表现为无流量或流量不足	泵内有空气	使调压阀处在高压状态，切断空气循环，并打开出水开关，排除空气
	吸水滤网露出液面或滤网堵塞	将吸水滤网全部浸入药液内，清除滤网上的杂物
	吸水管路的连接处未放密封垫圈，漏气或吸水管破裂	加放垫圈，更换吸水管

（续）

故障现象	故障原因	排除方法
吸不上药液或吸力不足，表现为无流量或流量不足	进水阀或出水阀零件磨损和损坏或被杂物卡住	更换阀门零件，清除杂物
	缸筒磨损或拉毛（活塞泵），V形密封圈未压紧或损坏（柱塞泵）	更换缸筒，旋紧压环调整密封间隙
	隔膜破损（隔膜泵）	更换隔膜
压力调不高，出水无压力	调压阀减压手柄未扳到底，调压弹簧被顶起，使回水增多，压力调不高	把调压阀减压手柄向逆时针方向扳足，再把调压轮向"高"的方向旋紧以调压力
	调压阀的锥阀与阀座间有杂物或磨损	清除杂物，更换锥阀与阀座
	调压阀的阻尼塞因污垢卡死，不能随压力上下滑动	拆开清洗并加少量润滑油
雾化不良	喷头堵塞或喷嘴磨损	清除杂质，更换喷嘴
	泵的转速过低，压力未调高	提高转速，调高压力
	进出水阀门与阀门座间有杂物，压力提不高	清除阀门内杂物
	活塞泵的活塞碗、隔膜泵的隔膜损坏	更换活塞碗或隔膜
	吸水滤网露出液面，吸水管破裂或吸水管接头松动	将吸水滤网全部浸入药液内，更换吸水管，拧紧连接螺母
漏油漏水	压力指示计的柱塞上密封环损坏或柱塞方向装反	更换密封环，调换方向（有密封环的一端向下）
	调压阀阻尼塞上密封环损坏，套管处漏水	更换密封环
	气室座、吸水座的密封环损坏（活塞泵）	更换密封环
	山形密封圈损坏，吸水座下小孔漏水、漏油（活塞泵）	更换山形密封圈

（续）

故障现象	故障原因	排除方法
漏油漏水	曲轴油封损坏，轴承盖处漏油	更换油封
	螺钉未拧紧或垫片损坏，油窗处漏油	拧紧螺钉或更换垫片
液泵运转有敲击声	滚动轴承损坏	更换轴承
	连杆或曲轴磨损松动，偏心轮或滑块磨损（隔膜泵）	更换连杆或曲轴，更换偏心轮或滑块
	连杆小端与圆柱销磨损、松动	更换圆柱销或连杆
液泵油温过高	润滑油量不足或牌号不对	按规定加足润滑油
	润滑油太脏	更换新润滑油
出水管振动剧烈	空气室内气压不足	按规定值充气
	气嘴漏气	更换气嘴
	气室隔膜破损	更换隔膜
	阀门工作不正常	修理或更换阀门

第四章

农药中毒与急救

第一节　农药中毒的判断

一、农药中毒的含义

在接触农药的过程中，如果农药进入人体，超过了正常人的最大耐受量，使机体的正常生理功能失调，引起毒性危害和病理改变，出现一系列中毒临床表现，就称为农药中毒。

二、农药毒性的分级

主要是根据对大鼠的急性经口和经皮毒性进行的。依据我国现行的农药产品毒性分级标准，农药毒性分为剧毒、高毒、中等毒、低毒、微毒五级（表 4-1）。

表 4-1　我国农药产品毒性分级标准

毒性分级	大鼠 LD_{50}（毫克/千克或毫克/米^3）		
	经口	经皮	吸入
剧　毒	≤5	≤20	≤20
高　毒	5～50	20～200	20～200
中等毒	50～500	200～2 000	200～2 000
低　毒	500～5 000	2 000～5 000	2 000～5 000
微　毒	>5 000	>5 000	>5 000

从毒性分级可以看出，对同一种农药来说，经口毒性高并不意味着经皮毒性一定高。毒性分级是以农药进入人体的 3 种不同途径划分的。

三、农药中毒的程度和种类

1. 根据农药品种、进入途径、进入量不同，有的农药中毒仅仅引起局部损害，有的可影响整个机体，严重的甚至危及生命，一般可分为轻、中、重 3 种程度。

2. 农药中毒的表现，有的呈急性发作，有的呈慢性或蓄积性中毒，一般可分为急性和慢性中毒两类。

（1）急性中毒往往是指 1 次口服、吸入或经皮肤吸收了一定剂量的农药后，在短时间内发生中毒的症状。但有些急性中毒，并不立即发病，而要经过一定的潜伏期，才表现出来。

（2）慢性中毒主要指经常连续食用、吸入或接触较小量的农药（低于急性中毒的剂量），毒物进入机体后，逐渐出现中毒的症状。慢性中毒一般起病缓慢，病程较长，症状难于鉴别，大多没有特异的诊断指标。

四、农药中毒的原因、影响因素及途径

（一）农药中毒的原因

1. 在使用农药过程中发生的中毒叫生产性中毒，造成生产性中毒的主要原因如下。

（1）配药不小心，药液污染手部皮肤，又没有及时洗净；下风配药或施药，吸入农药过多。

（2）施药方法不正确，如人向前行左右喷药，打湿衣裤；几架药械同时喷药，未按梯形前进和下风侧先行，引起相互影响，造成污染。

（3）不注意个人防护，如不穿长袖衣、长裤、胶靴，赤足露背

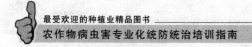

喷药；配药、拌种时不戴橡胶手套、防毒口罩和护目镜等。

（4）喷雾器漏药，或在发生故障时徒手修理，甚至用嘴吹堵在喷头里的杂物，造成农药污染皮肤或经口腔进入人体内。

（5）连续施药时间过长，经皮肤和呼吸道进入的药量过多；或在施药后不久在田内劳动。

（6）喷药后未洗手、洗脸就吃东西、喝水、吸烟等。

（7）施药人员不符合要求。

（8）在科研、生产、运输和销售过程中因意外事故或防护不严污染严重而发生中毒。

2. 在日常生活中接触农药而发生的中毒叫非生产性中毒，造成非生产性中毒的主要原因包括：

（1）乱用农药，如用高毒农药灭虱、灭蚊、治癣或其他皮肤病等。

（2）保管不善，把农药与粮食混放，吃了被农药污染的粮食而中毒。

（3）用农药包装品装食物或用农药空瓶装油、酒等。

（4）食用近期施药的瓜果、蔬菜、拌过农药的种子或被农药毒死的畜禽、鱼虾等。

（5）施药后田水泄漏或清洗药械污染了饮用水源。

（6）有意投毒或因寻短见服农药自杀等。

（7）意外接触农药中毒。

（二）影响农药中毒的相关因素

1. 农药品种及毒性　农药的毒性越大，造成中毒的可能性就越大。

2. 气温　气温越高，中毒人数越集中。有90％左右的中毒患者发生在气温30℃以上的7～8月份。

3. 农药剂型　乳油发生中毒较多，粉剂中毒少见，颗粒剂、缓释剂较为安全。

4. 施药方式　撒毒土、泼浇较为安全；喷雾发生中毒较多。

经对施药人员小腿、手掌处农药污染量测定，证实了撒毒土为最少，泼浇为其 10 倍，喷雾为其 150 倍。

（三）农药进入人体引起中毒的途径

1. 经皮肤进入人体　这类中毒是由于农药沾染皮肤进入人体内造成的。很多农药能溶解在有机溶剂和脂肪中，如一些有机磷农药都可以通过无伤皮肤进入体内。特别是天热，气温高，皮肤汗水多，血液循环快，容易吸收。皮肤有损伤时，农药更易进入。大量出汗也能促进农药吸收。

2. 经呼吸道进入人体　粉剂、熏蒸剂和容易挥发的农药，可以从鼻孔吸入引起中毒。喷雾时的细小雾滴，悬浮于空气中，也易被吸入。在从呼吸道吸入的农药中，要特别注意无臭、无味、无刺激性的药剂，这类药剂要比有特殊臭味和刺激性的药剂中毒的可能性大。因为它容易被人们所忽视，在不知不觉中大量吸入体内。

3. 经消化道进入人体　各种化学农药都能从消化道进入人体而引起中毒。多见于误服农药或误食被农药污染的食物。经口中毒，农药剂量一般较大，不易彻底消除，所以中毒也较严重，危险性也较大。

第二节　农药中毒的急救治疗

一、正确诊断农药中毒情况

农药中毒的诊断必须根据以下几点。

1. 中毒现场调查　询问农药接触史，中毒者如清醒，则要口述与农药接触的过程、农药种类、接触方式，如误服、误用、不遵守操作规程等。如严重中毒不能自述者，则需通过周围人及家属了解中毒的过程和细节。

2. 临床表现　结合各种农药中毒相应的临床表现，观察其发病时间、病情发展以及一些典型症状和体征。

3. 鉴别诊断 排除一些常易混淆的疾病，如施药季节常见的中暑、传染病、多发病。

4. 化验室资料 有化验条件的地方，可以参考化验室检查资料，如患者的呕吐物，洗胃抽出物的物理性状以及排泄物和血液等生物材料方面的检查。

二、现场急救

1. 立即使患者脱离毒物，转移至空气新鲜处，松开衣领，使呼吸畅通，必要时吸氧和进行人工呼吸。

2. 皮肤和眼睛被污染后，要用大量清水冲洗。

3. 误服毒物后须饮水催吐（吞食腐蚀性毒物后不能催吐）。

4. 心脏停搏时进行胸外心脏按压。患者有惊厥、昏迷、呼吸困难、呕吐等情况时，在护送去医院前，除检查、诊断外，应给予必要的处理：如取出假牙，将舌引向前方，保持呼吸畅通，使仰卧，头后倾，以免吞入呕吐物，以及一些对症治疗的措施。

5. 处理其他问题。尽快给患者脱下被农药污染的衣服和鞋袜，然后把污物冲洗掉。在缺水的地方，必须将污物擦干净，再去医院治疗。

现场急救的目的是避免继续与毒物接触，维持病人生命，将重症病人转送到邻近的医院治疗。

三、中毒后的救治措施

1. 用微温的肥皂水或清水清洗被污染的皮肤、头发、指甲、耳、鼻等，眼部污染者可用小壶或注射器盛2％小苏打水、生理盐水或清水冲洗。

2. 对经口中毒者，要及时、彻底催吐、洗胃、导泻。但神志恍惚或明显抑制者不宜催吐。补液、利尿以排毒。

3. 呼吸衰竭者就地给以呼吸中枢兴奋剂，如可拉明、洛贝林等，同时给氧气吸入。

呼吸停止者应及时进行人工呼吸，首先考虑应用口对口人工呼吸，有条件者准备气管插管，给以人工辅助呼吸。同时可针刺人中、十宣、涌泉等穴，并给以呼吸兴奋剂。

对呼吸衰竭和呼吸停止者都要及时清除呼吸道分泌物，以保持呼吸道通畅。

4. 循环衰竭者如表现血压下降，可用升压药静脉注射，如阿拉明、多巴胺等，并给以快速的液体补充。

5. 心脏功能不全时，可以给咖啡因等强心剂。心跳停止时用心前区叩击术和胸外心脏按压术，经呼吸道近心端静脉或心脏内直接注射新三联针（肾上腺素、阿托品各 1 毫克，利多卡因 50 毫克）。

6. 惊厥病人给以适当的镇静剂。

7. 解毒药的应用。为了促进毒物转变为无毒或毒性较小的物质，或阻断毒作用的环节，凡有特效解毒药可用者，应及时正确地应用相应的解毒药物。如有机磷中毒则给以胆碱酯酶复能剂（如氯磷啶或解磷啶等）和阿托品等抗胆碱药。

四、对症治疗

根据医生的处置，服用或注射药物来消除中毒产生的症状。

五、注意防止迟发毒效应

第五章

主要病虫害防治

第一节　水稻主要病虫害发生规律与综合防治技术

一、水稻病害

稻瘟病

稻瘟病又名稻热病，在各稻区都有发生，山区、半山区及沿海稻区发生较普遍。

[**症状**] 在水稻整个生长期都有发生。叶片病斑有两种：一是急性型病斑，呈暗绿色，多数近圆形或椭圆形，斑上密生青灰色霉层。二是慢性型病斑，为梭形或长梭形，外围有黄色晕圈，内部为褐色，中心灰白色，有褐色坏死线贯穿病斑并向两头延伸，这是本病的一个重要特征；穗颈瘟，常在穗下第一节穗颈上发生淡褐色或墨绿色病斑，略凹陷，结实前发病，形成白穗；分枝或小枝发病，称作"枝梗瘟"，影响病枝结实。

[**发生特点**] 真菌性病害。病菌发育最适温度为 25～28℃；高湿有利分生孢子形成、飞散和萌发，而高湿度持续达一昼夜以上，则有利病菌的侵入，造成病害的发生与流行。阴雨连绵、日照不足、结露时间长有利发病。种植感病品种有利发病；而抗病品种大面积单一化连续种植，极易导致病菌变异产生新的生理小种群，以致丧失抗性。长期灌深水或过分干旱，污水或冷水灌溉，偏施、迟施氮肥等，均易诱发稻瘟病。

[防治方法]

(1) 农业防治　因地制宜选用抗病良种是防治稻瘟病的根本方法。搞好品种合理布局，避免品种单一化种植是延长抗性品种使用寿命的有效途径。健身栽培是减轻发病为害的重要措施，合理施肥管水，多施农家肥，节氮增磷钾肥，防止偏施、迟施氮肥，湿润灌溉，干干湿湿适时进行晒田，以增强植株抗病力，减轻发病。

(2) 药剂防治　药剂防治采取"抓两头，控中间"的策略，即重点抓好水稻秧田叶瘟和破口期穗瘟的防治。

①施药适期：秧田在发病初期用药，对已发病的秧田移栽前要做好带药下田；本田分蘖期开始，每隔3天调查1次，主要查看植株上部3片叶，如发现发病中心或叶上急性型病斑，即应施药防治；预防穗瘟，已发生穗瘟的田块，以及感病品种，多肥田为对象田，掌握在水稻孕穗末期至破口期施药；如气候适宜，齐穗期再用药1次。

②药剂及用量：每亩用20%三环唑可湿性粉剂100克，或40%稻瘟灵（富士1号）乳油80～100毫升，加水30～50千克均匀喷雾，或加水15千克进行低容量喷雾。多菌灵、克瘟散和春雷霉素等药剂也可用于防治稻瘟病，并有一定的治疗作用。

[注意事项]　三环唑对水稻稻瘟病预防效果好，但没有治疗作用。防治叶瘟应掌握在病害发生前用药，防治穗瘟在水稻破口前施药。

水稻纹枯病

水稻纹枯病又名烂脚秆。在各稻区普遍发生。

[症状]　一般在分蘖期开始发病，最初在近水面的叶鞘上出现水渍状椭圆形病斑，以后病斑增多，常互相愈合成为不规则大型的云纹状斑，其边缘为褐色，中部灰绿色或淡褐色。叶片上的症状和叶鞘上基本相同。病害由下向上扩展，严重时可上剑叶，甚至造成穗部发病。

[发生特点]　真菌性病害。菌丝的发育与致病温度均以28℃最适宜，以25～31℃和饱和湿度为病害流行有利条件。过量施氮肥，

高度密植，灌水过深均为诱发病害的主要因素。水稻从分蘖期发病，开始为水平扩展阶段，孕穗期前后进入垂直发展期，为发病高峰。

[防治方法]

（1）农业防治　加强健身栽培，增强植株抗病力，减少为害。①合理密植。实行东西向宽窄行条栽，以利通风透光，降低田间湿度；②浅水勤灌，适时晒田；③合理施肥，控氮增钾。

（2）药剂防治　药剂防治主要保护上部3片功能叶，抓住病害垂直发展期前施药。

①调查方法与防治指标：低洼潮湿、菌核量大、多肥、生长过旺田块，在分蘖期开始调查，采取平行跳跃取样法，下田走5、6步后选点，每点间隔10丛以上，每点查5丛，共查25丛，发病丛达8丛以上需施药防治。一般田块在孕穗期前后开始调查，方法和防治指标同前。

②药剂及用量：破口前5～7天和齐穗期各用30％苯甲·丙环唑（爱苗）乳油15毫升进行防治；单晚、连作晚稻分蘖期病情超过防治指标时，每亩可用5％井冈霉素水剂150毫升加水50千克均匀喷雾。用30％苯甲·丙环唑（爱苗）可兼治稻曲病、稻瘟病、紫秆病、胡麻叶斑病、粒黑粉病等多种水稻中后期病害，并有明显的增产作用。

[注意事项]　施药时田间要有水层，水稻分蘖末期后施药要增加用水量。

水稻恶苗病

水稻恶苗病又名徒长病。各稻区都有发生。

[症状]　苗期发病，发病秧苗常枯萎死亡，未枯死的病苗为淡黄绿色，生长细长，一般高出健苗1/3左右。大田移栽后发病，病株叶色淡黄绿色，节间显著伸长，节部弯曲，变淡褐色，在节上生出许多倒生须根，一般在抽穗前枯死。

[发生特点]　真菌性病害。种子带菌，播种后，病菌随着种子萌发而繁殖，引起秧苗发病。病菌易从伤口侵入，播种受机械损伤

的稻种，或秧苗根部受伤重的，发病就重。旱育秧发病常比水育秧重。品种间差异较大，有的早籼品种（如金早 47 等）发病较重。

[**防治方法**] 种子消毒处理是防治的主要措施。

① 用 25％咪鲜胺 2 000～4 000 倍液，浸种 48～72 小时，沥干后催芽。

② 用 10％二硫氰基甲烷乳油 3 000～5 000 倍液浸种 48～72 小时，沥干后进行催芽播种，可兼治干尖线虫病。

[**注意事项**] 一般早稻浸种 72 小时，单季和连作晚稻浸种 48 小时。

稻曲病

稻曲病又叫青粉病。各稻区都有发生。

[**症状**] 水稻穗期表现症状。初见颖谷合缝处露出淡黄绿色块状物，逐渐膨大，最后包裹全颖壳，形状比健谷大 3～4 倍，墨绿色，表面平滑，后开裂，散出墨绿色粉末，每穗病粒数从几粒到几十粒不等。

[**发生特点**] 真菌性病害。水稻生长嫩绿，抽穗前遇多雨、适温（26～28℃最适宜），易诱发稻曲病。偏施氮肥、深水灌溉，田水落干过迟发病重。品种抗病性有显著差异，密穗型品种发病较重，一些粳稻、糯稻和杂交稻易感病；在杂交稻中尤以制种田母本发病重。

[**防治方法**]

（1）农业防治　选用抗病良种，加强肥水管理。增施磷钾肥，防止迟施、偏施氮肥，进行合理灌溉，以减轻发病。

（2）药剂防治

①防治适期：根据预测预报，如孕穗至破口期多雨，有利发病。应对杂交稻制种田、密穗型粳稻品种及其他感病品种，后期生长嫩绿的田块，在破口前 5～7 天进行药剂防治，如气候条件有利发病，在齐穗期再用药 1 次。

②药剂及用量：药剂可选用 30％苯甲·丙环唑（爱苗）乳油 15 毫升，对水 40～50 千克，均匀喷雾。以上药剂可兼治纹枯病、

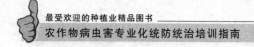

云形病和粒黑粉病等水稻后期病害。

[**注意事项**] 防治稻曲病，掌握防治适期是关键，施药适期如遇雨天，要抓住雨停时间施药。错过防治适期，防治效果明显下降。

水稻白叶枯病

水稻白叶枯病，各稻区都有发生，以沿海稻区发生较普遍。

[**症状**] 病斑主要发生于叶片上。沿叶缘或中脉发展成波纹状的黄绿或灰绿色病斑；病部与健部分界线明显；数日后病斑转为灰白色，并向内卷曲。在早晨空气潮湿时，病叶的新鲜病斑上，分泌出混浊状的水珠或蜜黄色菌脓。在籼稻上的病斑多半呈黄色或黄绿色，在粳稻上则为灰绿至灰白色。

[**发生特点**] 细菌性病害。病菌从水孔、伤口侵入稻体。发病最适宜的温度为 26～30℃。雨水多、湿度大，特别是台风暴雨造成稻叶大量伤口并给病菌扩散提供极为有利的条件，是该病流行的重要因素；秧苗淹水，本田深水灌溉，串灌、漫灌，施用过量氮肥等均有利发病；品种抗性有显著差异。

[**防治方法**]

（1）农业防治　种植抗病品种，培育无病壮秧，切实抓好肥水管理，整治农田排灌系统，平整土地，防止涝害，防止串灌、漫灌。

（2）药剂防治

种子消毒：用强氯精浸种，稻种预浸 12 小时后，用强氯精 300～400 倍液浸种 12 小时，洗净催芽；80％ "402" 2 000 倍液，浸种 48 小时，洗净药液后催芽，可兼治恶苗病。

秧苗保护：病区秧苗在三叶一心期和移栽前喷药预防，每亩用 20％噻菌铜胶悬剂 100 毫升，或 20％噻唑锌胶悬剂 100 毫升，或 50％氯溴异氰尿酸可溶性粉剂 40～60 克，对水 30 千克，均匀喷雾。

大田施药保护：水稻拔节后对感病品种要及早检查，如发现发病中心，应立即施药防治；大风雨后，特别是沿海地区台风过后，对受淹及感病品种稻田，都应喷药保护。所用药剂和剂量同秧苗保护。

[注意事项] 施药等人为作业有助于病害的扩散流行，在防治发病中心时要尽量减少在发病中心穿行。

水稻细菌性条斑病

水稻细菌性条斑病系国内植物检疫对象，目前在浙中南稻区发生多。

[症状] 叶面初期表现为细小水渍状短条斑，逐渐发展成纵条斑，对光观察呈半透明，严重时全叶枯黄至红褐似火烧。湿润叶面病斑上有许多菌脓胶粒，干燥后成黄色小珠，不易脱落。

[发生特点] 细菌性病害。病原菌也可经伤口侵入叶片。病菌喜高温高湿，最适生长温度为 $25\sim28℃$。如遇台风暴雨、淹水、漫灌或偏施、迟施氮肥发病重。品种间抗病性有显著差异。带病种子的调运是远距离传播的主要途径。

[防治方法]

（1）保护无病区，严格执行检疫，防止病区带菌种子和稻草进入无病区。

（2）注意选用抗病品种，搞好种子消毒，种子处理药剂与方法同白叶枯病。

（3）病区药剂防治方法同白叶枯病。

水稻条纹叶枯病

水稻条纹叶枯病在浙江省杭嘉湖、宁绍稻区单季晚粳稻上发生普遍，近年有逐年加重趋势。

[症状] 苗期发病先在心叶基部沿叶脉出现褪绿黄斑，以后向上扩展成黄绿色相间的条纹，往往使心叶变细弱、扭转下垂。分蘖期发病，一般先在心叶及下一叶基部出现褪绿黄斑，以后扩展成不规则的黄色条斑，老叶仍保持正常绿色，到抽穗期形成枯孕穗，穗头小，枝梗及颖壳都扭曲畸形。

[发生特点] 病毒性病害，主要由灰飞虱传播。灰飞虱获毒后能终身传毒，并经卵传毒。

[**防治方法**] 条纹叶枯病的防治应采取综合防治措施。

（1）种植抗病、耐病品种；加强健身栽培，从肥水管理方面改善稻田生境，增强稻株的抗病虫能力，抑制灰飞虱和病毒的滋生繁殖。

（2）选好秧田位置，集中育苗，避免将秧田安排在紧靠麦田和绿肥田的地方，防止灰飞虱就近迁入传毒为害。单季稻区适当推迟水稻播栽期，减少一代成虫迁入秧田和早栽大田。

（3）药剂防治策略与防治指标：要坚持"切断毒链，治虫控病"的药剂防治策略，采取"治麦田、保秧田，治秧田、保大田，治前期、保后期"的办法，单季晚稻重点抓好秧田期防治。防治指标为：水稻秧田和本田前期，灰飞虱有效虫量（灰飞虱虫量×带毒率）每平方米 2～3 头。防治药剂可选用 25％吡蚜酮可湿性粉剂 20～30 克/亩，或 40％毒死蜱乳油 100～120 毫升/亩，加水 40～50 千克，均匀喷雾。

（4）使用病毒钝化剂：在灰飞虱成虫迁入高峰期至发病显症初期用 8％宁南霉素（菌克毒克）水剂每亩 30～45 毫升或 50％消菌灵（氯溴异氰尿酸）水溶性粉剂 40～60 克，加水 30～40 千克，均匀喷雾。

[**注意事项**] 在病区防治秧田和大田灰飞虱时，要同时对田四周杂草上的灰飞虱进行防治。注意药剂轮换使用。

水稻黑条矮缩病

水稻黑条矮缩病近年在浙江南部及中部部分地区杂交稻上发生为害严重。

[**症状**] 病株始病叶以上茎叶短缩而叠层、色泽浓绿、质地僵硬、剑叶短宽而平展，在叶背、叶鞘或茎基生蜡泪状脉肿，先蜡白色后变灰褐色。分蘖期病株的分蘖矮化丛生、心叶扭曲、边缘有曲刻。

[**发生特点**] 病毒性病害，主要由灰飞虱传播。若虫、成虫均可传毒，一旦获毒可终身传毒，但不能经卵传毒。

[**防治方法**] 同条纹叶枯病。防治指标为：早稻和晚稻秧苗期、

本田前期每 0.11 米² 灰飞虱有效虫量（灰飞虱虫量×带毒率）0.15 头。

[补救措施] 杂交稻多为单本插，一旦发病，整丛水稻受损。因此，对于已经发病的杂交水稻，及时拔除，采用适期"掰蘖补缺"的办法，可以避免因病严重减产或绝产。

水稻干尖线虫病

水稻干尖线虫病又叫干尖病，各主要稻区都有发生，以粳稻发生较重，近年在甬优 6 号等超级稻上发生普遍。

[症状] 感病株到孕穗期，一般在剑叶或上部 2、3 片叶的尖端 1～8 厘米部分，初为黄白色或淡褐色，半透明，后渐变成灰褐色或褐色，扭转状的干尖。病健组织分明，有褐色界纹。病株比健株剑叶短而窄小，稻穗受害虽一般都能抽穗结实，但比健穗短小，秕谷率增加，千粒重降低。

[发生特点] 水稻线虫病害。主要靠种子传带。线虫活动适温为 20～25℃，能耐寒冷，不耐高温。靠调运稻种或稻壳作商品包装填充物而远距离传播。

[防治方法]

（1）实行检疫。无病区不从病区调种。

（2）进行稻种消毒，杀灭种子内的线虫。①用 10% 二硫氰基甲烷乳油 3 000 倍液浸种 48 小时，沥干后进行催芽播种，可兼治恶苗病。②用 18% 咪鲜·杀螟可湿性粉剂 800～1 000 倍液浸种 48 小时，捞出冲净药液后，按当地习惯催芽播种，可兼治恶苗病。

二、水稻害虫

水稻螟虫

水稻螟虫俗称钻心虫，为害水稻的螟虫有二化螟、三化螟和大螟，以二化螟为主，为水稻的主要害虫。近年三化螟在浙江省很少见，大螟在局部地区有回升。三化螟只为害水稻，二化螟和大螟除为害水稻外，也为害玉米、甘蔗、茭白、小麦、高粱等作物。

[**为害状**] 蛀食水稻茎部，为害分蘖期水稻，造成枯鞘和枯心苗；为害孕穗、抽穗期水稻，造成枯孕穗和白穗；为害灌浆、乳熟期水稻，造成半枯穗和虫伤株。为害株田间呈聚集分布，中心明显。大螟为害状与二化螟相似，但虫孔较大，有大量虫粪排出茎外，且田埂边为害较重。

[**发生特点**] 二化螟在浙江省一年发生 3～4 代。以幼虫在稻草、稻桩及其他寄主植物根茎、茎秆中越冬。螟蛾有趋光性，喜欢在叶宽、秆粗及生长嫩绿的稻田里产卵，苗期时多产在叶片上，圆秆拔节后大多产在叶鞘上。初孵幼虫先侵入叶鞘集中为害，造成枯鞘，到二、三龄后蛀入茎秆，造成枯心、白穗和虫伤株。初孵幼虫：在苗期水稻上一般分散或几条幼虫集中为害；在大的稻株上，一般先集中为害，数十至百余条幼虫集中在一稻株叶鞘内，至三龄幼虫后才转株为害。

[**防治方法**]

（1）农业和人工防治　灌水杀蛹减少虫源，在早春二化螟化蛹高峰期，灌深水（10 厘米以上，要浸没稻桩）3～4 天，能淹死大部分老熟幼虫和蛹。

（2）化学防治　药剂防治应采取"狠治第一代，巧治第二代，治好第三代"的策略。

①"两查两定"：防治枯鞘、枯心：一查卵块孵化进度，定防治适期，在螟卵孵化至一龄幼虫高峰期用药防治。二查枯鞘团密度，定防治对象田，早稻分蘖期，螟卵孵化高峰后 5～7 天，枯鞘丛率 5%～8%；晚稻分蘖期，螟卵孵化高峰后 3～5 天，枯鞘丛率 5%～8%；螟害对杂交水稻影响大，防治指标应从严。防治虫伤株：一查卵块孵化进度，定防治适期，在卵块孵化高峰至孵化高峰后用药；二查中心为害株密度，定防治对象田，早稻抽穗扬花期，在螟卵孵化高峰期，每亩有中心为害株 100 个，或丛害率 1%～1.5%；晚稻孕穗、抽穗期，孵化高峰后 5～7 天，每亩有为害团 100 个，或丛害率 2%，应进行防治。

②药剂处方：每亩用 20%氯虫苯甲酰胺胶悬剂 10 毫升，40%

氯虫·噻虫嗪 8～10 克，或 20％三唑磷乳油 120 毫升，加水 30～
50 千克，均匀喷雾。

③注意事项：施药时田中保持有水层，以确保防治效果。二化
螟对三唑磷已产生高水平抗药性稻区，应停止使用三唑磷防治二
化螟。

稻纵卷叶螟

稻纵卷叶螟俗名刮青虫，主要为害水稻，是水稻主要害虫。

[为害状] 初孵幼虫取食心叶，出现针头状小点，也有先在叶
鞘内为害，随着虫龄增大，吐丝缀稻叶两边叶缘，纵卷叶片成圆筒
状虫苞，幼虫藏身其内啃食叶肉，留下表皮呈白色条斑。严重时
"虫苞累累，白叶满田"。以孕、抽穗期受害损失最大。

[发生特点] 稻纵卷叶螟是一种迁飞性害虫，在浙江省不能越
冬，初次虫源自南方迁入。成虫有趋光性，栖息趋荫蔽性和产卵趋
嫩性，适温高湿产卵量大。初孵幼虫大部分钻入心叶为害，进入二
龄后，则在叶上结苞。幼虫一生食叶 5～6 片，多达 9～10 片，食
量随虫龄增大而增大，幼虫老熟后在稻丛基部黄叶及无效分蘖嫩叶
上结薄茧化蛹。稻纵卷叶螟发生轻重与气候条件密切相关，适温高
湿有利成虫产卵、孵化和幼虫成活。因此，多雨日及多露水的高湿
天气，有利于猖獗发生。

[防治方法]

（1）农业防治　合理施肥，适时烤搁田，降低田间湿度，防止
稻株前期猛发嫩绿，后期贪青迟熟，可减轻受害程度。

（2）化学防治　根据水稻孕穗期、抽穗期受害损失大的特点，
药剂防治的策略为，狠治穗期世代，挑治一般世代。

①"两查两定"：一查蛾子消长、幼虫龄期定防治适期，掌握二
龄幼虫高峰前用药；二查有效虫量定防治对象田，防治指标为，分
蘖期每 100 丛 40～50 头，孕穗期每 100 丛 20～30 头有效虫量。

应用序贯抽样表（表 5-1），例如，穗期防治指标为 100 丛 20
头，若调查 10 丛，累计虫量 6 头，对照抽样表，超过上限（4.6
头），则判断已达防治指标，定为防治对象田；如查到 30 丛仅 1 头

虫时，未达下限虫量（1.5头），可确定未达防治指标，不需防治；若虫量一直处于上下限之间，可继续调查，一直查到70丛为止，如仍处于上下限之间，则可根据靠近哪一边，确定是否达标，靠近上限（累计虫量20头）的一边，需防治，靠近下限（累计虫量7头）的一边，则可不治。

表5-1　稻纵卷叶螟幼虫序贯抽样表

调查丛数	防治指标 20头/百丛		防治指标 30头/百丛		防治指标 40头/百丛		防治指标 50头/百丛	
	累计虫数		累计虫数		累计虫数		累计虫数	
	上限	下限	上限	下限	上限	下限	上限	下限
10	4.6	—	6.2	—	7.7	0.3	9.1	0.9
20	7.6	0.4	10.5	1.5	13.2	2.8	15.9	4.1
30	10.5	1.5	14.5	3.5	18.4	5.6	22.2	7.8
40	13.2	2.8	18.3	5.7	23.4	8.6	28.3	11.7
50	15.8	4.2	22.1	7.9	28.6	11.8	34.3	15.7
60	18.3	5.7	25.7	10.3	33.0	15.0	40.1	19.9
70	20.0	7.0	29.4	12.6	37.7	18.3	46.0	24.0

②药剂处方：在二龄幼虫高峰期施药，每亩用20%氯虫苯甲酰胺10毫升或40%氯虫·噻虫嗪8～10克，或15%茚虫威12毫升，或1.8阿维菌素80～100毫升；在卵孵盛期至一龄幼虫高峰期施药，每亩用32%丙溴磷·氟铃脲50～60毫升，或25.5%阿维·丙溴灵乳油100毫升，或50%丙溴磷乳油100毫升，或40%毒死蜱乳油100毫升，或50%稻丰散乳油100毫升。加水30千克，均匀喷雾。

③注意事项：施药要匀，用药时间以傍晚为好，阴天可全天用药；注意药剂轮换使用。

褐飞虱

褐飞虱又名褐稻虱，是水稻主要害虫。

［**为害状**］成虫和若虫群集稻株茎基部刺吸汁液，并产卵于叶鞘组织中，致叶鞘受损出现黄褐色伤痕。受害水稻生长受阻，叶黄株矮，茎上布满褐色卵痕，甚至死苗，毁秆倒伏，形成枯孕穗或半枯穗，产量损失很大。

［**发生特点**］褐飞虱是一种迁飞性害虫，在浙江省不能越冬。浙江省稻区的初次虫源均随春夏暖湿气流，由南自北逐代逐区迁入。长翅型成虫具趋光性；成、若虫一般栖息于阴湿的稻丛下部；成虫喜产卵在抽穗扬花期的水稻上，产卵期长，有明显的世代重叠现象。卵多产于叶鞘中央肥厚部分，每头雌虫一般产卵 300～700粒，短翅型成虫产卵量比长翅型多。褐飞虱喜温暖高湿的气候条件，在相对湿度 80％以上，气温 20～30℃时，生长发育良好，尤其以 26～28℃最为适宜，故夏秋多雨，盛夏不热，晚秋暖和，则有利于褐飞虱的发生为害。

［**防治方法**］

（1）农业防治　加强肥水管理，做到基肥足，追肥早，适期烤搁田，降低田间湿度，使水稻生长健壮，可明显减轻为害程度。

（2）保护利用天敌　褐飞虱天敌种类多，数量大，稻田主要有蜘蛛和黑肩绿盲蝽，应加强保护利用，尤其是在化学防治中应注意采用选择性药剂，调整用药时间，改进施药技术，减少用药次数，以避免大量杀伤天敌。

（3）化学防治

①防治策略：单季稻为"治三、压四、控五"；连作晚稻为"治四代、压五代"。重点抓好主害代前一代褐飞虱的防治。

②"两查两定"：一查虫龄，定防治适期：褐飞虱防治适期为一至二龄若虫高峰期。二查虫口密度，定防治对象田。主害代前一代防治指标：平均每丛有虫 1～2 头；主害代的防治指标，5 丛中的虫量：孕穗期常规稻为 50 头，杂交稻为 75 头，齐穗期常规稻为75 头，杂交稻为 100 头；查飞虱时，结合查蜘蛛数量，蛛虱比例，早稻以微蛛为主，比例为 1：4～5，晚稻以大蜘蛛为主，比例为1：8～9。如蛛少虱多超标，应即施药，如蛛多，暂不打药，隔

3～5天再查。

③药剂处方：每亩用25％噻嗪酮可湿性粉剂40～50克，或25％吡蚜酮可湿性粉剂20～30克，或40％毒死蜱乳油100毫升或20％异丙威乳油100～150毫升或25％速灭威可湿性粉剂150克，加水50～100千克喷雾；晚稻断水后，可每亩用80％敌敌畏乳油300～400毫升，拌潮土20～25千克，在中午温度高时撒施，进行熏蒸。

[注意事项] 噻嗪酮对褐飞虱高龄若虫和成虫效果较差，在田间虫龄不整齐或高龄若虫、成虫比例较高时，应与毒死蜱、异丙威、速灭威等速效性药剂混用；褐飞虱对吡虫啉具高水平抗药性，暂停用吡虫啉防治褐飞虱；施药时稻田保持水层，以提高防治效果，水稻生长后期或超级稻应加大用水量，以保证防治效果。

白背飞虱

白背飞虱又名白背稻虱，主要为害水稻。

[为害状] 以成虫和若虫群栖稻株基部刺吸汁液，造成稻叶叶尖褪绿变黄，严重时全株枯死，穗期受害还可造成抽穗困难，枯孕穗或穗变褐色、秕谷多等为害状。

[发生特点] 白背飞虱属远距离迁飞性害虫，初次虫源由南方热带稻区随气流逐代逐区迁入，其迁入时间一般早于褐飞虱。成虫具趋光性，趋嫩性，卵多产于水稻叶鞘肥厚部分组织中，也有产于叶片基部中脉内和茎秆中。每个卵块有卵5～28粒，多为5～6粒。长翅雌虫可产卵300～400粒，短翅型比长翅型产卵量约多20％。若虫一般都生活在稻丛下部，位置比褐飞虱高。白背飞虱的温度适宜范围较大，在30℃高温或15℃低温下都能正常生长发育，而对湿度要求较高，以相对湿度80％～90％为适宜。一般初夏多雨，盛夏干旱的年份，易导致大发生。

[防治方法] 农业防治和保护利用天敌方法同褐飞虱。

化学防治 化学防治重点是迟熟早稻、中稻和籼型单季稻。

①"两查两定"：一查虫龄，定防治适期。白背飞虱防治适期为一至二龄若虫高峰期。二查虫口密度，定防治对象田。防治指标：

5 丛中的虫量；早、中稻齐穗期为 50～80 头，杂交稻为 100 头。

②药剂处方：白背飞虱对吡虫啉敏感，吡虫啉仍是防治白背飞虱的首选药剂。每亩用 10％吡虫啉可湿性粉剂 50 克，加水50～70千克喷雾；其他防治褐飞虱的药剂对白背飞虱均有效。

[注意事项] 当田间白背飞虱与褐飞虱混发时，不宜选用吡虫啉单剂。施药时稻田保持水层，以提高防治效果，水稻生长后期或超级稻应加大用水量，以保证防治效果。

灰飞虱

灰飞虱又名灰稻虱，除为害水稻外，还为害大麦、小麦、玉米等作物。

[为害状] 成虫和若虫群集于稻株下部刺吸汁液，很少直接导致稻株枯死，严重时也可能造成枯秆倒伏。晚秋气温下降，会聚集到晚稻穗部为害，影响千粒重。其主要为害还在于传播黑条矮缩病和条纹叶枯病等，对水稻造成更大的灾害。

[发生特点] 灰飞虱主要以三至四龄若虫在麦田、草子田以及田边、沟边等处的看麦娘等禾本科杂草上越冬。长翅型成虫有趋光性，但较褐飞虱弱。雌虫羽化后有一段产卵前期，一般为 4～8 天。卵产于稻株下部叶鞘及叶片基部的中脉组织中，每雌虫产卵量一般数十粒，越冬代最多可达 500 粒左右。

[防治方法] 在水稻生长期，前期以治虱防病后期以治虫保产为目标。

（1）农业防治　水稻育秧时铲除秧田四周的杂草。

（2）化学防治　水稻生长前期防治重点是易感病的秧田期和本田前期，防治的对象是迁入秧田和本田前期的成虫。水稻生长后期是穗部灰稻虱。

①防治指标：水稻秧田和本田前期控制灰飞虱，预防两种病毒病的防治指标见水稻条纹叶枯病和黑条矮缩病。晚粳稻穗期灰飞虱防治指标为：水稻齐穗后 7～14 天为防治适期，每穗灰飞虱成若虫密度 3～5 头。

②药剂处方：在条纹叶枯病和黑条矮缩病病区，对直播晚稻和

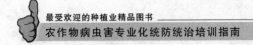
单晚、连晚秧田，播种前每亩稻种用丁硫克百威拌种剂 20 克或 10％吡虫啉可湿性粉剂 30 克拌种后播种，可控制秧苗前期灰稻虱。秧田和大田药剂防治可选用 20％吡蚜酮可湿性粉剂 20～30 克，或 40％毒死蜱乳油每亩 120 毫升，加水 50 千克喷雾。

③注意事项：要注意不同药剂轮换使用；防治早稻秧田灰飞虱时要同时对秧田四周杂草上的灰飞虱进行防治。

黑尾叶蝉

黑尾叶蝉主要为害水稻，20 世纪 70 年代是水稻重要害虫，近年在局部地区回升明显。

[为害状] 黑尾叶蝉以针状口器刺吸水稻汁液，若虫多群集稻丛基部，成虫则在稻茎及叶片上为害，造成稻苗叶尖枯黄，严重时全株枯死；灌浆期群集穗部为害，造成半枯穗或白穗。还能传播水稻普通矮缩病、黄叶病和黄萎病。

[发生特点] 黑尾叶蝉以三至四龄若虫和少量成虫在绿肥田及田边、塘边、河边等杂草上越冬。成虫趋光性强，并有趋嫩绿水稻产卵习性，卵多产于叶鞘边缘内侧组织中，每雌虫能产卵100～300余粒。若虫多栖息在稻株下部或叶片反面取食，有群集性，活动能力以三、四龄为强。一年中以 7～9 月发生量最多；以早稻抽穗到黄熟、连作晚稻秧田、单季晚稻和连作晚稻分蘖期受害最重，边行虫口密集，受害更重。夏季晴热、干旱、少雨年份，有利于猖獗发生。

[防治方法]

（1）农业防治　春季趁越冬若虫未羽化前及时犁翻畈田和长势差的绿肥田；分蘖期排水耘田糊虫。

（2）注意保护利用天敌　结合耕作栽培为天敌留下栖息场所，保护它们从前作过渡到后作，田埂种豆或留草皮，收种期间不搞"三面光"，为蜘蛛等留下栖息场所。注意合理使用农药，不用对天敌杀伤力大的农药品种。

（3）化学防治　根据"治虫防病"的要求，防治策略是：治秧田保大田，治前季保后季；结合防治稻蓟马、稻纵卷叶螟等稻虫，搞好总体药剂防治。

①"两查两定"：一查成虫迁飞和若虫发生情况，定防治适期。绿肥田翻耕灌水期为早稻秧田药剂防治适期，早稻成熟旺收期为晚稻秧田防治适期。本田掌握若虫二、三龄时防治。二查虫口密度，定防治对象田。在病毒病流行区，秧田防治指标，早稻秧田平均每平方米有成虫 9 头以上；双季晚稻秧田露青后，每平方米有成虫 18 头以上。本田防治指标，在病毒病流行区，早、晚稻本田初期（插秧后 10 天内），平均每丛有成虫 1 头以上，早稻抽穗期前后，平均每丛有成、若虫 10～15 头的为防治对象田。

②药剂处方：每亩用 10％吡虫啉可湿性粉剂 30～50 克或 20％异丙威乳油 150 毫升或 25％速灭威可湿性粉剂 150 克或 40％毒死蜱乳油 100 毫升，加水 50 千克喷雾。

③注意事项：异丙威不能与碱性药物混用或同时使用，以防药害；对芋头易产生药害。

稻蓟马

为害水稻的蓟马主要有稻蓟马、稻管蓟马和花蓟马等。

[为害状] 成、若虫以口器锉破叶面，成微细黄白色斑，叶尖两边向内卷折，渐及全叶卷缩枯黄。晚稻秧田及直播稻苗期受害严重，常成片稻叶卷缩枯黄，状如火烧。

[发生特点] 稻蓟马生活周期短，发生代数多，世代重叠，多数以成虫在麦田、茭白及禾本科杂草等处越冬。成虫有明显趋嫩绿稻苗产卵习性，卵散产于叶脉间。秧苗期是蓟马的严重为害期，尤其是单季和连作晚稻秧田和单季直播稻苗期受害较重。

[防治方法]

（1）农业防治　早稻秧出苗前，铲除田边、沟边杂草，清除田埂地旁枯枝落叶，消灭越冬虫源；受害较重田块，在施药前后，增施一次速效肥料，促稻苗复青。

（2）化学防治　化学防治重点抓好水稻苗期稻蓟马的防治。

①"两查两定"：一查发生期和苗情，定防治适期。水稻苗期，即秧田和直播稻苗期防治，以苗情为基础，虫情为依据，在若虫孵

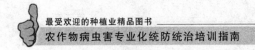
化高峰，叶尖初卷时为防治适期。二查卷叶率或虫量，定防治对象田：秧苗，若虫孵化高峰期，叶尖初卷，卷叶率达50％时用药，或受害出现黄苗为防治对象田。

②药剂处方：对直播晚稻和单晚、连晚秧田，播种前每亩稻种用35％丁硫克百威拌种剂20克或10％吡虫啉可湿性粉剂30克拌种后播种，可控制前期稻蓟马。秧田和直播稻苗期每亩用10％吡虫啉可湿性粉剂20～30克，或40％毒死蜱乳油80毫升，或25％吡蚜酮可湿性粉剂20克，加水30千克，均匀喷雾。

③注意事项：注意药剂轮换使用，喷药时雾滴要细，喷雾要均匀。

稻秆潜蝇

稻秆潜蝇俗名稻秆蝇。山区、半山区稻区发生较普遍。

[**为害状**] 幼虫钻入心叶、生长点及幼穗为害，心叶被害后，抽出的叶片上有椭圆形或长条形洞孔，以后发展为纵裂长条，叶片破碎，有的在心叶上形成一排圆孔，四周色淡或发黄，严重时抽出心叶扭曲而枯萎。

[**发生特点**] 稻秆潜蝇一年发生3～4代。成虫多产卵于叶背，卵散产，一般1叶1卵，幼虫不转株为害，老熟后，大多爬至植株叶鞘内侧化蛹，一般1鞘1蛹。冬暖夏凉的气候适于稻秆潜蝇的发生。多露、阳光不足的潮湿环境，及田水温度低，发生为害重。一般海拔300米以上的山区，随海拔增高为害加重。但近年来低海拔地区为害亦日益加重，在相近海拔，一般山岭田重于畈田，山边田重于垟心田，早插田重于迟插田，生长嫩绿稻田重于生长一般稻田，籼稻重于粳稻、糯稻，杂交稻重于常规稻。

[**防治方法**] 采用以农业防治为基础，药杀成虫、幼虫为关键，辅以药液浸秧根杀卵的综合防治措施。

(1) 农业防治　单、双季稻混栽的山区，尽可能淘汰单季中稻，选用生长期长的品种。单季稻适当迟播迟插，对控制第2代虫口有一定的作用。

(2) 化学防治　采取"狠治一代，挑治二代，巧治秧田"的防治策略，因第 1 代幼虫为害重，发生较为整齐，盛孵期明显，利于防治。

①防治适期和防治指标：以成虫盛发期至卵孵盛期为防治适期。防治指标：秧苗期平均每百株有卵 10 粒，株为害率 1％以上；大田期平均每丛水稻有卵 1 粒，株为害率 3％～5％。

②药剂处方：用 10％吡虫啉可湿性粉剂 500～1 000 倍液浸秧 1.5～2 小时，沥干后移栽；秧田每亩用 20％三唑磷乳油 100 毫升，加水 50 千克喷雾，或用 14％毒死蜱颗粒剂 0.75～1.5 千克拌细土 20～25 千克，均匀深施或表施，施药后田间保持水层 5 天以上，以保证防治效果；大田防治每亩用 20％三唑磷 100 毫升或 10％吡虫啉 30～50 克，加水 50 千克，均匀喷雾，重发田块隔 5～7 天再施药 1 次。

中华稻蝗

稻蝗种类很多，其中分布广、为害重的为中华稻蝗。

[为害状] 成虫和若虫都取食稻叶，轻的造成缺刻，严重的吃光全叶；穗期会咬伤、咬断穗颈，咬坏谷粒，形成白穗、秕谷和缺粒等。

[发生特点] 以卵在土中越冬。卵产于田埂、沟边、湖边以及荒草地和堤岸等潮湿、疏松的表土中，深 1.2～1.6 厘米。产卵一般低湿地比高燥处多，草地比无草地多，杂草丛生处比稀疏处多，沙质土比黏质土多。若虫，初孵时先集中在杂草或田边稻株上取食，三龄后活动力增强，向田中迁移为害。

[防治方法]

（1）农业防治　及时做好湿地的整治和除草防虫。冬春铲除田埂、沟渠边深 3 厘米的草皮，消灭蝗卵。结合春耕灌水，打捞带卵块的杂物烧毁。

（2）化学防治　主要抓住蝗蝻未扩散前集中在田埂、地头和沟渠边等杂草上，及时用药。

①防治适期和防治指标：防治适期为二、三龄若虫高峰期；稻田防治指标：水稻分蘖期平均虫口密度每平方米 10 头；孕穗至破

口期每平方米 5 头。

②药剂处方：每亩用 20％三唑磷乳油 75～100 毫升，或 40％毒死蜱乳油 80～100 毫升，或 90％杀虫单可溶性粉剂 50 克，加水 50 千克喷雾，或加水 10～15 千克弥雾。

③注意事项：防治时要大面积同时用药，同时对田四周杂草进行防治；施药时先喷四周，由四周向中心施药。杀虫单对家蚕毒性大，用药时要注意蚕桑安全。

稻水象甲

稻水象甲又称稻根象、稻象甲，是我国对外植物检疫对象。

[为害状] 稻水象甲成虫和幼虫均能为害，幼虫蛀食稻根，成虫在水稻叶尖、叶缘或顺叶脉取食叶肉，仅留下表皮，形成宽约 0.08 厘米，长不超过 3 厘米，长短不一的白条取食斑。

[发生特点] 一年发生一代，成虫在沟、渠、埝、埂的杂草和落叶中越冬。有群集性，耐饥耐旱力很强。早春当日平均气温上升到 10℃以上，越冬成虫复苏取食，随之转入秧田为害，随秧苗或迁飞入本田，一般田边为害重于田中。成虫具趋光性、迁飞性。稻水象甲可随稻秧、稻草、稻种及加工品的调运做远距离传播。

[防治方法]

（1）严格检疫制度，防止传入传出。

（2）坚持综合防治措施

①农业防治：改水育移栽为旱直播，可有效抑制落卵，达到防虫保产目的；冬耕，冬灌，减少越冬虫源，调整播期错开作物敏感期，控制害虫发生量。

②化学防治：越冬场所防治。于早春在稻田四周的越冬场所亩用 20％三唑磷乳油 100 毫升，加水 50～70 千克喷雾；本田防治越冬成虫，最大限度减少落卵。防治关键时期为本田插秧后 1 周左右，每亩用 20％三唑磷乳油 100 毫升或 40％毒死蜱乳油 100 毫升，对水 40～50 千克，均匀喷雾；越冬代成虫防治不好，可于插秧后 3 周，成虫产卵末期，每亩用 20％三唑磷乳油 100 毫升对水 50 千克喷雾。

水稻蚜虫

水稻上的蚜虫种类较多，主要为麦长管蚜。

[为害状] 成、若虫刺吸水稻茎叶、嫩穗，不仅影响生长发育，还分泌蜜露引起煤污病，影响光合作用和千粒重。近年在浙江部分稻区，晚粳稻抽穗灌浆阶段，如遇持续干燥少雨天气，蚜虫群集在穗部为害，对水稻产量有一定影响。

[发生特点] 麦长管蚜在春、秋两季出现两个高峰，秋季为害水稻。夏季气温不高，晚稻抽穗后少雨，特别是秋高气爽的年份，蚜虫发生重。

[防治方法]

（1）农业防治

①注意清除田间、地边杂草，尤其夏秋两季除草，对减轻晚稻蚜虫为害具重要作用。

②加强稻田管理，使水稻及时抽穗、扬花、灌浆，提早成熟，可减轻蚜虫为害。

（2）化学防治

①防治指标：晚稻有蚜株率达10％～15％，每株有蚜虫5头以上时用药。

②药剂处方：每亩用10％吡虫啉可湿性粉剂20克，或25％吡蚜酮可湿性粉剂20克，加水30千克喷雾。

③注意事项：药剂防治时注意农药的安全间隔期，收获前15天停止用药。

第二节　防治水稻病虫害常用农药
及其使用技术

一、杀虫剂

氯虫苯甲酰胺

[曾用名] 康宽。

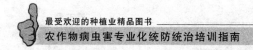

[作用特点] 氯虫苯甲酰胺属邻酰胺基苯甲酰胺类杀虫剂，具有新颖的作用机理，是一个广谱性的杀虫剂。对鳞翅目害虫的幼虫活性高，用药后使害虫迅速停止取食，对作物保护作用好。耐雨水冲刷、渗透性强，持效期可以达到 15 天以上。

[毒性] 原药和制剂在我国的分级标准中均为微毒，对施药人员安全，对稻田有益昆虫、鱼虾也安全。对农产品无残留影响。但对家蚕毒性大。

[防治对象] 氯虫苯甲酰胺杀虫谱较广。在水稻上主要用于防治稻纵卷叶螟、二化螟、三化螟、大螟等鳞翅目害虫。对稻瘿蚊、稻象甲、稻水象甲也有较好的防治效果。

[使用方法] 防治稻纵卷叶螟，每亩用 20％氯虫苯甲酰胺 10 毫升，对水 30～45 千克，于稻纵卷叶螟二龄幼虫高峰前，均匀喷雾。防治水稻二化螟，每亩用 20％氯虫苯甲酰胺 10 毫升，对水 40～50 千克，于二化螟卵孵高峰期施药，施药时田间保持3～5厘米水层，并保水 3～5 天。

[注意事项]

①对家蚕毒性大，施药时防止污染桑叶。

②为延缓抗药性的产生，一季水稻使用不要超过 2 次。

[主要生产企业] 美国杜邦公司。

茚虫威

[曾用名] 安打、凯恩。

[作用特点] 茚虫威属氨基甲酸酯类杀虫剂（噁二嗪类）。和传统的氨基甲酸酯杀虫剂不同，茚虫威为钠通道抑制剂，而并非胆碱酯酶抑制剂。茚虫威主要通过阻断害虫神经细胞中的钠通道，使靶标害虫的协调受损，出现麻痹，最终致死。同时，害虫经皮或经口摄入药物后，很快出现厌食，4 小时后害虫停止取食，1～2 天内死亡，从而极好地保护了作物。试验表明与其他杀虫剂无交互抗性。

[毒性] 茚虫威对高等动物微毒，对人畜安全。对兔眼睛和皮肤无刺激。该药剂无致畸、致癌、致突变性。对鸟类及水生生物也安全。

［防治对象］主要用于防治鳞翅目害虫，在水稻上主要用于替代高毒农药防治稻纵卷叶螟的中、高龄幼虫。

［使用方法］防治稻纵卷叶螟，用15％茚虫威乳油12毫升/亩，对水30～45千克，于稻纵卷叶螟幼虫三龄前，均匀细喷雾。

［注意事项］

①使用时必须先配成母液，搅拌均匀后再稀释成防治药液。

②喷雾要均匀。

③对家蚕毒性大，施药时防止污染桑叶。

［主要生产企业］美国杜邦公司。

阿维菌素

［曾用名］蓝锐、虫螨杀星、螨虫素、害极灭、爱福丁、虫螨光等。

［作用特点］阿维菌素是一种抗生素类杀虫剂，具有高效、广谱的杀虫、杀螨、杀线虫作用。对昆虫和螨类具有触杀和胃毒作用，并有微弱的熏蒸作用，无内吸作用。对叶片有很强的渗透作用，可杀死表皮下的害虫，且残效期长，但不杀卵。其作用机理是干扰神经生理活动，刺激释放r-氨基丁酸。成、若螨和昆虫接触药剂后即出现麻痹症状，不活动不取食，2～4天后死亡。因不引起昆虫迅速脱水，所以致死作用较慢。对捕食性和寄生性天敌虽有直接杀伤作用，但因植物表面残留少，因此对益虫的杀伤较小。

［毒性］对高等动物高毒。对眼睛有轻度刺激。对鱼类有毒，对蜜蜂高毒；对鸟类低毒。在土壤中，能被微生物迅速降解，无生物富集。

［防治对象］阿维菌素是广谱性杀虫、杀螨剂，可用于防治棉花、果树、蔬菜、茶树、药用植物和园林花卉等作物害虫。在水稻上主要用于防治稻纵卷叶螟。

［使用方法］防治稻纵卷叶螟，每亩用1.8％阿维菌素乳油80～100毫升。在稻纵卷叶螟幼虫二龄前喷雾施药，最好在卵孵化盛期施药。

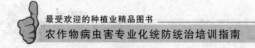

[注意事项]

①施药时要有防护措施，戴好口罩等。

②对鱼高毒，应避免污染水源。对蜜蜂有毒，不要在开花期施用。

③配好的药液应当日使用。不要在强阳光下施药。

④最后一次施药距收获期 20 天。

[主要生产企业] 河北威远生物化工股份有限公司、浙江海正药业股份有限公司、浙江钱江生化股份有限公司、台州大鹏药业有限公司、广西桂林集琦生化有限公司等。

毒死蜱

[曾用名] 新农宝、乐斯本、同一顺、博乐、好劳力等。

[作用特点] 毒死蜱是一种高效、广谱有机磷杀虫、杀螨剂，具有良好的触杀、胃毒和熏蒸作用。击倒力强，有一定渗透作用，药效期较长。在叶片上残留期不长，但在土壤中残留期较长，因此对地下害虫防治效果较好。其杀虫机理为抑制乙酰胆碱酯酶。

[毒性] 对高等动物毒性中等，在动物体内代谢较快。对眼睛、皮肤有刺激性，长时间多次接触会产生灼伤。在试验剂量下未见致畸、致突变、致癌作用。对虾和鱼有毒，对蜜蜂有较高的毒性。

[防治对象] 可用于防治稻、麦、棉、蔬菜、果树、茶树等作物害虫。在水稻上主要用于防治稻纵卷叶螟、三化螟，毒死蜱与阿维菌素混用可用于防治水稻二化螟。

[使用方法] 防治稻纵卷叶螟，每亩用 40％毒死蜱乳油 100 毫升，对水 30～45 千克，在稻纵卷叶螟卵孵化高峰期均匀喷雾。

防治水稻三化螟，每亩用 40％毒死蜱乳油 100～125 毫升，对水 40～50 千克，在三化螟卵孵化盛期喷雾施药。

[注意事项]

①避免与碱性农药混用。施药时做好防护工作；施药后用肥皂清洗。

②为保护蜜蜂，应避免作物开花期使用。

③避免药液流入鱼塘、湖、河流，清洗喷药器械或弃置废料勿

污染水源。

④水稻收获前停止用药的安全间隔期7天。

[**主要生产企业**]浙江新农化工股份有限公司、美国陶氏益农公司、江苏省南京红太阳股份有限公司、浙江新安化工集团股份有限公司等。

稻丰散

[**曾用名**]爱乐散、益尔散。

[**作用特点**]广谱性有机磷杀虫剂，对害虫具有触杀和胃毒作用，还有杀卵作用，其作用机制为抑制乙酰胆碱酯酶，导致害虫死亡。

[**毒性**]对高等动物毒性中等。对眼睛和皮肤无刺激作用，在试验剂量下对动物无致癌、致畸、致突变作用。对蜜蜂有毒，对蜘蛛等捕食性天敌有害，但比一般有机磷杀虫剂低。

[**防治对象**]对多种咀嚼式口器和刺吸式口器的害虫以及害螨有效。用于水稻、棉花、果树、蔬菜、油料、茶树、桑树等作物，防治鳞翅目、同翅目、鞘翅目等多种害虫。水稻上主要用于防治稻纵卷叶螟。

[**使用方法**]防治稻纵卷叶螟，每亩用50%稻丰散乳油100～120毫升，对水30～45千克，在稻纵卷叶螟卵孵化高峰期均匀喷施。

[**注意事项**]

①对葡萄、桃、无花果和苹果的某些品种有药害，不宜使用。

②对鱼和蜜蜂有毒，特别对鲻鱼、鳟鱼影响大，使用时防止毒害。

[**主要生产企业**]江苏腾龙生物药业有限公司。

丙溴磷

[**曾用名**]库龙、溴氯磷、破天荒。

[**作用特点**]丙溴磷系广谱性有机磷杀虫、杀螨剂，对害虫具有触杀和胃毒作用，杀虫和杀卵兼备，作用迅速；具有独特的三元不对称结构，对其他有机磷、拟除虫菊酯产生抗性的害虫防效突

出。低毒、低残留，可以用于蔬菜、瓜果上。

[**毒性**] 对高等动物毒性中等。对兔皮肤和眼睛有轻微刺激。无致癌、致畸、致突变作用，对皮肤无刺激作用。对鸟类、鱼类高毒。

[**防治对象**] 广谱性杀虫剂，可用于防治水稻、棉花、蔬菜等多种作物上的鳞翅目害虫，水稻上主要用于防治稻纵卷叶螟。

[**使用方法**] 40％丙溴磷乳油防治稻纵卷叶螟，每亩用量80～120毫升，对水 30～45 千克，在稻纵卷叶螟卵孵高峰期均匀喷雾。

[**注意事项**]

①严禁与碱性农药混合使用。

②对苜蓿、高粱有药害，不宜使用。果园中不宜用丙溴磷。

③丙溴磷对钻蛀性害虫效果较差。

④丙溴磷在收获前 10 天禁用。值得注意的是，丙溴磷有强烈的异味，该药一般应在水稻破口期之前使用，最迟不要迟于齐穗期。

[**主要生产企业**] 先正达（中国）投资有限公司、浙江永农化工有限公司、山东烟台科达化工有限公司、张家港天亨化工有限公司等。

敌敌畏

[**曾用名**] DDVP。

[**作用特点**] 敌敌畏是一种高效、速效且广谱的有机磷杀虫剂，抑制昆虫体内乙酰胆碱酯酶，造成神经传导阻断而引起死亡。具有触杀、胃毒和熏蒸作用，残效期较短，对咀嚼式口器害虫和刺吸式口器害虫均有良好的防治效果。

[**毒性**] 对高等动物毒性中等。对鱼毒性大，对瓢虫、食蚜蝇等天敌有较大杀伤力。对蜜蜂有毒。

[**防治对象**] 对害虫有强触杀、熏蒸和胃毒作用，击倒作用强。可防治水稻、蔬菜、茶树、粮、棉、麻等作物多种害虫，还可用于防治蚊、蝇等卫生害虫和仓库害虫。水稻上主要用于防治灰飞虱和

晚稻后期褐飞虱。

[使用方法] 防治灰飞虱，亩用 80％敌敌畏 200 毫升，加水至 50 千克喷雾，敌敌畏持效期短，使用时最好与吡蚜酮等持效期长的药剂混用。防治晚稻后期褐飞虱，对已断水田块或离收获期不到 15 天，且田间虫量较高的稻田，在田间无水的情况下，每亩用 80％敌敌畏 300～400 毫升拌毒土 20～30 千克，在稻田露水干后，温度升高时撒施熏蒸。

[注意事项]

①敌敌畏乳油对高粱、月季花等作物、花卉易产生药害，不宜使用。对玉米、豆类、瓜类幼苗及柳树也较敏感。蔬菜收获前 7 天停止用药。

②本品水溶液分解快，应随配随用。不可与碱性药剂混用，以免分解失效。

③水稻上使用喷雾法施药时，不能浓度过高，以免产生药害。

④本品对人、畜毒性大，挥发性强，施药时注意不要污染皮肤。中午高温时不宜施药，不能用弥雾机施药，以防中毒。

⑤遇有中毒者，应立即抬离施药现场，脱去污染衣服并用肥皂水清洗被污染的皮肤。需将病人及时送医院治疗。

[主要生产企业] 湖北沙隆达股份有限公司、江苏省南通江山农药化工股份有限公司、深圳诺普信农化股份有限公司、天津市施普乐农药技术发展有限公司等。

异丙威

[曾用名] 叶蝉散、灭扑威、灭扑散、异灭威。

[作用特点] 异丙威系氨基甲酸酯类杀虫剂，对害虫具有较强的触杀作用，击倒力强，并有一定的渗透性和传导活性，药效迅速，但残效期较短，一般只有 3～5 天。

[毒性] 对高等动物毒性中等。对兔眼睛和皮肤刺激性极小，无明显蓄积毒性。在试验剂量内未见致癌、致畸、致突变作用。对鱼毒性较低。对蜜蜂有毒。

[防治对象] 异丙威主要用于防治水稻同翅目害虫，对飞虱和

叶蝉效果较好，并可兼治蓟马和蚜虫。对稻飞虱天敌蜘蛛类安全。

[使用方法] 防治稻飞虱、叶蝉，于若虫高峰期，每亩用2%粉剂2～2.5千克，直接喷粉或混细土15千克，均匀撒施；或用20%乳油150～200毫升，对水75～100千克，均匀喷雾。

[注意事项]

①对薯类、芋芍有药害，不宜使用。

②不可与敌稗同时使用或混用，使用这种药剂要相隔10天以上，否则易发生药害。

③我国农药使用准则国家标准规定，2%异丙威粉剂在水稻上的安全间隔期为14天。

[主要生产企业] 江苏常隆化工有限公司、上海东风农药厂等。

丁硫克百威

[曾用名] 好年冬、稻拌成、拌得乐、好安威、安棉特、威灵。

[作用特点] 丁硫克百威是克百威的低毒化衍生物，属高效安全、内吸、广谱杀虫、杀螨剂，对害虫具胃毒作用，在昆虫体内代谢为有毒的呋喃丹起杀虫作用。其杀虫机制是干扰昆虫神经系统，抑制胆碱酯酶，使昆虫的肌肉及腺体持续兴奋，从而导致昆虫死亡。见效快、持效期长，同时还具有促进作物生长，提前成熟，促进幼芽生长等作用。

[毒性] 对高等动物毒性中等。对蜂的毒性是氨基甲酸酯中最大的一种，对鱼毒性大。丁硫克百威在土壤中能迅速降解，半衰期2～3天。

[防治对象] 可广泛用于防治果树、棉花、蔬菜、粮食类及其他多种经济作物上的锈壁虱、蚜虫、蓟马、叶蝉和钻蛀性害虫等害虫。水稻上主要作为拌种剂，防治水稻前期蓟马和飞虱，并对麻雀有较好的驱避作用。

[使用方法] 在水稻浸种催芽露白后，按每千克干种子加35%丁硫克百威拌种剂9～12克，充分拌匀，放置半小时后播种。

[注意事项]

①操作时必须戴好手套，防止直接接触。因操作不当引起中毒

事故，应送医院急救，可用阿托品解毒。

②在稻田施用时，不能与敌稗、灭草灵等除草剂同时使用。

③存放于阴凉干燥处，应避光、防水、避火源。

④对鱼类高毒，养鱼稻田不可使用，防止施药田水流入鱼塘。

[主要生产企业] 苏州富美实植物保护剂有限公司、浙江天一农化有限公司等。

噻嗪酮

[曾用名] 优得乐、扑虱灵、稻虱净、格虱去。

[作用特点] 噻嗪酮为昆虫生长调节剂类新型选择性杀虫剂。对害虫有较强的触杀作用，也有胃毒作用，对卵孵化有一定的抑制作用，但不能直接杀死成虫。作用机制为抑制昆虫几丁质合成和干扰新陈代谢，致使若虫蜕皮畸形或翅畸形而缓慢死亡。一般施药后3～7天才能看出效果，对成虫没有直接杀伤力，但可缩短其寿命，减少产卵量，并且产出的多是不育卵，幼虫即使孵化也很快死亡。药效期长达30天以上。对天敌较安全，综合效果好。

[毒性] 对高等动物低毒。对眼睛和皮肤有极轻微刺激作用。对鸟类及鱼类毒性低，对蜜蜂安全，对多种食肉昆虫无影响。在水土中保持活性20～30天。

[防治对象] 对同翅目的飞虱、叶蝉、粉虱及介壳虫类害虫有良好的防治效果，对鞘翅目、蜱螨目具有持效杀幼虫活性。水稻上主要用于防治各种飞虱和叶蝉等害虫。

[使用方法] 防治稻飞虱，每亩用25％可湿性粉剂50～600克，对水50～75千克，在飞虱低龄若虫高峰期，喷雾施药。

[注意事项]

①施药时田间应保持3～5厘米水层，药后保水，让其自然落干。

②药液不宜直接接触白菜、萝卜，否则将出现褐斑及绿叶白化等药害。

③噻嗪酮对灰飞虱防效较差，不宜单剂用于防治灰飞虱。

[主要生产企业] 江苏常隆化工有限公司、江苏安邦电化有限

公司、浙江锐特化工科技有限公司等。

吡虫啉

[曾用名] 蚜虱净、大功臣、一遍净、康复多、千红等。

[作用特点] 吡虫啉为硝基亚甲基类内吸性杀虫剂，主要用于防治刺吸式口器害虫。对害虫具胃毒作用，是烟酸乙酰胆碱酯酶受体的作用体。其作用机理是干扰害虫运动神经系统，使化学信号传递失灵。害虫接触药剂后，中枢神经正常传导受阻，使其麻痹死亡。速效性好，药后 1 天即有较高的防效，残效期长达 25 天左右。药效和温度呈正相关，温度高杀虫效果好。

[毒性] 对高等动物毒性中等。原药对家兔眼睛有轻微刺激性，对皮肤无刺激性。对鱼低毒，叶面喷洒时对蜜蜂有危害，种子处理对蜜蜂安全，对鸟类有毒。在土壤中不移动，不会淋渗到深层土中。对人、畜和天敌安全。

[防治对象] 用于防治刺吸式口器害虫，对鞘翅目、双翅目和鳞翅目部分害虫也有效。水稻上主要用于防治蚜虫、叶蝉、飞虱、稻蓟马等。可替代高毒农药用于防治水稻白背飞虱。

[使用方法] 防治水稻白背飞虱，每亩用 10% 吡虫啉可湿性粉剂 30～50 克，对水 50～60 千克，在白背飞虱初发期喷雾施药。

[注意事项]

①不可与强碱性物质混用，以免分解失效。

②对家蚕有毒，养蚕季节严防污染桑叶。

③水稻褐飞虱对吡虫啉已产生高水平抗药性，不宜用吡虫啉防治褐飞虱。

[主要生产企业] 江苏克胜集团股份有限公司、江苏红太阳集团股份有限公司、德国拜耳作物科学公司、苏州华源农用生物化品有限公司、江苏盐城双宁农化有限公司等。

吡蚜酮

[曾用名] 飞电、神约。

[作用特点] 吡蚜酮是新型杂环类杀虫剂。具有高效、低毒、高选择性、对环境友好等特点。对害虫具有触杀作用，同时还有内

吸活性。在植物体内既能在木质部输导，也能在韧皮部输导。因此，既可用作叶面喷雾，也可用于土壤处理。其作用机理主要是害虫一接触到吡蚜酮几乎立即产生口针阻塞效应，立刻停止取食，并最终饥饿致死，而且此过程是不可逆转的。经吡蚜酮处理后的昆虫最初死亡率是很低的，昆虫"饥饿"致死前仍可存活数日，且死亡率高低与气候条件有关。

[毒性] 对高等动物微毒。对大多数非靶标生物，如节肢动物、鸟类和鱼类安全。在环境中可迅速降解，在土壤中的半衰期为 2～29 天，且其主要代谢产物在土壤淋溶性很低，使用后仅停留在浅表土层中，在正常使用情况下，对地下水没有污染。

[防治对象] 可用于防治大部分同翅目害虫，尤其是蚜虫、粉虱、叶蝉及飞虱等刺吸式口器的害虫，水稻上适用于防治褐飞虱、灰飞虱。

[使用方法] 防治水稻褐飞虱，每亩用 25％吡蚜酮可湿性粉剂 20～30 克，对水 50～75 千克，在褐飞虱若虫始盛期喷雾施药。

防治水稻灰飞虱，每亩用 25％吡蚜酮可湿性粉剂 30 克，对水 50～75 千克，在灰飞虱初发期喷雾施药。

[注意事项]

①防治水稻褐飞虱，施药时田间应保持 3～4 厘米水层，施药后保水 3～5 天。

② 吡蚜酮对稻飞虱作用较慢，田间虫量大时要与速效性药剂混配使用。

③在水稻上安全间隔期为 7 天。

④不能与碱性农药混用。禁止在河塘等水体中清洗施药器具。

[主要生产企业] 江苏安邦电化有限公司、江苏克胜集团股份有限公司、江苏盐城双宁农化有限公司等。

噻虫嗪

[曾用名] 阿克泰。

[作用特点] 噻虫嗪是一种高效内吸性、广谱性杀虫剂，具有胃毒和触杀作用，作用速度快，持效期长，对刺吸式口器有较好的

防治效果，是第二代新烟碱类杀虫剂。在昆虫体内的作用点是昆虫烟碱基乙酰胆碱受体，从而干扰害虫运动神经系统，作用机理与吡虫啉等第一代新烟碱类杀虫剂相似，但具有更高的活性。

[**毒性**] 属低毒杀虫剂。对兔的眼睛和皮肤均无刺激。无致畸、致突变及致肿瘤作用。对人畜、天敌、有益昆虫毒性低，对环境安全。对蜜蜂有毒。

[**防治对象**] 对各种蚜虫、稻飞虱、白粉虱等刺吸式口器害虫有特效，对马铃薯甲虫也有较好的防治效果。

[**使用方法**] 防治稻飞虱，每亩用25％噻虫嗪水分散粒剂6～8克，对水50～75千克，在若虫发生初盛期进行全株均匀喷雾。噻虫嗪作为防治主害代前一代稻虱的策略性防治药剂，效果更为理想。

[**注意事项**]

①噻虫嗪对飞虱速效性较差，当田间虫量大时，应与速效性药剂混用。

②尽管本品低毒，但在施药时，应遵照安全使用农药守则。

③避免在低于−10℃和高于35℃的环境中储存。

[**主要生产企业**] 先正达（中国）投资有限公司。

氯虫·噻虫嗪

[**曾用名**] 福戈。

[**作用特点**] 氯虫·噻虫嗪是新一代高效、广谱复配杀虫剂，由氯虫苯甲酰胺和噻虫嗪复配而成，不仅具备单剂的特点，而且扩大了杀虫谱，具明显的增效作用。内吸作用强，对害虫以胃毒为主。并有促进水稻生长的作用。

[**毒性**] 对人畜毒性低，对环境友好，对稻田捕食性天敌杀伤较小，对作物安全。

[**防治对象**] 可防治各种鳞翅目和同翅目害虫，水稻上主要用于防治水稻二化螟、稻纵卷叶螟，兼治稻飞虱。

[**使用方法**] 防治水稻二化螟、稻纵卷叶螟，每亩用40％氯虫·噻虫嗪水分散粒剂8～10克对水30～45千克，均匀喷雾。建

议在单季和连作晚稻上防治二化螟、稻纵卷叶螟时选用氯虫·噻虫嗪。

[注意事项]

①不宜单独用于防治稻飞虱。

②防治二化螟时田间应有水层，防治稻纵卷叶螟喷药要均匀。

③避免在低于−10℃和高于35℃的条件下储存。

[主要生产企业] 先正达（中国）投资有限公司。

丙溴·氟铃脲

[曾用名] 骄子、骄子·丙氟。

[作用特点] 由有机磷杀虫剂丙溴磷和苯甲酰脲杀虫剂氟铃脲复配而成，对害虫具有明显的增效作用。对害虫具有触杀和胃毒作用，并具一定的杀卵和熏蒸作用，且持效期较长，可达15天左右。

[毒性] 对高等动物毒性较低。大鼠经口 LD_{50} 雄性为1 260毫克/千克，雌性为681毫克/千克。对人和畜禽较安全，对家蚕和水生生物毒性大。

[防治对象] 丙溴·氟铃脲主要用于防治水稻稻纵卷叶螟，对为害水稻的其他鳞翅目害虫也有一定的兼治作用。

[使用方法] 防治稻纵卷叶螟，每亩用32%丙溴·氟铃脲乳油50毫升，对水 30～45 千克，于稻纵卷叶螟卵孵高峰期，均匀喷雾。

[注意事项]

①喷雾要均匀，让每张叶片都有药液分布。

②避免在中午烈日下施药。

③避免药液污染桑叶及河流、水塘。

[主要生产企业] 扬州禾乐植保有限公司经销。

阿维·丙溴磷

[曾用名] 康康。

[作用特点] 由有机磷杀虫剂丙溴磷和抗生素类杀虫剂阿维菌素复配而成，对害虫具有明显的增效作用。对害虫具有触杀和胃毒作用，并具一定的杀卵和熏蒸作用。持效期较长，可达10～15天。

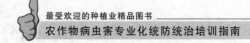

[**毒性**] 对高等动物毒性中等。对人和畜禽较安全，对家蚕和水生生物毒性较大。

[**防治对象**] 阿维·丙溴磷主要用于防治稻纵卷叶螟，对二化螟等为害水稻的其他鳞翅目害虫也有一定的兼治作用。

[**使用方法**] 防治稻纵卷叶螟，每亩用 25.5％阿维·丙溴磷乳油 80～100 毫升，对水 30～45 千克，于稻纵卷叶螟卵孵高峰期，均匀喷雾。

[**注意事项**]

①喷雾要均匀。

②在傍晚或阴天施药，避免在中午烈日下施药。

③避免药液污染桑叶及河流、水塘。

[**主要生产企业**] 杭州恩逸农化有限公司经销。

甲维·毒死蜱

[**曾用名**] 独特。

[**作用特点**] 由有机磷杀虫剂毒死蜱和抗生素类杀虫剂甲氨基阿维菌素复配而成，对害虫具有明显的增效作用。对害虫具有触杀和胃毒作用，并具有一定的熏蒸作用，杀虫谱广，速效性较好。持效期 7～10 天。

[**毒性**] 对高等动物毒性中等。对人和畜禽较安全，对家蚕和水生生物毒性较大。

[**防治对象**] 甲维·毒死蜱主要用于防治稻纵卷叶螟，对二化螟、飞虱等为害水稻的主要害虫也有较好的兼治作用。并可用于防治小菜蛾等蔬菜害虫。

[**使用方法**] 防治稻纵卷叶螟，每亩用 20％甲维·毒死蜱可湿性粉剂 80～100 克，对水 30～45 千克，于稻纵卷叶螟卵孵化高峰期，均匀喷雾。

[**注意事项**]

①喷雾要均匀。

②避免在中午烈日下施药。

③避免药液污染桑叶及河流、水塘。

[主要生产企业] 杭州恩逸农化有限公司经销。

二、杀菌剂

苯甲·丙环唑

[曾用名] 爱苗、富苗。

[作用特点] 由苯醚甲环唑和丙环唑三复配而成，兼有强内吸性和持效性的特点。可被茎叶吸收，并迅速向植株上部传导。杀菌谱广，对子囊菌亚门、担子菌亚门、半知菌等病原菌有持久的防治效果。对水稻的多种真菌性病害有很好的效果，同时能增强水稻的抗逆性，增加水稻的结实率和千粒重，提高水稻产量。

[毒性] 对高等动物低毒，对兔皮肤和眼睛无刺激作用。对蜜蜂无毒。

[防治对象] 对水稻的纹枯病、稻粒黑粉病、紫秆病、稻曲病、叶鞘腐败病、胡麻叶斑病等真菌性病害有较好的防治效果。是防治水稻穗期病害的理想药剂。

[使用方法] 掌握在水稻破口前 5～7 天和齐穗期各施一次爱苗，每次每亩用 30％苯甲·丙环唑 15 毫升，对水 30～45 千克，均匀喷雾。不仅对水稻穗期多种真菌性病害有较好的防治效果，还可以增加水稻结实率和千粒重，防止早衰，提高产量。

[注意事项]

①不要与有机磷农药混用。

②均匀喷施，建议使用弥雾器，喷足水量。

[主要生产企业] 先正达（中国）投资有限公司、浙江威尔达化工有限公司等。

井冈霉素

[曾用名] 无。

[作用特点] 井冈霉素是一种放线菌产生的抗生素，具有较强的内吸性，易被菌体细胞吸收并在其内迅速传导，干扰和抑制菌体细胞生长和发育，对病害具有治疗作用。

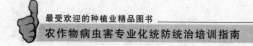

[**毒性**] 对高等动物低毒，对鱼低毒。在水稻任何生长期施药都不出现药害，在稻米及土壤中均无残留。

[**防治对象**] 主要用于防治水稻、麦类纹枯病。对水稻稻曲病、小粒菌核病等也有一定的防治效果。

[**使用方法**] 防治水稻纹枯病，每亩用 5％井冈霉素水剂 150～200 毫升，加水 50～57 千克喷雾。施药时田间要保持 3～5 厘米水层。

防治稻曲病，在水稻孕穗末期（水稻破口前 5～7 天），每亩用 5％水剂 200～250 毫升，对水 40～50 千克，均匀喷雾。

[**注意事项**]

①本品可与多种杀虫剂混用。但不能与强碱性农药混用。

②应贮存于干燥阴暗处，井冈霉素是液剂，含葡萄糖、氨基酸等微生物营养物质，注意防霉、防腐、防冻。

③不得与食物和日用品一起运输和贮存。

[**主要生产企业**] 浙江钱江生物化学股份有限公司、浙江桐庐汇丰生物化工有限公司等。

噻菌铜

[**曾用名**] 龙克菌。

[**作用特点**] 噻菌铜的结构是由两个基团组成。一是噻唑基团，在植物体外对细菌抑制力差，但在植物体内却有高效的治疗作用。细菌接触药剂后，其细胞壁变薄，继而瓦解，导致细菌的死亡。二是铜离子，具有既杀细菌又杀真菌的作用。药剂中的铜离子与病原菌细胞膜表面上的阳离子（H^+，K^+ 等）交换，导致病菌细胞膜上的蛋白质凝固而杀死病菌；部分铜离子渗透进入病原菌细胞内，与某些酶结合，影响其活性，导致机能失调，病菌因而衰竭死亡。在两个基团的共同作用下，杀菌更彻底，防治效果更好，防治对象更广泛。

[**毒性**] 对高等动物低毒。制剂对皮肤、对眼有轻度刺激。对鱼类、鸟类、蚕低毒。

[**防治对象**] 对多种作物的细菌性病害和部分真菌性病害有较

好的防治效果，在水稻上，主要用于防治细菌性条斑病、白叶枯病等细菌性病害。

[**使用方法**] 防治水稻细菌性褐斑病、细菌性条斑病、白叶枯病，每亩用 20％噻菌铜悬浮剂 100 克，对水 50 千克，于发病初期均匀喷雾；过 7～10 天，可视病情发展和天气酌情再施药 1 次。对已发病的田块、台风、暴雨过后要及时施药。

[**注意事项**]

①本品应掌握在初发病期使用，采用喷雾或弥雾。

②使用时，先用少量水将悬浮剂搅拌成母液，然后加水稀释。

③不能与碱性药物混用。

[**主要生产企业**] 浙江龙湾化工有限公司。

噻唑锌

[**曾用名**] 无。

[**作用特点**] 噻唑类有机锌杀菌剂，兼有保护和内吸治疗作用。既有噻唑基团对细菌的独特防效，又有锌离子对真菌、细菌的优良防治作用。

[**毒性**] 对人畜低毒。

[**防治对象**] 对多种作物的细菌性病害有较好的防治效果，在水稻上，主要用于防治细菌性条斑病、白叶枯病等细菌性病害。

[**使用方法**] 防治水稻细菌性条斑病、白叶枯病，每亩用 20％噻唑锌悬浮剂 100～125 毫升，对水 50 千克，于发病初期均匀喷雾；过 7～10 天，可视病情发展和天气酌情再施药 1 次。对已发病的田块、台风、暴雨过后要及时施药。

[**注意事项**]

①本剂应在病害发生初期使用。

②使用时，先用少量水将悬浮剂搅拌成母液，然后对水稀释。

③ 施药方式以弥雾最好。

④不可与碱性农药混用。

⑤ 本品应贮存在阴凉、干燥处，不得与食品、饲料一起存放，避免儿童接触。

[主要生产企业] 浙江新农化工股份有限公司。

氯溴异氰尿酸

[曾用名] 灭菌成、金消康。

[作用特点] 氯溴异氰尿酸在作物表面逐渐释放次溴酸，次溴酸具强力的杀菌能力。氯溴异氰尿酸具内吸传导作用，对真菌、细菌和病毒均有杀灭作用。

[毒性] 氯溴异氰尿酸对人毒性低，但对眼睛有刺激性。

[防治对象] 氯溴异氰尿酸在水稻上主要用于防治水稻白叶枯病、细菌性条斑病等细菌性病害，也可作为防治条纹叶枯病、黑条矮缩病等水稻病毒病的辅助药剂。

[使用方法] 防治水稻白叶枯病、细菌性条斑病等细菌性病害，每亩用50%氯溴异氰尿酸水溶性粉剂40～60克，对水40～50千克，于水稻发病初见时，均匀喷雾。防治条纹叶枯病、黑条矮缩病等水稻病毒病，在水稻显症初期，每亩用50%氯溴异氰尿酸水溶性粉剂40～60克，对水40～50千克，均匀喷雾。

[注意事项]

①贮存于干燥阴凉处，防止受潮。

②不能直接与其他农药混用。

③施药时注意保护，防止药液接触眼睛。

[主要生产企业] 南京南农农药科技发展有限公司、绍兴天诺农化有限公司。

咪鲜胺

[曾用名] 使百克、施保克、扑霉灵、果鲜保。

[作用特点] 本品系咪唑类高效、广谱杀菌剂，具有内吸传导、预防保护和治疗等多重作用。通过抑制甾醇的生物合成而起作用，对于子囊菌和半知菌引起的多种病害防治效果好。内吸性强，速效性好，持效期长。

[毒性] 对高等动物低毒。对鱼毒性大。

[防治对象] 对多种作物的白粉病、叶斑病、煤污病也有较好的防治效果。也可用于柑橘、香蕉采收后防腐保鲜。在水稻上，主

要作为种子处理剂，用于防治水稻恶苗病等种传病害。

[使用方法] 防治水稻恶苗病、胡麻斑病等种传病害，用25％咪鲜胺乳油2 000～3 000倍液稀释液浸种，早稻浸种72小时，晚稻48小时，杂交稻根据气温浸种时间还应减少，浸种后捞出沥干，催芽。

[注意事项]

①妥善处理好浸种后剩余药液，以防污染环境。特别是对鱼毒性大，不可污染鱼塘、河道或水沟。

②严格掌握浸种时间。

③使用时注意安全，防止药液接触皮肤和眼睛。

[主要生产企业] 拜耳作物科学公司、江苏辉丰集团、杭州庆丰农化有限公司等。

宁南霉素

[曾用名] 菌克毒克。

[作用特点] 宁南霉素是一种胞嘧啶核苷肽型广谱抗生素，由链霉菌16A-6菌株产生。宁南霉素系统地诱导植物产生PR蛋白，降低植物体内病毒粒体浓度，破坏病毒粒体结构，从而达到防治作物病毒病的效果。

[毒性] 对高等动物低毒，对作物安全。

[防治对象] 主要用于防治农作物病毒病，对部分细菌性和真菌性病害也有效。水稻上可用于防治水稻条纹叶枯病、黑条矮缩病、立枯病、烂秧病、细菌性条斑病。

[使用方法] 防治水稻立枯、青枯病，床土消毒：将8％宁南霉素水剂稀释800倍液均匀喷洒在苗床上。

防治水稻条纹叶枯病、黑条矮缩病、细菌性条斑病，在发病初期用8％宁南霉素水剂800～1 000倍液均匀喷雾。

[注意事项]

①本品应在作物将要发病或发病初期开始喷药，喷药时必须均匀喷布，不漏喷。

②本品对人、畜低毒，但也应注意保管，勿与食物、饲料存放

在一起。

③本品不能与碱性物质混用；应存放在干燥、阴凉、避光处。

[主要生产企业] 黑龙江强尔生化技术有限公司。

三环唑

[曾用名] 克瘟灵、克瘟唑、比艳、稻艳、丰登。

[毒性] 对高等动物中等毒性，对兔眼和皮肤有轻微刺激作用，对水生生物、蜜蜂毒性低。在试验条件下未见致突变、致畸和致癌作用。

[作用特点] 三环唑是内吸、高选择性杀菌剂。对稻瘟病有特效。内吸性强，易被水稻根、茎、叶吸收，并在植株体内传导。其作用机理是抑制孢子萌发和附着胞的形成，从而有效地阻止病菌的侵入。

[防治对象] 主要用于防治稻瘟病。

[使用方法] 防治苗瘟，在秧苗 3～4 叶期，每亩用 20％三环唑可湿性粉剂 100 克，加水 50 千克喷雾；防治叶瘟，在叶瘟初见期，每亩用 20％三环唑可湿性粉剂 100 克加水 50 千克喷雾；防治穗颈瘟，在水稻孕穗末期或破口初期，每亩用 20％三环唑可湿性粉剂 100 克，加水 50 千克喷雾，并根据天气及病害发生趋势，用药后 7～10 天再喷第二次。

[注意事项]

①三环唑系保护性杀菌剂，应在病害发生前使用。

②在水稻收获前 21 天停止使用。

[主要生产企业] 江苏丰登农药有限公司、上海东风农药厂。

稻瘟灵

[曾用名] 富士 1 号。

[毒性] 对高等动物低毒，对鱼类有中等毒性，对蜜蜂影响小。

[作用特点] 稻瘟灵是一种内吸选择性杂环类杀菌剂。其作用方式是抑制菌丝侵入和生长，对病菌具有预防和治疗作用，耐雨水冲刷。

[防治对象] 主要用于防治水稻稻瘟病。

[使用方法] 防治水稻叶瘟，在急性型病斑初出现时用药，每亩用 40%稻瘟灵乳油 100 毫升，加水 50 千克，均匀喷雾。

防治穗瘟，每亩用 40%稻瘟灵乳油 100 毫升，加水 50 千克，于水稻破口和齐穗期各施药 1 次。

[注意事项]

①稻瘟灵最后一次施药离收获早稻不少于 12 天，离收获晚稻不少于 28 天。

②本品不能与碱性物质混用，以免分解失效。

③稻瘟灵对鱼类有毒，施过药的田水不可排入鱼塘。

[主要生产企业] 浙江菱化实业股份有限公司。

多菌灵

[曾用名] 苯并咪唑 44 号、多菌灵盐酸盐、防霉宝、棉萎灵。

[作用特点] 多菌灵属苯并咪唑类内吸广谱性杀菌剂，有内吸治疗和保护作用，有明显的向顶性输导性能。主要作用机制是干扰菌的有丝分裂中纺锤体的形成，从而影响细胞分裂。

[毒性] 对高等动物低毒。对兔眼睛和皮肤无刺激作用；对鱼类、蜜蜂毒性很低。

[防治对象] 能防治多种作物的多种病害，水稻上可用于防治稻瘟病、纹枯病、小球菌核病等真菌性病害。

[使用方法] 防治水稻稻瘟病、纹枯病、小球菌核病，每亩用 50%可湿性粉剂 100 克，对水 50 千克，于病害发生初期均匀喷雾。

[注意事项]

①不能与铜制剂混用。多菌灵可与一般杀菌剂混用，但与杀虫剂、杀螨剂混用时要随混随用，不宜与碱性药剂混用。

②长期单一使用多菌灵易使病菌产生抗药性，应与其他杀菌剂轮换使用或混合使用。

③本品易吸潮，防止日晒雨淋，放置阴凉干燥处；不得与种子、粮食、饲料、食品混放。

④水稻最后一次施药应在收获前 30 天。

[主要生产企业] 江苏苏化集团新沂农化有限公司、湖北沙隆

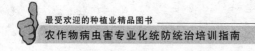

达股份有限公司、苏州华源农用生物化学品有限公司等。

三、近年登记的农药品种

氟虫双酰胺＋阿维菌素

[**曾用名**] 稻腾。

[**作用特点**] 氟虫双酰胺＋阿维菌素由氟虫双酰胺和阿维菌素复配而成。具有氟虫双酰胺和阿维菌素的双重特性。对害虫以胃毒作用为主。

[**毒性**] 参见氟虫双酰胺和阿维菌素。

[**防治对象**] 氟虫双酰胺＋阿维菌素主要用于防治鳞翅目害虫，在水稻上可用于防治水稻二化螟、稻纵卷叶螟等水稻主要害虫。

[**使用方法**] 防治稻纵卷叶螟，每亩用10%氟虫双酰胺＋阿维菌素悬浮剂40毫升，对水30~45千克，于稻纵卷叶螟二龄幼虫高峰前，均匀喷雾。防治水稻二化螟，每亩用10%氟虫双酰胺＋阿维菌素悬浮剂40毫升，对水30~45千克，于二化螟卵孵高峰期施药。

[**注意事项**]

①防治稻纵卷叶螟喷雾要均匀。

②防治二化螟田间要有水层，施药后保水3~5天。

③对家蚕毒性大，用药时避免污染桑叶。

④对蜜蜂有毒，避免在蜜源作物花期使用。

[**主要生产企业**] 拜耳作物科学公司。

氰氟虫腙

[**曾用名**] 艾法迪。

[**作用特点**] 新型缩氨氨基脲类杀虫剂，对害虫主要具胃毒作用，作用机理独特，害虫取食后几个小时即停止取食，1~3天内死亡。杀虫谱广，对鳞翅目、鞘翅目、半翅目、双翅目等多种害虫具良好的防治效果。

[**毒性**] 对高等动物微毒，大鼠经口 LD_{50} 大于 5 000 毫克/千

克，对人和畜禽安全。对水生生物和天敌毒性较低。

[防治对象] 氰氟虫腙在水稻上可用于防治水稻二化螟、稻纵卷叶螟等水稻主要害虫。

[使用方法] 防治稻纵卷叶螟，每亩用 24％氰氟虫腙悬浮剂 30～40 毫升，对水 30～45 千克，于稻纵卷叶螟二龄高峰前，均匀喷雾。防治水稻二化螟，每亩用 24％氰氟虫腙悬浮剂 30～40 毫升，对水 30～45 千克，于二化螟卵孵化高峰期施药。

[注意事项]

①防治稻纵卷叶螟喷雾要均匀。

②防治二化螟田间要有水层，施药后保水 3～5 天。

③对家蚕毒性大，用药时避免污染桑叶。

[主要生产企业] 巴斯夫（中国）有限公司。

烯啶虫胺

[曾用名] 强星。

[作用特点] 烯啶虫胺是一种高效、广谱、新型烟碱类杀虫剂，主要作用于昆虫神经，对昆虫的轴突触受体具有神经阻断作用。具有内吸和渗透作用，用量少，毒性低，速效性好，持效期长，对作物安全无药害等优点，是防治刺吸式口器害虫的理想替代产品。

[毒性] 对高等动物低毒，对兔眼睛有轻微刺激，对兔皮肤无刺激。无致畸、致突变、致癌作用。对人和畜禽安全。对水生生物毒性较低。

[防治对象] 烯啶虫胺可用于水稻、果树、蔬菜和茶等作物。防治各种飞虱、蚜虫、蓟马、白粉虱、烟粉虱、叶蝉等刺吸式口器害虫。在水稻上可用于防治水稻各种飞虱。

[使用方法] 防治水稻飞虱，每亩用 10％烯啶虫胺水剂50～60 毫升，对水 60～70 千克喷雾。施药时田间保持 3～5 厘米水层。

[注意事项]

①一季水稻最多使用 2 次，安全间隔期为 7 天。

②对蜜蜂有毒，在蜜源作物花期禁止使用。

③ 对家蚕有毒，用药时避免污染桑叶。

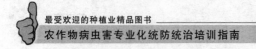

[**主要生产企业**] 江苏省南通江山农药化工股份有限公司、连云港立本农药化工有限公司。

第三节 小麦主要病虫害发生规律与综合防治技术

一、小麦病害

小麦条锈病

小麦条锈病 [*Puccinia striiformis* West.（End）] 又名黄疸病，主要分布于西北、西南、华北小麦产区，往往与叶锈、秆锈交织发生，历史上曾造成重大损失，一般发病越早损失越重，最重可减产80％以上甚至绝收。

[**症状特征**] 3种锈病的主要症状可概括为："条锈成行，叶锈乱，秆锈是个大红斑。"条锈主要为害小麦叶片，也可为害叶鞘、茎秆、穗部。夏孢子堆在叶片上排列呈虚线状，鲜黄色，孢子堆小，长椭圆形，孢子堆破裂后散出粉状孢子。叶锈主要为害叶片，叶鞘和茎秆上少见，夏孢子堆较小，橙褐色，在叶片上散生，夏孢子一般不穿透叶片，偶尔穿透叶片，背面的夏孢子堆也较正面的小。秆锈主要为害茎秆和叶鞘，也为害叶部和穗部。夏孢子堆较大，长椭圆形，深褐色，不规则散生，夏孢子堆穿透叶片的能力较强，同一侵染点在正反面都可出现孢子堆，而叶背面的孢子堆较正面的大。

[**发生规律**] 小麦条锈病菌是典型的远程气传病害。主要在我国西北和西南高海拔、低气温地区越夏，越夏区产生的夏孢子经风吹到广大麦区，在适合的温度（14～17℃）和有水滴或水膜的条件下侵染小麦。夏孢子在寄主组织内生长，潜育期长短因环境不同而异。每个夏孢子堆可持续产生夏孢子若干天，夏孢子繁殖很快（200万倍），可随风传播，吹送到几百公里以外的地方而不失活性进行再侵染。因此，条锈菌借助东南风和西北风的吹送，在高海拔

冷凉地区晚熟春麦和晚熟冬麦自生麦苗上越夏，在低海拔温暖地区的冬麦上越冬，完成周年循环。

在我国黄河、秦岭以南较温暖的地区，小麦条锈菌不需越冬，从秋季一直到小麦收获前，可以不断侵染和繁殖为害。但在黄河、秦岭以北冬季小麦生长停止地区，病菌在最冷月日均温不低于－6℃，或有积雪不低于－10℃的地方，主要以潜育菌丝状态在未冻死的麦叶组织内越冬，待第二年春季温度适合生长时，再繁殖扩大为害。

条锈病在秋季或春季发病的轻重主要与夏、秋季和春季雨水的多少，越夏越冬菌源量和感病品种面积大小关系密切。一般的说，秋冬、春夏雨水多，感病品种面积大，菌源量大，锈病就发生重，反之则轻。

[防治措施] 小麦锈病的防治应贯彻"预防为主，综合防治"的植保方针，严把"越夏菌源控制"、"秋苗病情控制"和"春季应急防治"这三道防线。做到发现一点，保护一片，点片防治与普治相结合，群防群治与统防统治相结合等多项措施综合运用；坚持"综合治理与越夏菌源的生态控制相结合"和"选用抗病品种与药剂防治相结合"，把损失压低到最低限度。

1. 农业防治

（1）因地制宜种植抗病品种，这是防治小麦锈病的基本措施。

（2）小麦收获后及时翻耕灭茬，消灭自生麦苗，减少越夏菌源。

（3）搞好大区抗病品种合理布局，切断菌源传播路线。

2. 药剂防治

①拌种：用种子量0.03％的立克秀（有效成分为戊唑醇），或用种子量0.03％的粉锈宁或禾果利（有效成分）拌种。即用15％粉锈宁可湿性粉剂75克与50千克种子，或20％粉锈宁乳油75毫升与50千克种子干拌，拌种力求均匀，拌过的种子当日应播完。注意用粉锈宁拌种要严格掌握用药剂量，避免发生药害。

②大田喷药：对早期出现的发病中心要集中进行围歼防治，切

实控制其蔓延。大田内病叶率达 0.5%～1% 时立即进行普治，每亩可用 12.5% 禾果利可湿性粉剂 30～35 克或 20% 粉锈宁乳油 45～60 毫升，或选用其他三唑酮、烯唑醇类农药按要求的剂量进行喷雾防治，并及时查漏补喷。重病田要进行二次喷药。

3. 生态控制措施

①陇南高半山区的生态治理：改善当地农业生态环境，调整优化作物结构，压缩小麦面积，减少越夏菌源量，切断病菌周年循环，延缓病菌的差异。

②抗锈品种的培育、推广及抗锈基因的合理布局：利用抗锈基因的丰富性，选育抗病品种，在越夏区和越冬区合理进行不同抗病基因品种的布局，切断病菌周年循环，阻滞病菌变异和发展，抑制新小种上升为优势小种，延缓品种抗性丧失速度，延长品种使用年限。

③播期防治技术：感病品种用立克锈或粉锈宁进行拌种和种子包衣，加之彻底铲除自生麦苗和适期晚播，控制秋苗发病，以减少秋季菌源量。

小麦白粉病

小麦白粉病病原物：有性态为布氏白粉菌 *Blumeria graminis* (DC.) Speer.，子囊菌亚门布氏白粉菌属；无性态为串珠粉状孢 *Oidium monilioides* Nees，属半知菌亚门粉孢属。该病广泛分布于我国各小麦主要产区，以山东沿海、四川、贵州、云南、河南等地发生最为普遍，近年来该病在东北、华北、西北麦区，亦有日趋严重之势。小麦受害后，可致叶片早枯，分蘖数减少，成穗降低，千粒重下降。一般可造成减产 10% 左右，严重的达 50% 以上。

［症状特征］小麦白粉病在小麦各生育期均可发生，可侵害小麦植株地上部各器官，以叶片和叶鞘为主，发病重时颖壳和芒也可受害。发病时，叶面出现 1～2 毫米的白色霉点，后逐渐扩大为近圆形至椭圆形白色霉斑，霉斑表面有一层白粉，遇有外力或振动立即飞散。这些粉状物就是菌丝体和分生孢子。后期病部霉层变为灰白色至浅褐色，病斑上散生有针头大小的小黑粒，即病原菌的闭囊

壳，病斑可连片，导致叶片变黄和枯死。

[**发生规律**]病菌以分生孢子阶段在夏季气温较低地区的自生麦苗或夏小麦上侵染繁殖或以潜育状态度过夏季，也可通过病残体上的闭囊壳在干燥和低温条件下越夏。病菌越冬方式有两种：一是以分生孢子形态越冬，二是以菌丝体潜伏在寄主组织内越冬。越冬病菌先侵染底部叶片呈水平方向扩展，后向中上部叶片发展，发病早期发病中心明显。冬麦区春季发病菌源主要来自当地。春麦区，除来自当地菌源外，还来自邻近发病早的地区。

病菌靠分生孢子或子囊孢子借气流传播到小麦叶片上，遇有适宜的温湿条件即萌发长出芽管，芽管前端膨大形成附着胞和入侵丝，穿透叶片角质层，侵入表皮细胞形成吸器并向寄主体外长出菌丝，后在菌丝中产生分生孢子梗和分生孢子，成熟后脱落，随气流传播蔓延，进行多次再侵染。

病菌越夏后，首先感染越夏区的秋苗，引起发病并产生分生孢子，后向附近及低海拔地区和非越夏区传播，侵害这些地区秋苗。越夏区小麦秋苗发病较早且严重。早春气温回升，小麦返青后，潜伏越冬的病菌恢复活动，产生分生孢子，借气流传播扩大危害。

[**防治措施**]

1. 种植抗耐病品种

2. 农业防治　越夏区麦收后及时耕翻灭茬，铲除自生麦苗；合理密植和施用氮肥，适当增施有机肥和磷钾肥；改善田间通风透光条件，降低田间湿度，提高植株抗病性。

3. 药剂防治　①用种子重量的 0.03％（有效成分）6％立克秀（戊唑醇）悬浮种衣剂或 25％三唑酮（粉锈宁）可湿性粉剂拌种，也可用 2.5％适乐时 20 毫升＋3％敌萎丹 100 毫升对适量水拌种 10千克，并堆闷 3 小时。兼治黑穗病、条锈病等。②在小麦抗病品种少或病菌小种变异大抗性丧失快的地区，当小麦白粉病病情指数达到 1 或病叶率达 10％以上时，开始喷洒 15％三唑酮可湿性粉剂，每亩用有效成分 8～10 克；12.5％特普唑可湿性粉剂，每亩用有效成分 4～6 克；50％粉锈宁胶悬剂每亩用 100 克；每亩用 33％纹霉净可湿性粉剂 50 克。也可根据田间情况采用杀虫杀菌剂混配，做到关键期一次用药，兼治小麦白粉病、锈病等主要病虫害。小麦生长中后期，条锈病、白粉病、穗蚜混发时，每亩用三唑酮有效成分 7 克加抗蚜威有效成分 3 克加磷酸二氢钾 150 克；条锈病、白粉病、吸浆虫、黏虫混发区或田块，每亩用三唑酮有效成分 7 克加 40%氧化乐果 2 000 倍液加磷酸二氢钾 150 克。赤霉病、白粉病、穗蚜混发区，每亩用多菌灵有效成分 40 克加三唑酮有效成分 7 克加抗蚜威有效成分 3 克加磷酸二氢钾 150 克。

小麦赤霉病

小麦赤霉病 ［*Gibberella zeae*（Schw.）Petch］在全国各地均有分布，以长江中下游冬麦区和东北春麦区发生最重，长江上游冬麦区和华南冬麦区常有发生，近年来，又成为江淮和黄淮冬麦区的常发病害。该病主要为害小麦，一般可减产 1～2 成，大流行年份减产 5～6 成，甚至绝收。全国年发生面积超过 1 亿亩，对小麦生产构成严重威胁。

［症状特征］小麦生长的各个阶段都能受害，以穗部为主。病菌最先侵染部位是花药，其次为颖片内侧壁。通常一个麦穗的小穗先发病，然后迅速扩展到穗轴，进而使其上部其他小穗迅速失水枯死而不能结实。表现症状：侵染初期在颖壳上呈现边缘不清的水渍状褐色斑，渐蔓延至整个小穗，病部褐色或枯黄，潮湿时可产生粉红色霉层（分生孢子），空气干燥时病部和病部以上枯死，形成白穗，不产生霉层，后期病部可产生黑色颗粒（即子囊壳）。

［发生规律］小麦赤霉病病菌以腐生状态在田间残留的稻桩、玉米秸秆、小麦秆等各种植物残体上越夏越冬。春季形成子囊壳，成熟后吸水破裂，壳内子囊孢子喷射到空气中，并随风雨传播（微风有利于传播）到麦穗上引起发病，小麦收后，病菌又寄生于田间稻桩、麦秆上越夏、越冬。在小麦抽穗至扬花期如遇连续 3 天以上降雨天气，即可造成病害流行。尤其是扬花期侵染为害最重。其发生条件：

一是品种抗病性：穗形细长、小穗排列稀疏、抽穗扬花整齐集中、花期短的品种较抗病，反之则感病。

二是充足的菌量是发病的前提：凡是上年发病重的麦区都为下年小麦赤霉病的发生留下了充足菌源。

三是发病天气：小麦抽穗至灌浆期（尤其是小麦扬花期）内雨日的多少是病害发生轻重的最重要因素。凡是抽穗扬花期遇 3 天以上连续阴雨天气，病害就可能严重发生。

[防治措施] 本着选用抗病品种为基础，药剂防治为关键，调整生育期避开为害的综合防治策略，抓好以下工作。

1. 选用抗病品种 小麦赤霉病常发区应选用穗形细长、小穗排列稀疏、抽穗扬花整齐集中、花期短、残留花药少、耐湿性强的品种。

2. 做好栽培避害 根据当地常年小麦扬花期雨水情况适期播种，避开扬花多雨期。做到田间沟沟通畅，增施磷钾肥，促进麦株健壮，防止倒伏早衰。

3. 狠抓药剂防治 小麦赤霉病防治的关键是抓好抽穗扬花期的喷药预防。一是要掌握好防治适期，于 10％小麦抽穗至扬花初期喷第一次药，感病品种或适宜发病年份一周后补喷一次；二是要选用优质防治药剂，每亩用 80％多菌灵超微粉 50 克，或 80％多菌灵超微粉 30 克加 15％粉锈宁 50 克，或 40％多菌灵胶悬剂 150 毫升对水 40 千克，或选用使百功喷雾；三是掌握好用药方法，喷药时要重点对准小麦穗部均匀喷雾。使用手动喷雾器每亩对水 40 千克，使用机动喷雾器每亩对水 15 千克喷雾，如喷药后遇雨则需雨后补喷。如果使用粉锈宁防治则不能在小麦盛花期喷药，以避免影响结实。

小麦纹枯病

小麦纹枯病的病原菌主要是禾谷丝核菌（*Rhizoctonia cerealis* Vander Hoven）和立枯丝核菌（*Rhizoctonia solani* Kühn）。该病广泛分布于我国各小麦主产区，尤以江苏、安徽、山东、河南、陕西、湖北及四川等省麦区发生普遍且危害严重。主要引起穗粒数减少、千粒重降低，还可引起倒伏，或形成白穗等，造成产量损失一

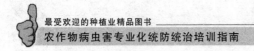

般 10％左右，严重者达 30％～40％。

[**症状特征**] 小麦受害后在不同生育阶段所表现的症状不同。主要发生在叶鞘和茎秆上。幼苗发病初期，在地表或近地表的叶鞘上先产生淡黄色小斑点，随后呈典型的黄褐色梭形或眼点状病斑，后期病株基部茎节腐烂，病苗枯死。小麦拔节后在基部叶鞘上形成中间灰色、边缘棕褐色的云纹状病斑，病斑融合后，茎基部呈云纹花秆状，并继续沿叶鞘向上部扩展至旗叶。后期病斑侵入茎壁后，形成中间灰褐色、四周褐色的近圆形或椭圆形眼斑，造成茎壁失水坏死，最后病株枯死，形成枯株白穗，结实少，籽粒秕瘦。麦株中部或中下部叶鞘病斑的表面产生白色霉状物，最后形成许多散生圆形或近圆形的褐色小颗粒状菌核。

[**发生规律**] 病菌以菌核或菌丝体在土壤中或附着在病残体上越夏或越冬，成为初侵染主要菌源。病害的发生和发展大致可分为冬前发生期、早春返青上升期、拔节后盛发期和抽穗后稳定期 4 个阶段。冬前病害零星发生，播种早的田块会有一个明显的侵染高峰；早春小麦返青后随气温升高，病害发展加快；小麦拔节后至孕穗期，病株率和严重度急剧增长，形成发病高峰；小麦抽穗后病害发展缓慢。但病菌由病株表层向茎秆扩散，严重度上升，造成田间枯白穗。

冬麦播种过早、密度大，冬前旺长，偏施氮肥或施用带有病残体而未腐熟的粪肥，春季受低温冻害等的麦田发病重。秋冬季温暖、春季多雨、病田常年连作有利于发病。小麦品种间对病害的抗性差异大。

[**防治技术**] 该病属于土传性病害，在防治策略上应采取健身控病为基础，药剂处理种子早预防，早春及拔节期药剂防治为重点的综合防治策略。

1. 健身控病

（1）合理施肥　增施经高温腐熟的有机肥，不要偏施、过施氮肥，控制小麦过分旺长。

（2）适期晚播，合理密植　播种愈早，土壤温度愈高，发病愈重。合理播种量，培植丰产防病的小麦群体结构，防止田间郁蔽，避免倒伏，可明显减轻病害。

（3）合理浇水　早浇、轻浇返青水，不要大水漫灌，以避免植株间长期湿度过大。及时清除田间杂草，做到沟沟相通，雨后田间无积水，保持田间低湿。

2. 药剂防治

（1）播种前药剂拌种　用6％立克秀悬浮种衣剂3～4克（有效成分）拌麦种100千克，或用种子重量0.2％的33％纹霉净可湿性粉剂，或2.5％适乐时乳油每10千克麦种用10～20毫升拌种。一定要按要求用量拌种，否则会影响种子发芽。

（2）生长期喷雾　掌握在小麦分蘖末期纹枯病纵向侵染，平均病株率达10％～15％时开始喷药。每亩用20％井冈霉素可湿性粉剂30克，或12.5％烯唑醇可湿性粉剂32～64克，或40％多菌灵胶悬剂50～100克，或70％甲基托布津可湿性粉剂对水50千克喷雾。喷雾时要注意适当加大用水量，使植株中下部充分着药，以确保防治效果。

小麦全蚀病

小麦全蚀病［*Gaeumannomyces graminis* var. *tritici*（G. g. t）］在我国不少省区均有分布，且多为省内补充检疫对象。小麦感病后，分蘖减少，成穗率低，千粒重下降，发病愈早，减产幅度愈大。拔节前显病的植株，往往早期枯死；拔节期显病植株，减产50％左右；灌浆期显病的植株减产20％以上。全蚀病扩展蔓延较快，麦田从零星发生到成片死亡，一般仅需3年左右。

［**症状特征**］小麦全蚀病是一种典型根病。病菌只侵染小麦根部和茎基15厘米以下部位。病株根和地下茎变黑腐烂，抽穗后茎基部变黑腐烂加重，形成典型的"黑脚"症状，叶鞘易剥落，内生灰黑色菌丝层，后期产生黑点状突起（子囊壳）。由于受土壤菌量和根部受害程度的影响，田间症状显现期不一。轻病地块在小麦灌浆期病株始显零星成簇早枯白穗，远看与绿色健株形成明显对照；重病地块在拔节后期即出现若干矮化发病中心，麦田生长高低不

平，中心病株矮、黄、稀疏，极易识别。各期症状主要特征如下：

1. 分蘖期　地上部无明显症状，仅重病植株表现稍矮，基部黄叶多。冲洗麦根可见种子根与地下茎变灰黑色。

2. 拔节期　病株返青迟缓，黄叶多，拔节后期重病株矮化、稀疏，叶片自下向上变黄，似干旱、缺肥。拔起可见植株种子根、次生根大部变黑。横剖病根，根轴变黑。在茎基部表面和叶鞘内侧，生有较明显的灰黑色菌丝层。

3. 抽穗灌浆期　病株成簇或点片出现早枯白穗，在潮湿麦田中，茎基部表面布满条点状黑斑形成"黑脚"。上述症状均为全蚀病的突出特点，也是区别于其他小麦根腐型病害的主要特征。

［发生规律］小麦全蚀病菌以菌丝体在田间小麦残茬、夏玉米等夏季寄主的根部以及混杂在场土、麦糠、种子间的病残组织上越夏。小麦播种后，菌丝体从麦苗种子根侵入。在菌量较大的土壤中冬小麦播种后 50 余天，麦苗种子根即受害变黑。病菌以菌丝体在小麦的根部及土壤中病残组织内越冬。小麦返青后，随着地温升高，菌丝增殖加快，沿根扩展，向上侵害分蘖节和茎基部。拔节后期至抽穗期，菌丝蔓延侵害茎基部 1～2 节，致使病株陆续死亡，田间出现早枯白穗。小麦灌浆期，病势发展最快。另外，此病有自然衰退现象。

小麦全蚀病的发生与耕作制度、土壤肥力、耕作条件等密切相关。连作病重，轮作病轻；小麦与夏玉米 1 年两作多年连种，病害发生重；土壤肥力低，氮、磷、钾比例失调，尤其是缺磷地块，病情加重；冬小麦播种早发病重，播种晚发病轻；另外，感病品种的大面积种植，也是加重病害发生的原因之一。

［防治方法］

1. 植物检疫　无病区应防传入，初发病区及早消灭发病中心。严格控制和避免从病区大量引种。如确需调出良种，要选无病地块留种，单收单打，严防种子间夹带病残体传病。

2. 农业防治

（1）减少菌源　新病区零星发病地块，要机割小麦，留茬 16

厘米以上，单收单打。病地麦粒不做种，麦糠不沤粪，严防病菌扩散。病地停种两年小麦、玉米等寄主作物，改种大豆、高粱、麻类、油菜、棉花、蔬菜、甘薯等非寄主作物。

（2）定期轮作倒茬

①大轮作。病地每2～3年定期停种一季小麦，改种蔬菜、棉花、油菜、春甘薯等非寄主作物，也可种植春玉米。大轮作可在麦田面积较小的病区推广。

②小换茬。小麦收获后，复种一季夏甘薯、伏花生、夏大豆、高粱、秋菜（白菜、萝卜）等非寄主作物后，再直播或移栽冬小麦，也可改种春小麦。有水利条件的地区，实行稻、麦水旱轮作，防病效果也较明显。轮作换茬要结合培肥地力，并严禁施入病粪。否则病情回升快。

3. 药剂防治

（1）土壤处理　播种前选用70％甲基托布津可湿性粉剂按每亩2～3千克加细土20～30千克，均匀施入播种沟中进行土壤处理。

（2）药剂拌种　12.5％全蚀净20毫升拌麦种10千克，或蚀敌100克拌麦种10千克，或2.5％适乐时10～20毫升加3％敌萎丹50～100毫升拌麦种10千克。

（3）药剂灌根　小麦返青期，施用蚀敌或消蚀灵每亩100～150毫升对水150千克灌根。

小麦散黑穗病

小麦散黑穗病 [*Ustilago tritici* (Pers.) Jens] 在我国冬、春麦区普遍发生。直接为害麦穗造成减产。

[**症状特征**] 小麦散黑穗病病株抽穗较早，初期病穗外包一层灰色薄膜，未出苞叶前内部已完全变黑粉（厚垣孢子）。病穗抽出时膜即破裂，黑粉随风飞散，只残留穗轴，可见到残余黑粉。感病株通常所有分蘖麦穗和整个穗部的小穗都发病，但有时也有个别分蘖或小穗不受害，可结实。

[**发生规律**] 散黑穗病是花器侵染病害，1年只侵染1次。带

菌种子是病害传播的唯一途径。病菌以菌丝潜伏在种子胚内，外表不显症。当带菌种子萌发时，潜伏的菌丝也开始萌发，随小麦生长发育经生长点向上发展，侵入穗原基。孕穗时，菌丝体迅速发展，破坏花器形成厚垣孢子，使麦穗变成黑粉。种子成熟时，在其中休眠，当年不表现症状。次年发病，侵入第 2 年的种子并潜伏，完成侵染循环。厚垣孢子在田间仅能存活几周，不能越冬。小麦扬花期空气湿度大，常阴雨天利于孢子萌发侵入，形成病种子多，翌年发病重。故湿度是影响侵入的主导因素，湿度越高侵入率越高。

[防治方法]

（1）选育抗病品种。

（2）温汤浸种　变温浸种：先将麦种用冷水预浸 4～6 小时，捞出后用 52～55℃温水浸 1～2 分钟，使种子温度升到 50℃，再捞出放入 56℃温水中，使水温降至 55℃浸 5 分钟，随即迅速捞出经冷水冷却后晾干播种。恒温浸种：把麦种置于 50～55℃热水中，立刻搅拌，使水温迅速稳定至 45℃，浸 3 小时后捞出，移入冷水冷却，晾干后播种。

（3）石灰水浸种　用优质生石灰 0.5 千克，溶在 50 千克水中，滤去渣滓后静浸选取好的麦种 30 千克，要求水面超出种子 10～15厘米，种子厚度不超过 66 厘米，浸泡时间气温 20℃浸3～5天，气温 25℃浸 2～3 天，30℃浸 1 天即可，浸种以后不再用清水冲洗，摊开晾干后即可播种。

（4）药剂拌种　用种子重量 0.3% 的 75% 萎锈灵可湿性粉剂拌种，或用种子重量 0.08%～0.1% 的 20% 三唑酮乳油拌种。也可用40% 拌种双可湿性粉剂 0.1 千克，拌麦种 50 千克，或用 50% 多菌灵可湿性粉剂 0.1 千克，对水 5 千克，拌麦种 50 千克，拌后堆闷6 小时，可兼治腥黑穗病。

小麦腥黑穗病

小麦腥黑穗病病原菌为网腥黑穗病菌 ［*Tilletia caries*（DC.）Tul.］和光腥黑穗病菌 ［*Tilletia foetida*（Walle）Lindr］，属担子菌亚门真菌。该病是世界性病害，在我国除北纬 25°左右以南，年平均气温高于 20℃ 以上的少数地区外，全国各冬、春麦区都有发生。以华北、华东、西南的部分冬麦区和东北、西北、内蒙古的春麦区发生重。该病不仅可导致小麦严重减产，而且使麦粒及面粉的品质降低。在不少省份属植物检疫对象。

[症状特征] 小麦腥黑穗病有网腥黑穗病和光腥黑穗病两种，其症状无区别。病株一般较健株稍矮，分蘖增多，病穗较短，直立，颜色较健穗深，开始为灰绿色，以后变为灰白色，颖壳略向外张开，露出部分病粒。小麦受害后，一般全穗麦粒均变成病粒。病粒较健粒短肥，初为暗绿色，后变为灰白色，外面包有一层灰褐色薄膜，里面充满黑粉。

[发生规律] 小麦腥黑穗病病菌孢子附着在种子外表或混入粪肥、土壤内越夏或越冬。小麦播种后发芽时，病菌由芽鞘侵入麦苗并到达生长点，并在植株体内生长，以后侵入开始分化的幼穗，破坏穗部的正常发育，至抽穗时在麦粒内又形成厚垣孢子。小麦收获脱粒时，病粒破裂，病菌飞散附着在种子外表或混入粪肥、土壤内越夏或越冬，第二年进行再次侵染循环。

小麦腥黑穗病是幼苗侵染型病害，因此，在地下害虫为害较重的麦田，病害往往发生重。小麦幼苗出土以前的土壤环境条件与病害的发生发展密切相关，以土壤温度对发病的影响最为重要。小麦腥黑穗病侵入幼苗的最适温度较麦苗发育适温为低，一般为 9～12℃，土温较低，对病菌侵入十分有利。冬小麦迟播或春小麦早播，发病往往较重。另外，土壤湿度对病害的发生也有一定影响，土壤过干或过湿均不利于病害发生。

[防治措施]

1. 农业措施 冬小麦不宜过迟播种，春小麦不宜过早播种；播种不宜过深；选用抗病品种等。

2. 药剂拌种 用 6％ 立克秀悬浮种衣剂按种子量的 0.03％～0.05％（有效成分）或三唑酮（有效成分）或羟锈宁按种子量的 0.015％～0.02％ 拌种，或用 50％ 多菌灵可湿性粉剂 0.1 千克，对水 5 千克，拌麦种 50 千克，拌后堆闷 6 小时，可兼治散黑穗病。

小麦胞囊线虫病

小麦胞囊线虫病是由燕麦胞囊线虫（*Heterodera avenae* Woll）引起，我国首次发现于 1989 年，现在湖北、河南、河北、安徽、江苏等省均有发生，对小麦生长极为不利。该病的发生一般可使小麦减产 20%～30%，发病严重的地块减产可达 70%，甚至绝收。

[症状特征] 小麦在苗期、返青拔节期和灌浆期均可发病表现出明显状况。苗期发病，地上部植株矮化，叶片发黄，麦苗瘦弱，似缺肥缺水状。小麦根部出现大量根结；返青拔节期发病，病株生长势弱，明显矮于健株，病苗在田间分布不均匀，常成片发生，根部有大量根结，生长不良；灌浆期发病，小麦群体常出现绿中加黄，高矮相间的山丘状。根部可见大量线虫白色胞囊。成穗少，穗小粒少，产量低。

[发生规律] 线虫的胞囊可以在土壤中存活一年以上，而幼虫在无寄主时只能存活几天。条件适宜，胞囊内卵孵化出幼虫侵入小麦根部生长点，并在根维管束处发育为成虫，突破根组织到根表面，雌虫产卵时体积增大，虫体变成胞囊落入土中。

该病的发生与气候、土壤、肥水和小麦品种等都有关系。在小麦苗期，若遇天气凉爽而土壤湿润，土壤空隙内充满了水分，使幼虫能够尽快孵化并向植物根部移动，就会造成对小麦的严重为害；土壤平均含水量为 8%～14%，有利于发病，含水量过高或过低均不利于线虫的发育；一般在沙壤土或沙土中该线虫群体大，为害严重，黏重土壤中为害较轻；土壤水肥条件好的地块，小麦生长健壮，为害较轻；土壤肥水状况差的地块，为害较重。

[防治措施] 该病发生后没有特效药剂，主要以预防为主，综合防治。

1. 农业防治： ①种植抗病品种：种植抗病品种是经济有效的防治措施。目前我国黄淮麦区大面积推广或新选育的小麦品种中没有高抗品种，但太空 6 号、温麦 4 号、偃 4110、豫优 1 号和新麦 11 等品种具有一定抗性，各地可选择性推广。②合理轮作：通过与非寄主植物（如豆科植物大豆、豌豆、三叶草和苜蓿等）和不适合的寄主植物（玉米等）轮作，可以降低土壤中小麦胞囊线虫的种群密度，与水稻、棉花、油菜连作 2 年后种植小麦，或与胡萝卜、绿豆轮作 3 年以上，可有效防治小麦胞囊线虫病。③适当早播：土壤温度对小麦胞囊线虫的生活史及其对寄主植物的危害性存在很大的影响，低温可以减少病害损失。小麦适期早播，在大量二龄幼虫孵化时，小麦根系已经发育良好，抗侵染能力增强，发病可减轻。④合理施肥浇水：适当增施氮肥和磷肥，改善土壤肥力，促进植株生长，可降低小麦胞囊线虫的为害程度。干旱时应及时浇水，能有效减轻为害。

2. 化学防治 在小麦播种期每亩用 10％克线磷颗粒剂或 10％噻唑磷 300～400 克进行土壤处理，能在一定程度上降低该线虫的为害。发病时，可每亩用 5％神农丹 2 千克拌细土 20～30 千克，顺垄撒施，施后及时浇水，使药剂尽快、完全被植株吸收，效果较好。

二、小麦虫害

小麦蚜虫

麦蚜，又名腻虫。分为长管蚜 [*Macrosiphum avenae* (Fabricius)]、麦二叉蚜 [*Schizaphis graminum* (Rondani)]、禾缢管蚜 [*Rhopalosiphum padi* (Linnaeus)]、麦无网长管蚜 (*Acyrthosiphum dirhodum* Walker)。麦长管蚜在全国麦区均有发生，麦二叉蚜主要分布在我国北方冬麦区，特别是华北、西北等地发生严重；禾缢管蚜分布于华北、东北、华南、华东、西南各麦区，是多雨潮湿麦区优势种之一；麦无网长管蚜主要分布在北京、河北、河南、宁夏、云南和西藏等地。

[为害症状] 麦蚜在小麦苗期，多集中在麦叶背面、叶鞘及心叶处；小麦拔节、抽穗后，多集中在茎、叶和穗部刺吸为害，并排泄蜜露，影响植株的呼吸和光合作用。被害处呈浅黄色斑点，严重时叶片发黄，甚至整株枯死。穗期为害，造成小麦灌浆不足，籽粒

干瘪，千粒重下降，引起严重减产。另外，麦蚜还是传播植物病毒的重要昆虫媒介，以传播小麦黄矮病毒为害最大。

[形态特征] 麦蚜在适宜的环境条件下，都以无翅型孤雌胎生若蚜生活。在营养不足、环境恶化或虫群密度大时，则产生有翅型迁飞扩散，但仍行孤雌胎生，只是在寒冷地区秋季才产生有性雌雄蚜交尾产卵。来春卵孵化为干母，继续产生无翅型或有翅型蚜虫。

卵长卵形，刚产出的卵淡黄色，逐渐加深，5天左右即呈黑色。干母、无翅雌蚜和雌性蚜，外部形态基本相同，只是雌性蚜在腹部末端可看出产卵管。雄性蚜和有翅胎生蚜外部形态亦相似，除具性器外，一般个体稍小。

[发生规律] 4种麦蚜一年均可发生10～20余代。麦长管蚜在南方以成、若虫越冬，每年春季3～4月随气温回升，小麦由南至北逐渐成熟，越冬区麦长管蚜产生大量有翅蚜，随气流迁入北方冬麦区进行繁殖为害。麦二叉蚜、禾缢管蚜和麦无网长管蚜均以卵越冬，初夏飞至麦田。小麦返青至乳熟初期，麦长管蚜种群数量最大，随植株生长向上部叶片扩散为害，最喜在嫩穗上吸食，故也称"穗蚜"。麦二叉蚜分布在下部，叶片背面为害；乳熟后期禾缢管蚜数量有明显上升为害叶片；小麦生育后期麦无网长管蚜数量增大，主要为害茎和叶鞘。麦长管蚜及二叉蚜最适气温6～25℃，禾缢管蚜在30℃左右发育最快，无网长管蚜则喜低温条件。麦长管蚜生存最适相对湿度为50%～80%，二叉蚜则喜干旱。麦蚜的天敌有瓢虫、食蚜蝇、草蛉、蚜茧蜂等10余种，天敌数量大时，能有效控制后期麦蚜种群数量增长。

[防治措施]

1. 防治策略 在黄矮病流行区，应以麦二叉蚜为主攻目标，做到早期治蚜控制黄矮病发展；非黄矮病流行区主要是优势种，应重点抓好小麦抽穗灌浆期麦长管蚜和禾缢管蚜的防治。要协调应用各种防治措施，充分发挥自然控制能力，依据科学的防治指标及天敌利用指标，适时进行防治，把小麦损失控制在经济允许水平以下。

2. 综合防治措施

（1）调整作物布局　在西北地区麦二叉蚜和黄矮病发生流行区，应缩减冬麦面积，扩种春播面积，在南方禾缢管蚜发生严重地区，应减少秋玉米的播种面积，切断其中间寄主，减轻发生为害。在华北地区提倡冬麦和油菜、绿肥（苕子）间作，对保护利用麦蚜天敌资源，控制蚜害有较好效果。

（2）保护利用自然天敌　要注意改进施药技术，选用对天敌安全的选择性药剂，减少用药次数和数量，保护天敌免受伤害。当天敌与麦蚜比小于1∶150（蚜虫小于150头）时，可不用药防治。

（3）药剂防治　主要是防治穗期麦蚜。首先是查清虫情，在冬麦拔节，春麦出苗后，每3～5天到麦田，随机取50～100株（麦蚜量大时可减株）调查蚜量和天敌数量，当百株（茎蚜）超过500头，天敌与蚜虫比在1∶150以上时，即需防治。

可用50％抗蚜威可湿性粉剂4 000倍液、10％吡虫啉1 000倍液、50％辛硫磷乳油2 000倍液或菊酯类农药对水喷雾，在穗期防治时应考虑兼治小麦锈病和白粉病及黏虫等，每亩可用粉锈宁6克加抗蚜威6克加灭幼脲2克（三者均指有效成分）混用，对上述病虫综合防效可达85％～90％以上。

小麦吸浆虫

小麦吸浆虫又名麦蛆，分为麦红吸浆虫（*Sitodiplosis mosellana*）、麦黄吸浆虫［*Contarinia tritici*（Kinby）］两种，属昆虫纲双翅目瘿蚊科。麦红吸浆虫是世界性害虫，分布于欧、美、亚洲主产麦国。欧、亚大陆是红、黄吸浆虫混发区，国内分布于陕、甘、宁、青、晋、冀、鲁、豫、皖、苏、沪、浙、闽、赣、鄂、湘、黔、川、辽、黑、吉、内蒙古等区域。红吸浆虫主要分布于黄河、淮河流域及长江、汉江、嘉陵江沿岸的主产麦区。黄吸浆虫一般主要发生在高山地带和某些特殊生态条件地区，如甘、宁、青、黔、川等地的某些区域。

［为害症状］吸浆虫主要为害小麦、大麦、燕麦、青稞、黑麦、

143

硬粒麦等。被吸浆虫为害的小麦，其生长势和穗型大小不受影响，并且，由于麦粒被吸空麦秆表现直立不倒，具有"假旺盛"的长势。受害小麦麦粒有机物被吸食，麦粒变瘦，甚至成空壳，出现"千斤的长势，几百斤甚至几十斤产量"的残局。吸浆虫对小麦产量具有毁灭性，一般可造成10％～30％的减产，严重的达70％以上甚至绝产。近年来，随着小麦产量、品质的不断提高，水肥条件的不断改善和农机免耕作业、跨区作业的发展，吸浆虫发生范围不断扩大，发生程度明显加重，对小麦生产构成严重威胁。

[形态特征] 小麦红吸浆虫橘红色，雌虫体长2～2.5毫米，雄虫体长约2毫米。雌虫产卵管伸出时约为腹长的1/2。卵呈长卵形，末端无附着物，幼虫橘黄色，体表有鳞片状突起。蛹橙红色。小麦黄吸浆虫姜黄色，雌虫体长1.5毫米，雄虫略小。雌虫产卵管伸出时与腹部等长。卵呈香蕉形，末端有细长卵柄附着物，幼虫姜黄色，体表光滑。蛹淡黄色。

[发生规律] 自然状况下两种吸浆虫均一年一代，也有的遇到不适宜的环境多年发生一代，红吸浆虫可在土壤内滞留7年以上，甚至达12年仍可羽化成虫。黄吸浆虫可滞留4～5年。吸浆虫以老熟幼虫在土中结茧越夏、越冬。一般黄河流域3月上、中旬越冬幼虫破茧向地表上升，4月中、下旬在地表大量化蛹，4月下旬至5月上旬成虫羽化飞上麦穗产卵，一般3天后孵化，幼虫从颖壳缝隙钻入麦粒内吸食浆液。吸浆虫化蛹和羽化的迟早虽然依各地气候条件而异，但与小麦生长发育阶段基本相吻合。一般小麦拔节期幼虫开始破茧上升，小麦孕穗期幼虫上升地表化蛹，小麦抽穗期成虫羽化，抽穗盛期也是成虫羽化盛期。吸浆虫具有"富贵性"，小麦产量高、品质好，土壤肥沃，利于吸浆虫发生。如果温湿条件利于化蛹和羽化，往往导致加重发生。

[防治技术] 小麦吸浆虫的防治应贯彻"蛹期和成虫期防治并重，蛹期防治为主"的指导思想。

1. 选用抗虫品种　一般穗型紧密、内外颖缘毛长而密、麦粒皮厚、浆液不易外溢的品种抗虫性好。

2. 农业措施　对重虫区实行轮作，不进行春灌，实行水地旱管，减少虫源化蛹率。

3. 化学防治

（1）蛹期（小麦抽穗期）防治　2％甲基异柳磷粉剂2～3千克，或50％辛硫磷乳油250毫升或80％敌敌畏乳油100毫升对水2千克配成母液，均匀拌细土（细砂土、细炉灰渣均可）25～30千克，均匀撒在地表。撒在麦叶上的毒土要及时用树枝、扫帚等辅助扫落在地表上。要保持良好的土壤墒情，土壤干燥往往防治效果不佳。撒毒土后浇水效果更好。

（2）成虫期（小麦灌浆期）防治　每10网复次幼虫20头左右，或用手扒开麦垄一眼可见2～3头成虫，即可立即防治。可选用50％辛硫磷乳油、40％乐果乳油、菊酯类等高效低毒药剂进行喷雾防治。要禁用高毒农药品种。

麦蜘蛛

麦蜘蛛又名红蜘蛛、火龙、红旱、麦虱子。分为麦长腿蜘蛛（*Petrobia latens*）、麦圆蜘蛛（*Penthaleus major*）两种。麦圆蜘蛛多发生在北纬37°以南各省，如山东、山西、江苏、安徽、河南、四川、陕西等地。麦长腿蜘蛛主要发生于黄河以北至长城以南地区，如河北、山东、山西、内蒙古等地。

［为害症状］麦蜘蛛春秋两季为害麦苗，成、若虫都可为害，被害麦叶出现黄白小点，植株矮小，发育不良，重者干枯死亡。

［形态特征］

1. 麦圆蜘蛛

成虫：雌虫体卵圆形，黑褐色，疏生白色毛，体背有横刻纹8条，体背后部有隆起的肛门。足4对，第一对最长，第四对次之，第二、三对几乎等长。足和肛门周围红色。

卵：椭圆形，初产暗红色，后变淡红色，上有五角形网纹。

幼虫和若虫：初孵幼螨足3对，等长，全身均为红褐色，取食后变为暗绿色。幼虫蜕皮后进入若虫期，足增为4对，体色、体形与成虫大致相似。

2. 麦长腿蜘蛛

成虫：雌虫体葫芦状，黑褐色。体背有不太明显的指纹状斑，背刚毛短，共13对，纺锤形，足4对，红或橙黄色，均细长，第一对足特别发达。

卵：越夏卵（滞育卵）呈圆柱形，橙红色，卵壳表面覆白色蜡质，顶部盖有白色蜡质物，形似草帽状。顶端面并有放射状条纹。非越夏卵呈球形，红色，表面有纵列隆起条纹数十条。

幼虫和若虫：幼虫体圆形，初孵时为鲜红色，取食后变为黑褐色。若虫期足4对，体较长。

[发生规律] 麦长腿蜘蛛一年发生3～4代，以成虫和卵越冬，翌年3月越冬成虫开始活动，卵也陆续孵化，4～5月进入繁殖及为害盛期。5月中下旬成虫大量产卵越夏。10月上中旬越夏卵陆续孵化为害麦苗，完成一世代需24～26天。麦圆蜘蛛一年发生2～3代，以成、若虫和卵在麦株及杂草上越冬。3月中下旬至4月上旬虫量大，为害重，4月下旬虫口消退。越夏卵10月开始孵化为害秋苗。每雌平均可产卵20余粒，完成一代需46～80天。两种麦蜘蛛均以孤雌生殖为主。

麦长腿蜘蛛喜干旱，生存适温为15～20℃，最适相对湿度在50％以下。白天活动为害，以15～16时最盛，遇雨或露水大时，即潜伏在麦丛及土缝中不动，以旱地麦田发生较重。麦圆蜘蛛多在8、9时以前和下午16、17时以后活动。不耐干旱，适宜温度为8～15℃，湿度为80％以上。遇大风多隐藏在麦丛下部。春季成虫将卵产在小麦分蘖丛和土块上，秋季多产在须根及土块上。卵集聚成堆。以水灌麦田低洼湿润或密植麦田发生较重。

[防治方法]

1. 农业防治 主要措施有：深耕、除草、增施肥料、轮作、旱春耙耱，有条件地区提倡旱改水，变旱田两年三熟为稻麦两熟制，或结合灌水，震动麦株，消灭虫体等。

2. 化学防治 在冬小麦返青后，选当地发生较重的麦田进行调查，随机取5点，每点查33厘米，下放白塑料布或盛水的盆，轻拍麦株，记载落下虫数，当平均每33厘米行长幼虫数200头以上，上部叶片20％面积有白色斑点时，应进行药剂防治。

可选用阿维菌素类农药（如虫螨克、齐螨素等）、20％哒螨灵可湿性粉剂1 000～1 500倍液或50％马拉硫磷2 000倍液喷雾。

麦叶蜂

麦叶蜂又名齐头虫、小黏虫、青布袋虫。主要有小麦叶蜂（*Dolerus tritici* Chu）、大麦叶蜂（*Dolerus hordei* Rhower）、黄麦叶蜂（*Pachynematus* sp.）、浙江麦叶蜂（*Dolerus ephippiatus* Smith）4种，均属膜翅目锯蜂科。麦叶蜂主要分布在长江以北麦区。以幼虫为害麦叶，从叶边缘向内咬成缺刻，重者可将叶尖全部吃光。

[形态特征]

1. 小麦叶蜂 成虫：体长8～9.8毫米，雄体略小，黑色微带蓝光，后胸两侧各有一白斑。翅透明膜质。卵肾形扁平淡黄色，表面光滑。幼虫共5龄，老熟幼虫圆筒形，胸部粗，腹部较细，胸腹各节均有横皱纹。蛹：长9.8毫米，雄蛹略小，淡黄到棕黑色。腹部细小，末端分叉。

2. 大麦叶蜂 各虫态基本与小麦叶蜂相似，只成虫中胸黑色，盾板两侧赤褐色。

3. 浙江麦叶蜂 成虫与小麦叶蜂和大麦叶蜂近似，主要区别是：雌虫中胸前盾板及盾板两叶均为赤褐色，雄虫为浅黄褐色，产卵器鞘上缘平直，下缘弯曲，末端较尖。

[发生规律] 麦叶蜂在北方麦区一年发生一代，以蛹在土中20厘米深处越冬，翌年3月气温回升后开始羽化，成虫用锯状产卵器将卵产在叶片主脉旁边的组织中，卵期10天。幼虫有假死性，一至二龄期为害叶片，三龄后怕光，白天伏在麦丛中，傍晚后为害，四龄幼虫食量增大，虫口密度大时，可将麦叶吃光，一般4月中旬进入为害盛期。5月上中旬老熟幼虫入土做茧休眠至9、10月才蜕皮化蛹越冬。麦叶蜂在冬季气温偏高，土壤水分充足，春季气温适宜、土壤湿度大的条件下有利发生，为害重。沙质土壤麦田比黏性

土受害重。

[防治方法]

1. 农业防治 在种麦前进行深耕，可把土中休眠的幼虫翻出，使其不能正常化蛹，以致死亡。有条件地区实行水旱轮作，进行稻麦倒茬，可控制为害。

2. 药剂防治 防治适期应掌握在三龄幼虫前，可用50％辛硫磷乳油1 500倍液或用2.5％溴氰菊酯乳油、或20％氰戊菊酯（杀灭菊酯）乳油4 000～6 000倍液喷雾，每亩用药液60～75升。

3. 人工捕打 利用麦叶蜂幼虫的假死习性，傍晚时进行捕打。

蝼蛄

蝼蛄又称大蝼蛄、拉拉蛄、地拉蛄。我国对农作物为害严重的蝼蛄主要有2种，即华北蝼蛄（*Gryllotalpa unispina* Saussure）和东方蝼蛄（*Gryllotalpa orientalis* Golm），均属直翅目，蝼蛄科。华北蝼蛄分布在北纬32°以北地区，东方蝼蛄主要分布在我国北方各地。

[为害症状] 蝼蛄以成、若虫咬食各种作物种子和幼苗，特别喜食刚发芽的种子，造成严重缺苗断垄；也咬食幼根和嫩茎，扒成乱麻状或丝状，使幼苗生长不良甚至死亡。特别是蝼蛄在土壤表层善爬行，往来乱窜，隧道纵横，造成种子架空，幼苗吊根，导致种子不能发芽，幼苗失水而死。

[形态特征]

1. 华北蝼蛄

成虫：雌体长45～50毫米，最大可达66毫米，头宽9毫米；雄体长39～45毫米，头宽5.5毫米。体黑褐色，密被细毛，腹部近圆筒形。前足腿节下缘呈S形弯曲，后足胫节内上方有刺1～2根（或无刺）。

卵：椭圆形，初产时长1.6～1.8毫米，宽1.3～1.4毫米，以后逐渐膨大，孵化前长2.4～3毫米，宽1.5～1.7毫米。卵色初产黄白色，后变为黄褐色，孵化前呈深灰色。

若虫：初孵化若虫头、胸特别细，腹部很肥大，全身乳白色，复眼淡红色，以后颜色逐渐加深，五至六龄后基本与成虫体色相似。若虫共 13 龄，初龄体长 3.6～4.0 毫米，末龄体长 36～40 毫米。

2. 东方蝼蛄

成虫：雌虫体长 31～35 毫米，雄虫 30～32 毫米，体黄褐色，密被细毛，腹部近纺锤形。前足腿节下缘平直，后足胫节内上方有等距离排列的刺 3～4 根（或 4 个以上）。

卵：椭圆形，初产时长约 2.8 毫米，宽约 1.5 毫米，孵化前长约 4 毫米，宽 2.3 毫米。卵色初产时乳白色，渐变为黄褐色，孵化前为暗紫色。

若虫：初孵若虫头胸特别细，腹部很肥大，全身乳白色，复眼淡红色，腹部红色或棕色，半天以后，头、胸、足逐渐变为灰褐色，腹部淡黄色。二、三龄以后若虫，体色接近成虫。初龄若虫体长约 4 毫米，末龄若虫体长约 25 毫米。

[发生规律] 华北蝼蛄 3 年左右才能完成 1 代。在北方以八龄以上若虫或成虫越冬，翌春 3 月中下旬成虫开始活动，4 月出窝转移，地表出现大量虚土隧道。6 月开始产卵，6 月中、下旬孵化为若虫，进入 10～11 月以八至九龄若虫越冬。该虫完成 1 代共 1 131 天，其中卵期 11～23 天，若虫 12 龄历期 736 天，成虫期 378 天。黄淮海地区 20 厘米土温达 8℃的 3、4 月即开始活动，交配后在土中 15～30 厘米处做土室，雌虫把卵产在土室中，产卵期 1 个月，产 3～9 次，每雌平均卵量 288～368 粒。成虫夜间活动，有趋光性。

东方蝼蛄在北方地区 2 年发生 1 代，在南方 1 年 1 代，以成虫或若虫在地下越冬。清明后上升到地表活动，在洞口可顶起一小虚土堆。5 月上旬至 6 月中旬是蝼蛄最活跃的时期，也是第一次为害高峰期，6 月下旬至 8 月下旬，天气炎热，转入地下活动，6～7 月为产卵盛期。9 月气温下降，再次上升到地表，形成第二次为害高峰，10 月中旬以后，陆续钻入深层土中越冬。蝼蛄昼伏夜出，以夜间 9～11 时活动最盛，特别在气温高、湿度大、闷热的夜晚，大量出土活动。早春或晚秋因气候凉爽，仅在表土层活动，不到地面上，在炎热的中午常潜至深土层。蝼蛄具趋光性，并对香甜物质具有强烈趋性。成、若虫均喜松软潮湿的壤土或沙壤土，20厘米表土层含水量20％以上最适宜，小于15％时活动减弱。当气温在12.5～19.8℃，20厘米土温为15.2～19.9℃时，对蝼蛄最适宜，温度过高或过低时，则潜入深层土中。

[防治措施]农业防治。秋收后深翻土地，压低越冬幼虫基数。物理防治。使用频振杀虫灯进行诱杀。

3. 药剂防治

(1) 土壤处理　50％辛硫磷乳油每亩用200～250克，加水10倍，喷于25～30千克细土拌匀成毒土，顺垄条施，随即浅锄，或以同样用量的毒土撒于种沟或地面，随即耕翻，或混入厩肥中施用，或结合灌水施入；或用5％辛硫磷颗粒剂，每亩用2.5～3千克处理土壤，都能收到良好效果，并兼治金针虫和蛴螬。

(2) 种子处理　用50％辛硫磷乳油100毫升，对水2～3千克，拌玉米种40千克，拌后堆闷2～3小时，对蝼蛄、蛴螬、金针虫的防效均好。

(3) 毒饵防治　按1∶5比例用50％杀螟丹拌炒香的麦麸，加适当水拌成毒饵，于傍晚撒于地面。

蛴螬

蛴螬是鞘翅目金龟甲总科幼虫的统称。我国为害最重的是大黑鳃金龟（*Holotrichia diomphalia* Bates）、暗黑鳃金龟（*Holotrichia parallela* Motschulsky）、铜绿丽金龟（*Anomala corpulenta* Motschulsky）。大黑鳃金龟国内除西藏尚未报道外，各省（自治区）均有分布。暗黑鳃金龟各省（自治区）均有分布，为长江流域及其以北旱作地区的重要地下害虫。铜绿丽金龟国内除西藏、新疆尚未报道外，其他各省（自治区）均有分布，但以气候较湿润且多果树、林木的地区发生较多，是我国黄淮海平原粮棉区的重要地下害虫。

[为害症状]蛴螬类食性很杂，可以为害多种农作物、牧草及

果树和林木的幼苗。蛴螬取食萌发的种子，咬断幼苗的根、茎，轻则缺苗断垄，重则毁种绝收。蛴螬为害幼苗的根、茎，断口整齐平截，易于识别。许多种类的成虫还喜食作物和果树、林木的叶片、嫩芽、花蕾等，造成严重损失。

[形态特征]

1. 大黑鳃金龟

成虫：体长 16～22 毫米，宽 8～11 毫米。黑色或黑褐色，具光泽。触角 10 节，鳃片部 3 节呈黄褐或赤褐色，约为其后 6 节之长度。鞘翅长椭圆形，其长度为前胸背板宽度的 2 倍，每侧有 4 条明显的纵肋。前足胫节外齿 3 个，内方距 1 根；中、后足胫节末端距 2 根。臀节外露，背板向腹下包卷，与腹板相会合于腹面。雄性前臀节腹板中间具明显的三角形凹坑，雌性前臀节腹板中间无三角形凹坑，但具 1 横向的枣红色棱形隆起骨片。

卵：初产时长椭圆形，长约 2.5 毫米，宽约 1.5 毫米，白色略带黄绿色光泽；发育后期圆球形，长约 2.7 毫米，宽约 2.2 毫米，洁白有光泽。

幼虫：三龄幼虫体长 35～45 毫米，头宽 4.9～5.3 毫米。头部前顶刚毛每侧 3 根，其中冠缝侧 2 根，额缝上方近中部 1 根。内唇端感区刺多为 14～16 根，感区刺与感前片之间除具 6 个较大的圆形感觉器外，尚有 6～9 个小圆形感觉器。肛腹板后覆毛区无刺毛列，只有钩状毛散乱排列，多为 70～80 根。

蛹：体长 21～23 毫米，宽 11～12 毫米。化蛹初期为白色，以后变黄褐色至红褐色，复眼的颜色依发育进度由白色依次变为灰色、蓝色、蓝黑色至黑色。

2. 暗黑鳃金龟

成虫：体长 17～22 毫米，宽 9.0～11.5 毫米。长卵形，暗黑色或红褐色，无光泽。前胸背板前缘具有成列的褐色长毛。翅鞘伸长，两侧缘几乎平行，每侧 4 条纵肋不显。腹部臀节背板不向腹面包卷，与肛腹板相会合于腹末。

卵：初产时长约 2.5 毫米，宽约 1.5 毫米，长椭圆形；发育后期呈近圆球形，长约 2.7 毫米，宽约 2.2 毫米。

幼虫：三龄幼虫体长 35～45 毫米，头宽 5.6～6.1 毫米。头部前顶刚毛每侧 1 根，位于冠缝侧。内唇端感区刺多为 12～14 根；感区刺与感前片之间除具有 6 个较大的圆形感觉器外，尚有 9～11 个小圆形感觉器。肛腹板后部覆毛区无刺毛列，只有散乱排列的钩状毛 70～80 根。

蛹：体长 20～25 毫米，宽 10～12 毫米。腹部背面具发音器 2 对，分别位于腹部 4、5 节和 5、6 节交界处的背面中央。尾节三角形，2 尾角呈钝角岔开。

3. 铜绿丽金龟

成虫：体长 19～21 毫米，宽 10～11.3 毫米。背面铜绿色，其中头、前胸背板、小盾片色较浓，翅鞘色较淡，有金属光泽。唇基前缘、前胸背板两侧呈淡黄褐色。翅鞘两侧具不明显的纵肋 4 条，肩部具疣突。臀板三角形，黄褐色，基部有 1 倒正三角形大黑斑，两侧各有 1 小椭圆形黑斑。

卵：初产时椭圆形，长 1.65～1.93 毫米，宽 1.30～1.45 毫米，乳白色；孵化前呈圆球形，长 2.37～2.62 毫米，宽 2.06～2.28 毫米，卵壳表面光滑。

幼虫：三龄幼虫体长 30～33 毫米，头宽 4.9～5.3 毫米。头部前顶刚毛每侧 6～8 根，排成 1 纵列。内唇端感区刺大多 3 根，少数为 4 根；感区刺与感前片之间圆形感觉器 9～11 个，其中 3～5 个较大。肛腹板后部覆毛区刺毛列由长针状刺毛组成，每侧多为 15～18 根，两列刺毛尖端大多彼此相遇或交叉，仅后端稍许岔开些，刺毛列的前端远没有达到钩状刚毛群的前部边缘。

蛹：体长 18～22 毫米，宽 9.6～10.3 毫米。体稍弯曲，腹部背面有 6 对发音器。臀节腹面雄蛹有四裂的疣状突起，雌蛹较平坦、无疣状突起。

[发生规律] 大黑鳃金龟我国仅华南地区 1 年 1 代，以成虫在土中越冬；其他地区均是 2 年 1 代，成、幼虫均可越冬，但在 2 年 1 代区，存在不完全世代现象。在北方越冬成虫于春季 10 厘米土

温上升到 14～15℃时开始出土，10 厘米土温达 17℃以上时成虫盛发。5 月中、下旬日均温 21.7℃时田间始见卵，6 月上旬至 7 月上旬日均温 24.3～27.0℃时为产卵盛期，末期在 9 月下旬。卵期 10～15 天，6 月上、中旬开始孵化，盛期在 6 月下旬至 8 月中旬。孵化幼虫除极少一部分当年化蛹羽化，大部分当秋季 10 厘米土温低于 10℃时，即向深土层移动，低于 5℃时全部进入越冬状态。越冬幼虫翌年春季 10 厘米土温上升到 5℃时开始活动。大黑鳃金龟种群的越冬虫态既有幼虫，又有成虫。以幼虫越冬为主的年份，次年春季麦田和春播作物受害重，而夏秋作物受害轻；以成虫越冬为主的年份，次年春季作物受害轻，夏秋作物受害重。出现隔年严重为害的现象，群众谓之"大小年"。

暗黑鳃金龟在苏、皖、豫、鲁、冀、陕等地均是 1 年 1 代，多数以三龄幼虫筑土室越冬，少数以成虫越冬。以成虫越冬的，成为翌年 5 月出土的虫源。以幼虫越冬的，一般春季不为害，于 4 月初至 5 月初开始化蛹，5 月中旬为化蛹盛期。蛹期 15～20 天，6 月上旬开始羽化，盛期在 6 月中旬，7 月中旬至 8 月上旬为成虫活动高峰期。7 月初田间始见卵，盛期在 7 月中旬，卵期 8～10 天，7 月中旬开始孵化，7 月下旬为孵化盛期。初孵幼虫即可为害，8 月中、下旬为幼虫为害盛期。

铜绿丽金龟 1 年 1 代，以幼虫越冬。越冬幼虫春季 10 厘米土温高于 6℃时开始活动，3～5 月有短时间为害。在安徽、江苏等地越冬幼虫于 5 月中旬至 6 月下旬化蛹，5 月底为化蛹盛期。成虫出现始期为 5 月下旬，6 月中旬进入活动盛期。产卵盛期在 6 月下旬至 7 月上旬。7 月中旬为卵孵化盛期，孵化幼虫为害至 10 月中旬。当 10 厘米土温低于 10℃时，开始下潜越冬。越冬深度大多 20～50 厘米。室内饲养观察表明，铜绿丽金龟的卵期、幼虫期、蛹期和成虫期分别为 7～13 天、313～333 天、7～11 天和 25～30 天。在东北地区，春季幼虫为害期略迟，盛期在 5 月下旬至 6 月初。

[防治措施]

1. 农业防治　大面积秋、春耕，并随犁拾虫，腐熟厩肥，以降低虫口数量。在蛴螬发生严重地块，合理灌溉，促使蛴螬向土层深处转移，避开幼苗最易受害时期。

2. 物理防治　　使用频振式杀虫灯防治成虫效果极佳。佳多频振式杀虫灯单灯控制面积30～50亩，连片规模设置效果更好。灯悬挂高度，前期1.5～2.0米，中后期应略高于作物顶部。一般6月中旬开始开灯，8月底撤灯，每日开灯时间为晚9时至次日凌晨4时。

3. 化学防治

（1）土壤处理：可用50％辛硫磷乳油每亩200～250克，加水10倍，喷于25～30千克细土中拌匀成毒土，顺垄条施，随即浅锄；或以同样用量的毒土撒于种沟或地面，随即耕翻，或混入厩肥中施用，或结合灌水施入；或用5％辛硫磷颗粒剂，每亩2.5～3千克处理土壤，都能收到良好效果，并兼治金针虫和蝼蛄。

（2）种子处理：拌种用的药剂主要有50％辛硫磷，其用量一般为药剂∶水∶种子＝1∶30～40∶400～500，也可用25％辛硫磷胶囊剂，或用种子重量2％的35％克百威种衣剂拌种，亦能兼治金针虫和蝼蛄等地下害虫。

（3）沟施毒谷：每亩用辛硫磷胶囊剂150～200克拌谷子等饵料5千克左右，或50％辛硫磷乳油50～100克拌饵料3～4千克，撒于种沟中，兼治蝼蛄、金针虫等地下害虫。

金针虫

金针虫是鞘翅目，叩头甲科的幼虫，又称叩头虫、沟叩头甲、土蚰蜒、芨芨虫、钢丝虫。我国为害农作物最重要的是沟金针虫（*Pleonomus canaliculatus* Faldermann）、细胸金针虫（*Agriotes fuscicollis* Miwa）和褐纹金针虫（*Melanotus caudex* Lewis）。沟金针虫分布在我国的北方。细胸金针虫主要分布在黑龙江、内蒙古、新疆，南至福建、湖南、贵州、广西、云南。褐纹金针虫主要分布华北及河南、东北、西北等地。

［为害症状］3种金针虫的寄主有各种作物。幼虫在土中取食播种下的种子、萌出的幼芽和作物幼苗的根部，致使作物枯萎致

死，造成缺苗断垄，甚至全田毁种。有的钻蛀块茎或种子，蛀成孔洞，致受害株干枯死亡。

[形态特征]

1. 沟金针虫 老熟幼虫体长 20～30 毫米，细长筒形略扁，体壁坚硬而光滑，具黄色细毛，尤以两侧较密。体黄色，前头和口器暗褐色，头扁平，上唇呈三叉状突起，胸、腹部背面中央有一条细纵沟。尾端分叉，并稍向上弯曲，各叉内侧有 1 小齿。各体节宽大于长，从头部至第 9 腹节渐宽。

2. 细胸金针虫 末龄幼虫体长约 32 毫米，宽约 1.5 毫米，细长圆筒形，淡黄色，光亮。头部扁平，口器深褐色。第一胸节较第2、3 节稍短。1～8 腹节略等长，尾节圆锥形，近基部两侧各有 1个褐色圆斑和 4 条褐色纵纹，顶端具 1 个圆形突起。

3. 褐纹金针虫 末龄幼虫体长 25 毫米，宽 1.7 毫米，体圆筒形细长，棕褐色具光泽。第一胸节、第九腹节红褐色。头梯形扁平，上生纵沟并具小刻点，体背具微细刻点和细沟，第一胸节长，第二胸节至第八腹节各节的前缘两侧，均具深褐色新月形斑纹。尾节扁平且尖，尾节前缘具半月形斑 2 个，前部具纵纹 4 条，后半部具皱纹且密生粗大刻点。幼虫共 7 龄。

[发生规律] 沟金针虫 2～3 年 1 代，以幼虫和成虫在土中越冬。在北京，3 月中旬 10 厘米土温平均为 6.7℃时，幼虫开始活动；3 月下旬土温达 9.2℃时，开始为害，4 月上、中旬土温为15.1～16.6℃时为害最烈。5 月上旬土温为 19.1～23.3℃时，幼虫则渐趋 13～17 厘米深土层栖息；6 月 10 厘米土温达 28℃以上时，沟金针虫下潜至深土层越夏。9 月下旬至 10 月上旬，土温下降到18℃左右时，幼虫又上升到表土层活动。10 月下旬随土温下降幼虫开始下潜，至 11 月下旬 10 厘米土温平均 1.5℃时，沟金针虫在潜于 27～33 厘米深的土层越冬。雌成虫无飞翔能力，雄成虫善飞，有趋光性。白天潜伏于表土内，夜间出土交配产卵。由于沟金针虫雌成虫活动能力弱，一般多在原地交尾产卵，故扩散为害受到限制，因此，在虫口高的田内一次防治后，在短期内种群密度不易

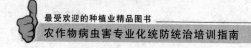

回升。

细胸金针虫在陕西两年发生1代。西北农业大学报道，在室内饲养发现细胸金针虫有世代多态现象。冬季以成虫和幼虫在土下20～40厘米深处越冬，翌年3月上、中旬，10厘米土温平均7.6～11.6℃、气温5.3℃时，成虫开始出土活动，4月中、下旬土温15.6℃、气温13℃左右，为活动盛期，6月中旬为末期。成虫寿命199.5～353天，但出土活动时间只75天左右。成虫白天潜伏土块下或作物根茬中，傍晚活动。成虫出土后1～2小时内，为交配盛期，可多次交配。产卵前期约40天，卵散产于表土层内。每雌产卵5～70粒。产卵期39～47天，卵期19～36天，幼虫期405～487天。幼虫老熟后在20～30厘米深处做土室化蛹，预蛹期4～11天，蛹期8～22天，6月下旬开始化蛹，直至9月下旬。成虫羽化后即在土室内蛰伏越冬。

褐纹金针虫在陕西3年发生1代，以成虫、幼虫在20～40厘米土层里越冬。翌年5月上旬旬均土温17℃，气温16.7℃越冬成虫开始出土，成虫活动适温20～27℃，下午活动最盛，把卵产在麦根10厘米处。成虫寿命250～300天，5～6月进入产卵盛期，卵期16天。第二年以五至七龄幼虫越冬，第三年七龄幼虫在7、8月于20～30厘米深处化蛹，蛹期17天左右，成虫羽化后在土中即行越冬。

[防治措施] 参见蛴螬农业防治和化学防治技术。

第四节　防治小麦病虫害常用农药及其使用技术

吡虫啉

[曾用名] 咪蚜胺、灭虫精、大功臣、一遍净、蚜虱净、康复多。

[作用特点] 吡虫啉为硝基亚甲基类内吸性杀虫剂，主要用于防治刺吸式口器害虫。对害虫具胃毒作用，是烟酸乙酰胆碱酯酶受

体的作用体。其作用机理是干扰害虫运动神经系统，使化学信号传递失灵。害虫接触药剂后，中枢神经正常传导受阻，使其麻痹死亡。速效性好，药后 1 天即有较高的防效，残效期长达 25 天左右。药效和温度呈正相关，温度高杀虫效果好。

[**毒性**] 对高等动物毒性中等。原药大鼠急性经口 LD_{50} 为 450 毫克/千克，小鼠急性经口 LD_{50} 为 147 毫克/千克（雄）、126 毫克/千克（雌）。大鼠急性经皮 LD_{50} 大于 5 000 毫克/千克，急性吸入（4 小时）大于 5 223 毫克/千克（粉剂）。原药对家兔眼睛有轻微刺激性，对皮肤无刺激性。人每日允许摄入量为 0.057 毫克/千克。对鱼低毒，叶面喷洒时对蜜蜂有危害，种子处理对蜜蜂安全，对鸟类有毒。在土壤中不移动，不会淋渗到深层土中。天敌风险评估试验表明，其对水稻上的捕食性天敌黑肩绿盲蝽安全，对寄生性天敌稻螟赤眼蜂、稻虱缨小蜂安全性较差。

[**防治对象**] 用于防治刺吸式口器害虫，对鞘翅目、双翅目和鳞翅目部分害虫也有效。主要用于防治稻、麦、棉花、蔬菜、果树等作物害虫。如蚜虫、叶蝉、飞虱、稻蓟马、粉虱等。可替代高毒农药用于防治水稻白背飞虱、蔬菜烟粉虱及蔬菜、大豆、小麦、棉花、苹果、桃树等作物上的蚜虫。

[**使用方法**] 防治小麦麦蚜，每亩用有效成分 1～1.5 克（例如，10%吡虫啉可湿性粉剂 10～15 克），在小麦蚜虫始盛发生期喷雾使用。

[**注意事项**]

①不可与强碱性物质混用，以免分解失效。

②对家蚕有毒，养蚕季节严防污染桑叶。

③水稻褐飞虱对吡虫啉已产生高水平抗药性，不宜用吡虫啉防治褐飞虱。

④在温度较低时，防治小麦蚜虫效果会受一定影响。

⑤部分地区烟粉虱对吡虫啉有抗药性，此类地区不宜再用于防治烟粉虱。

[**主要生产企业**] 江苏克胜集团股份有限公司、江苏红太阳集

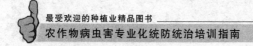
团股份有限公司、安徽华星化工股份有限公司、德国拜耳作物科学公司。

啶虫脒

[曾用名] 莫比朗、吡虫氰、乙虫脒。

[作用特点] 啶虫脒是在硝基亚甲基（吡虫啉）类基础上合成的烟酰亚胺类杀虫剂。具有超强触杀、胃毒、强渗透作用，还有内吸性强、用量少、速效性好、持效期长等特点。其作用机理是干扰昆虫内神经传导作用，通过与乙酰胆碱受体结合，抑制乙酰胆碱受体的活性。对天敌杀伤力小，对鱼毒性较低，对蜜蜂影响小，对人、畜、植物安全。

[毒性] 对高等动物毒性中等。大鼠急性经口 LD_{50} 为 217 毫克/千克（雄），146 毫克/千克（雌）；小鼠急性经口 LD_{50} 为 198 毫克/千克（雄），184 毫克/千克（雌）。大鼠急性经皮 LD_{50} 大于 2 000 毫克/千克（雄、雌）。对皮肤和眼睛无刺激性，动物试验无致突变作用。人每日允许摄入量为 0.017 毫克/千克。对鱼类低毒，对天敌较安全，天敌风险评估试验结果表明，其对水稻上捕食性天敌黑肩绿盲蝽的毒性高于吡虫啉，对寄生性天敌稻螟赤眼蜂的安全性优于吡虫啉，但都优于甲胺磷。

[防治对象] 可用于蔬菜、林果、茶叶、棉花、水稻等作物上防治蚜虫、飞虱、叶蝉、食心虫等。对黄瓜、苹果、柑橘等作物上的蚜虫有较好的防治效果。用颗粒剂做土壤处理，可防治地下害虫。可替代高毒农药用于防治茶假眼小绿叶蝉、柑橘潜叶蛾及蔬菜、大豆、小麦、棉花、苹果等作物上的蚜虫。

[使用方法] 防治小麦蚜虫，每亩用有效成分 0.6～0.9 克（例如，3％啶虫脒乳油 20～30 毫升），在小麦穗期蚜虫初发生期喷雾施药。

[注意事项]

①避免与强碱性农药（波尔多液、石硫合剂）混用，以免分解失效。

②避免污染桑蚕和鱼塘区，药剂对桑蚕有毒，养蚕季节严防污

染桑叶。

③不可随意加大使用浓度，当虫量大时，宜与速效性的菊酯类药剂混用。

④啶虫脒与吡虫啉有交换抗性，对吡虫啉产生抗药性的害虫不宜使用啶虫脒。

[主要生产企业]山东省青岛瀚生生物科技股份有限公司、江苏克胜集团股份有限公司、河北威远生化股份有限公司、安徽华星化工股份有限公司、日本曹达株式会社。

抗蚜威

[曾用名]辟蚜雾、PP062。

[作用特点]抗蚜威是氨基甲酸酯类高效、选择性杀蚜虫剂，具有触杀、熏蒸和叶面渗透作用，渗透性强，杀虫迅速，残效期短。能有效防治除棉蚜以外的所有蚜虫，击倒力强，施药后蚜虫数分钟即可中毒死亡，对有机磷产生抗性的蚜虫亦有较好的防效。对作物安全，对捕食蚜虫或寄生在蚜虫体内的天敌，如瓢虫、食蚜虻、草蛉、步行甲、蚜茧蜂等基本无伤害。

[毒性]对高等动物毒性中等。大鼠急性经口 LD_{50} 68～147 毫克/千克；小鼠为 107 毫克/千克。大鼠急性经皮 LD_{50} 大于 500 毫克/千克。无慢性毒性，2 年慢性毒性试验表明，大鼠无作用剂量为每天 12.5 毫克/千克，狗为 1.8 毫克/千克。在试验剂量范围内，对动物无致畸、致癌、致突变作用。在三代繁殖和神经毒性试验中未见异常情况。对眼睛和皮肤无刺激作用。对鱼类低毒，多种鱼类 LC_{50} 为 32～36 毫克/升。对蜜蜂和鸟类低毒。对蚜虫天敌安全。

[防治对象]用于防治粮食、果树、蔬菜、花卉上的蚜虫，如防治甘蓝、白菜、豆类、烟草、麻苗上的蚜虫。替代高毒农药可用于防治大豆蚜虫、小麦蚜虫、桃树蚜虫等。

[使用方法]防治小麦蚜虫：使用剂量为有效成分 5.0～7.5 克/亩，在小麦苗蚜或穗蚜始盛期喷雾施药。

[注意事项]

①见光易分解，应避光保存。本品应用金属容器盛装。其药液

不宜在阳光下直晒，应现配现用。

②该药剂可与多种杀虫剂、杀菌剂混用。

③在20℃以上时才有熏蒸作用，15℃以下时只有触杀作用，15～20℃之间，熏蒸作用随温度上升而增加。因此，在低温时喷雾要均匀，否则影响防治效果。

④对棉蚜基本无效，不宜使用。

⑤同一作物一季内最多施药3次，间隔期为10天；水果采收前7～10天停用。

⑥中毒后可用阿托品0.5～2毫克口服或肌肉注射，重者加用肾上腺素。禁用解磷定、氯磷定、双复磷、吗啡。

[主要生产企业]江苏省无锡瑞泽农药有限公司、山东邹平农药有限公司、江苏龙灯化学有限公司、江苏省江阴凯江农化有限公司等。

氯氟氰菊酯

[曾用名]功夫、三氟氯氰菊酯、功夫菊酯、空手道。

[作用特点]具触杀和胃毒作用，无内吸性，作用机理主要是引起昆虫神经钠离子通道不能正常关闭而导致昆虫不断兴奋而死亡。杀虫谱广，活性较高，药效迅速，喷洒后耐雨水冲刷，但长期使用易对其产生抗性，对刺吸式口器的害虫及害螨有一定防效，但对螨的使用剂量要比常规用量增加1～2倍。适用于花生、大豆、棉花、果树、蔬菜等作物。

[毒性]对高等动物毒性中等。大鼠急性经口 LD_{50} 为56～79毫克/千克，经皮 LD_{50} 为632～696毫克/千克。对兔皮肤无刺激作用，对眼睛有轻度刺激作用，对人的皮肤刺激作用较强。对大鼠无作用剂量为1.7～1.9毫克/千克。对鱼类高毒，虹鳟鱼 LC_{50}（96小时）0.25～0.54毫克/升。对蜜蜂和家蚕剧毒。对鸟类低毒，野鸭急性经口 LD_{50} 大于5 000毫克/千克。人的每日最大允许摄入量（ADI）为0.02毫克/千克。土中半衰期为4～12周，很少淋渗。

[防治对象]对害虫和螨类有强烈的触杀和胃毒作用，也有驱避作用。对鳞翅目、鞘翅目、半翅目、缨翅目、膜翅目、直翅目、双

翅目、蜚蠊目等多种害虫有效，对叶螨、锈螨、瘿螨、跗线螨也有较好的防治效果，田间虫螨并发时可以兼治。用于棉花、蔬菜、旱粮作物、油料作物、果树、茶树等作物，防治各种蚜虫、棉铃虫、红铃虫、玉米螟、造桥虫、卷叶蛾、菜青虫、小菜蛾、菜螟、黏虫、大豆食心虫、豆荚螟、豆野螟、大豆苗期叶甲和跳甲类、甘蓝夜蛾、苹果金纹细蛾、苹果蠹蛾、梨小食心虫、桃小食心虫、卷叶蛾、潜叶蛾、潜叶甲、茶毛虫、尺蠖、茶细蛾、小绿叶蝉等害虫，对柑橘全爪螨、苹果全爪螨、山楂叶螨和茶橙瘿螨、叶瘿螨等也有良好的防效。对钻蛀性害虫应在幼虫蛀入植物前施药，持效期一般7～10天。对蚊、蝇、蟑螂等卫生害虫也有效。可替代高毒农药防治小麦蚜虫、柑橘蚜虫、棉铃虫。

[使用方法] 防治小麦蚜虫：推荐使用剂量为有效成分0.5～0.6克/亩（例如，2.5％高效氯氟氰菊酯乳油20～24毫升/亩）。使用技术要点为：在小麦苗蚜始盛期喷雾施药。

[注意事项]

①不可与碱性物质混用，也不可做土壤处理使用。

②对鱼虾、蜜蜂、家蚕高毒，在使用时防止污染鱼塘、河流、蜂场、桑园。

③可导致水稻田褐飞虱再猖獗，禁止在水田使用。

④在卷叶蛾或蛀果蛾、潜叶蛾侵入果实或蚕食叶子前喷药最为适宜。

⑤无内吸传导和气化作用，而是通过接触和摄食而发挥作用，要求将药液均匀喷于叶背或下部叶子。

⑥中毒后无特殊解毒剂，可对症治疗。大量吞服时可洗胃，不能催吐。

[主要生产企业] 上海悦联化工有限公司、广东省江门农药厂、江苏扬农化工股份有限公司、广东省中山市凯达精细化工股份有限公司石岐农药厂、浙江省杭州宇龙化工有限公司、山东嘉禾化工有限公司、绩溪农华生物科技有限公司、四川省成都华西农药厂、江苏省农药研究所南京农药厂、广西田园生化股份有限公司等。

辛硫磷

[曾用名] 倍腈松、倍氰松、肟硫磷、肟腈磷、肟磷、腈肟磷。

[作用特点] 是广谱、高效、强击倒力有机磷杀虫剂，乙酰胆碱酯酶抑制剂。对害虫有较强的触杀和胃毒作用，有一定的杀卵作用，无内吸作用。对菜青虫等鳞翅目幼虫有很好的防效。该药对光不稳定，见光很易分解，所以田间叶面喷雾持效期很短，仅 2～3 天。因此，特别适用于对近期采收的食用作物上的各种鳞翅目幼虫的防治。如施入土中，其持效期很长，可达 1～2 个月，故特别适合于防治蛴螬、金针虫等地下害虫。

[毒性] 对高等动物低毒。大鼠急性经口 LD_{50} 1 976 毫克/千克（雌），2 170 毫克/千克（雄）；急性经皮 LD_{50} 1 000 毫克/千克。狗急性经口 LD_{50} 250 毫克/千克；猫急性经口 LD_{50} 500 毫克/千克（雌）。兔急性经口 250～375 毫克/千克。对鱼类毒性大，鲤鱼 TLm（50 小时）0.1～1 毫克/升，金鱼为 1～10 毫克/升。对蜜蜂有毒，对七星瓢虫的卵、幼虫、成虫均有杀伤作用。

[防治对象] 可防治小麦、水稻、棉花、玉米、果树、蔬菜、桑、茶等作物的害虫。对鳞翅目幼虫有特效，可用于防治地下害虫、食叶害虫、仓储害虫、卫生害虫及动物体内外寄生虫。替代高毒农药用于防治韭菜根蛆和小麦地下害虫。

[使用方法] 小麦地下害虫：使用 3% 颗粒剂，剂量为有效成分 120 克/亩，掺些细土撒于小麦播种时随播种沟撒施。

[注意事项]

①黄瓜、菜豆对辛硫磷敏感，50% 乳油 500～1 000 倍液喷雾有药害，甜菜对辛硫磷亦较敏感，如拌、闷种时，应适当降低剂量和缩短闷种时间，以免产生药害。高粱对辛硫磷也较敏感，不宜使用。玉米田只可用颗粒剂防治玉米螟，不宜喷雾防治蚜虫、黏虫等。

②药液要随配随用，不能与碱性农药混用。

③在光照下易分解，应在阴凉避光处贮存。在田间喷雾时最好在傍晚进行。拌闷过的种子也要避光晾干，在暗处存放。

④安全间隔期，作物收获前 5 天停止使用。

⑤遇明火、高热可燃。受高热分解，放出高毒的烟气，燃烧（分解）产物为一氧化碳、二氧化碳、氮氧化物、氰化氢、氧化硫、氧化磷。

[主要生产企业] 江苏连云港立本农药化工有限公司、山东鲁南胜邦农药有限公司、山东曹达化工有限公司、广东省惠州市中迅化工有限公司、天津市施普乐农药技术发展有限公司、深圳诺普信农化股份有限公司、天津农药股份有限公司、上海中西药业股份有限公司、江苏省南京红太阳股份有限公司、江苏宝灵化工股份有限公司、河北省农药化工有限公司等。

毒死蜱

[曾用名] 氯吡硫磷、乐斯本、好劳力、同一顺、新农宝。

[作用特点] 毒死蜱是一种高效、广谱有机磷杀虫、杀螨剂，具有良好的触杀、胃毒和熏蒸作用，无内吸性。击倒力强，有一定渗透作用，药效期较长。在叶片上残留期不长，但在土壤中残留期较长，因此对地下害虫防治效果较好。其杀虫机理为抑制乙酰胆碱酯酶。

[毒性] 对高等动物毒性中等，在动物体内代谢较快。大鼠急性经口 LD_{50} 163 毫克/千克（雄），135 毫克/千克（雌）；急性经皮 LD_{50} 大于 2 000 毫克/千克；对眼睛、皮肤有刺激性，长时间多次接触会产生灼伤。在试验剂量下未见致畸、致突变、致癌作用。对虾和鱼高毒，对蜜蜂有较高的毒性。

[防治对象] 可用于防治稻、麦、棉、蔬菜、果树、茶树等作物害虫。在土壤中残留期较长，对地下害虫的防治效果较好。可替代高毒农药用于防治稻纵卷叶螟、三化螟、棉盲椿象、柑橘潜叶蛾、苹果桃小食心虫、苹果蚜虫、甜菜夜蛾、韭蛆、小麦吸浆虫等。阿维菌素与毒死蜱混用可用于防治水稻二化螟；虫酰肼与毒死蜱混用可用于防治蔬菜甜菜夜蛾。

[使用方法] 防治小麦吸浆虫，每亩用有效成分 80～100 克（例如，40%毒死蜱乳油 200～250 毫升）拌毒土 20 千克，在小麦

163

吸浆虫化蛹出土前撒施在麦田中。

[注意事项]

①避免与碱性农药混用。施药时做好防护工作；施药后用肥皂清洗。

②为保护蜜蜂，应避免作物开花期使用。

③避免药液流入鱼塘、湖、河流；清洗喷药器械或弃置废料勿污染水源，特别是养虾塘附近不要使用。

④瓜苗应在瓜蔓1米长以后使用。对烟草有药害。

⑤各种作物收获前停止用药的安全间隔期，棉花为21天，水稻7天，小麦10天，甘蔗7天，啤酒花21天，大豆14天，花生21天，玉米10天，叶菜类7天。

[主要生产企业]山东华阳科技股份有限公司、江苏省南京红太阳股份有限公司、浙江新农化工股份有限公司、美国陶氏益农公司。

二嗪磷

[曾用名]地亚农、二嗪农、大亚仙农。

[作用特点]二嗪磷为广谱性有机磷杀虫剂。对害虫具有触杀、胃毒、熏蒸和一定的内吸作用，并有一定杀螨及杀线虫活性，残效期较长。其杀虫机理为抑制乙酰胆碱酯酶。

[毒性]对高等动物毒性中等。大鼠急性经口 LD_{50} 285毫克/千克，急性经皮 LD_{50} 455毫克/千克；小鼠急性吸入 LC_{50} 630毫克/米^3。对鱼毒性中等，对蜜蜂高毒，对鸡、鸭、鹅等家禽高毒。在试验剂量卜对动物无致突变、致癌作用。可通过人体皮肤被吸收，对皮肤和眼睛有轻微刺激作用。

[防治对象]用乳油对水喷雾可防治水稻、棉花、果树、蔬菜、甘蔗、玉米、烟草、马铃薯等作物害虫，对虫卵、螨卵也有一定的杀伤效果。用颗粒剂拌种或撒施，可防治小麦、玉米、高粱、花生等作物的地下害虫。可替代高毒农药用于防治小麦吸浆虫和韭蛆。

[使用方法]防治小麦吸浆虫，每亩用有效成分100克（例如，5%颗粒剂2 000克），拌毒土20千克，在吸浆虫羽化出土时，在

麦田中均匀撒施。

［注意事项］

①不可与碱性物质混用。不可与含铜杀菌剂和敌稗混合，在使用敌稗前后两周内也不得使用本剂。也不能用铜合金罐、塑料瓶盛装，贮存时应放置在阴凉干燥处。

②对蜜蜂高毒，避免作物开花期施药。

③对鸭、鹅毒性大，施药农田不可放鸭。

④本品在水田土壤中半衰期 21 天。一般使用下无药害，但一些品种的苹果和莴苣较敏感。安全间隔期为 10 天。

⑤如果是喷洒农药而引起中毒时，应立即使中毒者呕吐，口服 $1\% \sim 2\%$ 苏打水或用清水洗胃；进入眼内时，用大量清水冲洗，滴入磺乙酰钠眼药。中毒者呼吸困难时应输氧，解毒药品有硫酸阿托品、解磷定等。

［主要生产企业］浙江禾本农药化学有限公司、江苏省南通江山农药化工股份有限公司、江苏宝灵化工股份有限公司、广西安泰化工有限责任公司、日本化药株式会社。

硫丹

［曾用名］赛丹、硕丹、安杀丹、安都杀芬。

［作用特点］硫丹为有机氯类虫剂，对害虫有触杀和胃毒作用，残效期长，杀虫谱广，无内吸性。气温高于 20℃时，也可通过蒸气起杀虫作用。硫丹能渗透进入植物组织，但不能在植株体内传输，对作物安全；在昆虫体内能抑制单氨基氧化酶和提高肌酸激酶的活性。有很强的选择性，易分解，对天敌和许多有益生物无毒。

［毒性］对高等动物高毒。大鼠急性经口 LD_{50} 为 $40 \sim 50$ 毫克/千克，急性吸入（4 小时）LC_{50} 为 $12.6 \sim 34.5$ 毫克/升。对皮肤有轻度刺激。无慢性毒性，无致癌、致畸、致突变作用。人每日允许摄入量为 0.006 毫克/千克。对水生生物高毒，金雅罗鱼 LC_{50}（96 小时）0.002 毫克/升。对蜜蜂有毒，剂量在 560 克/公顷时对蜂无毒。对天敌安全，野鸭急性经口 LD_{50} 为 $205 \sim 245$ 毫克/千克，环颈野鸭 LD_{50} 为 $620 \sim 1\ 000$ 毫克/千克。土中半衰期 $5 \sim 8$ 个月，无

渗漏。

[**防治对象**] 主要用于防治棉花、果树、蔬菜、烟草等作物上咀嚼式和刺吸式口器害虫。对螨类也有一定防治效果。可替代高毒农药用于防治小麦吸浆虫。

[**使用方法**] 防治小麦吸浆虫：推荐使用剂量为有效成分70~87.5克/亩（35%硫丹乳油200~250毫升/亩）。使用技术要点为：在吸浆虫羽化出土时，每亩地用药剂拌毒土20千克，在麦田中均匀撒施。

[**注意事项**]

①对鱼高毒，防止药水流入鱼池、河塘。

②为有机氯高毒杀虫剂，在我国登记主要用于防治棉铃虫，其他非登记作物上慎用。

③无特殊解毒剂，如经口摄入要催吐；尽可能保持病人安静，控制病人激动。清醒时，可给予常用剂量的巴比妥与其他镇静剂；注意维持呼吸，如有衰竭使用人工呼吸；禁忌用肾上腺素或阿托品。

[**主要生产企业**] 江苏安邦电化有限公司、江苏快达农化股份有限公司。

丁硫克百威

[**曾用名**] 好年冬、稻拌威、好安威、拌得乐、安棉特。

[**作用特点**] 丁硫克百威是克百威的低毒化衍生物，为内吸性、广谱杀虫杀螨剂，对害虫具胃毒作用，是剧毒农药克百威较理想的替代品种之一，在昆虫体内代谢为有毒的克百威起杀虫作用，其杀虫机制是干扰昆虫神经系统，抑制胆碱酯酶，使昆虫的肌肉及腺体持续兴奋，从而导致昆虫死亡。对蚜虫、柑橘锈壁虱等有很高的杀灭效果，见效快、持效期长，施药后20分钟即发挥作用，同时还是一种植物生长调节剂，具有促进作物生长，提前成熟，促进幼芽生长等作用。

[**毒性**] 对高等动物毒性中等。对人的ADI为0.01毫克/千克。大白鼠急性经口LD_{50}为185毫克/千克（雌），250毫克/千克

（雄）。大鼠吸入致死最低浓度 535 毫克/米^3，大鼠急性吸入 LC$_{50}$（1 小时）为 1 350 毫克/米^3（雄），0.61 毫克/米^3（雌）。大鼠急性经皮 LD$_{50}$ 为 350～400 毫克/千克，兔急性经皮 LD$_{50}$ 大于 2 000 毫克/千克。小鼠腹腔注射致死最低量为 16 毫克/千克，大鼠口服 100 毫克/千克 20 个月，无中毒现象。对鸟高毒，急性经口 LD$_{50}$：鸽为 13 毫克/千克，鸭为 13 毫克/千克，雉为 26 毫克/千克，野鸭为 8.1 毫克/千克，鹌鹑为 23 毫克/千克；鸟急性经皮 LD$_{50}$ 为 100 毫克/千克。对鱼类高毒，LC$_{50}$（96 小时）：蓝鳃 0.015 毫克/升，鳟 0.042 毫克/升，鲤鱼（48 小时）0.55 毫克/千克。对蜂的毒性是氨基酸酯中最大的一种。丁硫克百威在土壤中能迅速降解，半衰期 2～3 天。

［防治对象］可防治水稻稻飞虱，节瓜蓟马，苹果树、甘蓝、棉花上的蚜虫以及柑橘树锈壁虱、潜叶蛾、蚜虫。替代高毒农药可用于防治棉花蚜虫、小麦蚜虫等。

［使用方法］防治小麦蚜虫：有效成分 6～8 克/亩（例如，20％乳油30～40毫升/亩），在田间蚜虫始盛期（百株蚜量 500 头左右）喷雾施药。

［注意事项］

①本品为中等毒农药，在使用、运输、贮藏中应遵守操作规程，操作时必须戴好手套，穿好操作服等。贮运时，严防潮湿和日晒，不得与食物、种子、饲料混放。存放于阴凉干燥处，应避光、防水、避火源。

②不能与酸性或强碱性物质混用，但可与中性物质混用。可与多种杀虫剂（如吡虫啉）、杀菌剂混配，以提高杀虫效果和扩大应用范围。在稻田施用时，不能与敌稗、灭草灵等除草剂同时使用，施用敌稗应在施用呋喃丹前 3～4 天进行，或在施用呋喃丹后 1 个月进行，以防产生药害。

③喷洒时力求均匀周到，尤其是主靶标。同时，防止从口鼻等吸入，操作完后必须洗手、更衣。因操作不当引起中毒事故，应送医院急救，可用阿托品解毒。

④对水稻三化螟和稻纵卷叶螟防治效果不好,不宜使用。在蔬菜收获前 25 天严禁使用。

⑤对鱼类高毒,养鱼稻田不可使用,防止施药田水流入鱼塘。

⑥温度较低时,对防治小麦蚜虫效果有影响。

[主要生产企业] 湖南海利化工股份有限公司、山东省青岛瀚生生物科技股份有限公司、江苏省苏州富美实植物保护剂有限公司、浙江天一农化有限公司、河北省石家庄市伊诺生化有限公司、美国富美实公司等。

高效氯氰菊酯

[曾用名] 高效灭百可。

[作用特点] 属于高效、广谱的拟除虫菊酯类杀虫剂,对某些害虫还有杀卵作用。具有触杀和胃毒作用,无内吸和熏蒸作用。杀虫谱广、药效迅速,对光、热稳定。用此药防治对有机磷产生抗性的害虫效果良好,但对螨类和盲椿象防治效果差。该药残效期长,正确使用时对作物安全。

[毒性] 氯氰菊酯为中等毒性杀虫剂,原药大鼠急性经口 LD_{50} 为 251 毫克/千克,大鼠经皮 $LD_{50} > 1\,600$ 毫克/千克,对皮肤无刺激,对眼睛有轻度刺激。对鱼和水生生物高毒,对蜜蜂和蚕剧毒。对鸟类低毒。在试验剂量下未见对大鼠等动物慢性蓄积及致畸、致突变、致癌作用。

[防治对象] 该药对鳞翅目幼虫效果好,对同翅目、半翅目、双翅目等害虫也有较好防效,但对螨类无效,适用于棉花、果树、烟草、蔬菜、茶树、大豆、甜菜等作物。还可用于防治牲畜体外寄生虫以及居室内蜚蠊、蚊蝇等。可替代高毒农药用于防治小麦蚜虫、小麦吸浆虫等。

[使用方法] 防治小麦蚜虫:用有效成分 0.45～0.675 克/亩(例如,4.5%乳油 10～15 毫升)在田间蚜虫始盛期(百株蚜量 500 头左右)施药。

[注意事项]

①菊酯类药剂为负温度系数农药,低温下防治效果较好,高温

效果降低。适合于防治小麦苗期蚜虫。

②该药对蜜蜂、蚕和部分鱼类高毒，使用时应避开上述生物的养殖区。

③不宜与碱性药剂如波尔多液等混用。

④用药量及施药次数不要随意增加，注意与非菊酯类农药交替使用；使用时应遵守通常的农药使用防护规则，做好个人防护。

[主要生产企业] 江苏省南京红太阳股份有限公司、天津龙灯化工有限公司、江苏苏化集团有限公司、山东大成农药股份有限公司、江苏扬农化工股份有限公司、山东省青岛瀚生生物科技股份有限公司、山东华阳科技股份有限公司、广东省东莞市瑞德丰生物科技有限公司、英国先正达有限公司、美国富美实公司、新加坡利农私人有限公司等。

敌敌畏

[曾用名] DDVP。

[作用特点] 敌敌畏是一种高效、速效且广谱的有机磷杀虫剂，抑制昆虫体内乙酰胆碱酯酶，造成神经传导阻断而引起死亡，具有触杀、胃毒和熏蒸作用，无内吸性，残效期较短，对咀嚼式口器害虫和刺吸式口器害虫均有良好的防治效果。

[毒性] 对高等动物毒性中等。大鼠急性经口 LD_{50} 50～110 毫克/千克，小鼠经口 LD_{50} 50～92 毫克/千克；大鼠急性经皮 LD_{50} 75～107 毫克/千克。兔经口剂量在 0.2 毫克/（千克·天）以上时，经 24 周引起慢性中毒，超过 1 毫克/（千克·天），动物肝发生严重病变，胆碱酯酶持续下降。330 微克/皿鼠伤寒沙门氏菌致突变。人类淋巴细胞 100 微升，DNA 抑制。小鼠腹腔 5 天 35 毫克/千克，精子形态学改变。大鼠经口最低中毒剂量 39 200 微克/千克（孕 14～21 天），致新生鼠生化和代谢改变。大鼠经口最低中毒剂量 4 120 毫克/千克，2 年（连续）致癌，肺肿瘤、胃肠肿瘤。小鼠经皮最低中毒剂量 20 600 毫克/千克，2 年（连续）致癌，胃肠肿瘤。对鱼毒性大，青鳃鱼 TLm（24 小时）1 毫克/升。对瓢虫、食蚜虻等天敌有较大杀伤力。对蜜蜂有毒。

[防治对象] 可防治蔬菜、茶树、粮、棉、麻等作物多种害虫，还可用于防治蚊、蝇等卫生害虫和仓库害虫。可替代高毒农药防治苹果黄蚜和小麦吸浆虫。

[使用方法] 防治小麦吸浆虫：80％敌敌畏 50 毫升/亩＋5％高效氯氰菊酯乳油 50 毫升/亩＋有机硅助剂 2 000 倍液成虫期喷雾，3 天 1 次，连喷 2 次。40％毒死蜱 200 毫升/亩配毒土 20 千克/亩化蛹期撒施一次后，在成虫期再使用 80％敌敌畏 50 毫升/亩＋5％高效氯氰菊酯乳油 50 毫升/亩喷雾 1 次，效果更好。

[注意事项]

①敌敌畏乳油对高粱等作物、月季等花卉易产生药害，不宜使用。对玉米、豆类、瓜类幼苗及柳树也较敏感，稀释不能低于 800 倍液，最好应先进行试验再使用。蔬菜收获前 7 天停止用药。小麦上喷雾使用，每亩使用量不超过 40 克有效成分，否则可能产生药害。

②本品水溶液分解快，应随配随用。不可与碱性药剂混用，以免分解失效。药剂应存放在儿童接触不到的地方。

③本品对人、畜毒性大，挥发性强，施药时注意不要污染皮肤。中午高温时不宜施药，以防中毒。本品也容易通过皮肤渗透吸收，通过皮肤渗透吸收的 LD_{50} 为 75～107 毫克/千克。对人的无作用安全剂量为每日每千克 0.033 毫克。

④遇有中毒者，应立即抬离施药现场，脱去污染衣服并用肥皂水清洗被污染的皮肤。需将病人及时送医院治疗，解毒药剂为阿托品，而且不宜过早停药，并注意心脏和肝脏的保护，防止病情反复。胆碱酯酶复能剂对治疗敌敌畏中毒效果不佳。如系口服者，应立即口服 1％～2％苏打水，或用 0.2％～0.5％高锰酸钾溶液洗胃，因敌敌畏对消化道黏膜刺激作用较强，催吐和洗胃时要小心，以防止造成消化道黏膜出血和穿孔，并服用片剂解磷毒（PAM）或阿托品 1～2 片。眼部污染可用苏打水或生理盐水冲洗。

⑤遇明火，高热可燃。受热分解，放出氧化磷和氯化物的毒性气体。燃烧（分解）产物为一氧化碳、二氧化碳、氯化氢、氧

化磷。

[**主要生产企业**] 湖北沙隆达股份有限公司、江苏省南通江山农药化工股份有限公司、深圳诺普信农化股份有限公司、天津市华宇农药有限公司、天津市施普乐农药技术发展有限公司等。

第五节　玉米主要病虫害的发生特点
　　　与综合防治技术

玉米田的主要病虫害有地下害虫、玉米丛生苗、玉米花白苗、玉米根腐病、玉米大斑病、玉米小斑病、玉米丝黑穗病、玉米蚜、玉米螟等，现就其发生特点和防治方法介绍如下：

一、玉米病害

苗期病害

1. 玉米丛生苗（君子兰苗）病的发生与防治　玉米丛生苗病，俗称君子兰苗，由于干旱、低温、地下害虫为害、农事活动等因素引起的一种玉米田苗期病害，常造成玉米生长畸形、不结实，从而影响玉米产量。

防治方法：防治玉米丛生苗病的有效措施是实施种子包衣处理。用含有杀虫剂有效成分含量的种衣剂，在玉米播种前对种子进行包衣，一般每20千克种子拌500克左右的种衣剂。

2. 花白苗的发生与防治　玉米花白苗是由于土壤中缺锌引起的，一般在玉米3～4片叶出现，病斑在叶片基部或中部出现黄色或黄白色短条状，叶脉仍为绿色。

防治技术：在施底肥时增施锌肥，每亩1～1.5千克，也可叶面喷洒，用0.1%～0.2%的硫酸锌在玉米3～4叶期喷1～3次。

3. 玉米根腐病的发生与防治　由于出苗后温度持续较低，雨水多或涝洼地易发生此病害，造成幼苗地上部分生长不良，叶色发黄，根部变褐腐烂，严重时苗枯死。

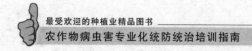
防治技术：选择新鲜生命力旺盛的品种，或用 50％福美双 0.3％拌种处理。

玉米大斑病、小斑病

玉米大、小斑病常同时发生，因其发生造成叶片失绿，影响光合作用及有机物的合成，从而严重影响产量。发生严重的年份，感病品种减产达 50％左右。

防治方法：

（1）选用抗病品种　在购买玉米种子时，注意选购那些抗玉米大、小斑病的品种。从而降低玉米大、小斑病的发生概率。

（2）轮作换茬　有条件的农区实施轮作换茬消灭病原菌，减少病害的发生。

（3）药剂防治　在玉米抽雄前后，田间病株率达 70％以上，病叶率达 20％时，开始喷药。一般用 50％多菌灵可湿性粉剂、90％代森锰锌，加水稀释成 500 倍液喷雾，或用 40％克瘟散乳油、80％多福·福锌可湿性粉剂（强安）800 倍液喷雾，每亩用药液 50～75 千克，隔 7～10 天喷一次，防治 2～3 次。

玉米丝黑穗病

玉米丝黑穗病，俗称"乌米"，是影响玉米产量的最主要病害之一，因其发生造成玉米产量损失为 10％～30％，而其一旦发病，损失即成定局，无法弥补。因此，防治玉米丝黑穗病必须从源头做起。

防治方法：

（1）品种选择　在选购玉米种子时，首先要考虑购买抗玉米丝黑穗病的品种，通过品种的抗性来减轻病害的发生程度。

（2）轮作换茬　通过轮作换茬减少病菌的残留量，提高作物的抗病性，防止病害严重发生。

（3）适期播种　选择最佳的播种时机播种，促进作物早生快发，减少种芽在土壤中的发育时间，从而减少作物的感病概率。

（4）种子包衣处理　防治玉米丝黑穗病要注意选含有戊唑醇、三唑醇或腈菌唑成分的玉米种衣剂。按药种比 1∶40 的比例进行拌种。

二、玉米虫害

地下害虫

1. 地下害虫的发生种类　玉米的地下害虫主要种类有：金针虫、地老虎、蝼蛄等。

地下害虫主要为害作物的种子幼根、幼芽等部分，常造成缺苗、断条及"小老苗"的产生，使种植密度下降，并影响作物生长，造成减产。

2. 地下害虫的防治技术

（1）整地　秋冬及时深翻地，将地下害虫翻于地表使之无法越冬。同时破坏地下害虫的越冬场所，减少越冬害虫基数，从而减轻地下害虫的为害程度。

（2）种子处理　对种子进行包衣处理，推广种子包衣技术，杜绝白籽下地，是防治玉米田地下害虫的统防统治的重要措施，一般每20千克玉米种子拌种衣剂500克左右。

黏虫

一般在6月中旬至7月上旬有黏虫发生。当田间平均每株有一头黏虫时，开始进行防治。

防治技术：

（1）每公顷用5%来福灵乳油450毫升对水400～500千克喷雾防治。

（2）用25克/升高效氟氯氰菊酯乳油1 500～2 000倍液喷雾。

玉米蚜虫

玉米蚜虫的发生影响玉米正常授粉和结实，从而影响玉米丰产。

防治技术：

（1）选用抗虫品种　不同品种对蚜虫的抗性不同，选择抗蚜品种栽培，能很好地规避蚜虫的为害。

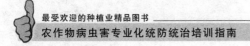

（2）药剂防治　选用吡虫啉（10％可湿性粉剂）、杀杀死（26％吡·敌畏乳油）、40％乐果乳油等，1 500～2 000倍液，每公顷750～1 125千克喷雾防治。

玉米螟虫

玉米螟虫是玉米田发生面积大，为害严重的主要害虫。因其为害，不仅造成粮食损失，而且影响商品品质。

防治技术：

（1）消灭虫源　在玉米螟化蛹前用白僵菌对玉米秆垛进行封垛处理，可消灭大量越冬虫源。

（2）熏杀成虫　在玉米螟羽化盛期用敌敌畏熏杀羽化成虫。用50％敌敌畏乳油浸泡高粱秆，每立方米插2～3根。

（3）赤眼蜂防螟　吉林省在6月初至7月初进行剖秆调查，当玉米螟化蛹率达到20％时，后推11天为第1次放蜂期，每公顷放蜂10.5万头，隔5～7天为第2次放蜂期，每公顷放蜂12.0万头，将螟虫消灭在孵化之前。放蜂方法：每公顷选15～30个点，将蜂卡固定在植株中部叶片背面距其基部1/3处。

（4）颗粒剂消灭幼虫　在7月上中旬，玉米螟卵孵化盛期，每公顷用7.5千克白僵菌粉与细沙按1∶15的比例充分混合，每株2克撒于玉米的心叶，将幼虫消灭在三龄前。

草地螟

草地螟为害作物种类多，为害期长。幼虫食叶成缺刻，常常是吃光一块地，集体迁移至另一块地。成虫体长8.5～10毫米，翅展26～28毫米，体黄色并有褐色横纹。幼虫体长21毫米，头褐色具排列不规则的深褐色斑点，背中央具白色纵线3条。

防治技术：

（1）及时铲除田间、田埂和路边杂草，大发生时挖沟阻隔。

（2）当田间杂草每平方米有虫10头或百株玉米虫口达30头时，应马上进行防治，用2.5％功夫、2.5％敌杀死、5％来福灵3 000倍液喷雾，或用20％灭扫利800～1 000倍液、20％速灭杀丁500～800倍液喷雾。

第六节　苹果主要病虫害发生规律与综合防治技术

一、苹果病害

苹果树腐烂病

苹果树腐烂病俗称烂皮病、臭皮病，是由苹果黑腐皮壳菌引起的真菌性病害。全国苹果产区发生普遍，为害趋重。

[**症状特征**] 为害苹果树枝干，主要表现为溃疡型和枝枯型两种症状。溃疡型：主要为害结果树的主干和主枝，冬春季发病盛期和夏秋季衰弱树发病多表现溃疡型。初期病部树皮上出现红褐色、水渍状、微肿起、圆形至长圆形病斑，质地松软，易撕裂，手压凹陷，流出黄褐色汁液；剥开病皮，整个皮层组织呈红褐色腐烂，有较浓的酒糟味，容易剥离，多烂到木质部，木质部浅层常变红褐色。枝枯型：多在2～5年生小枝、剪口、果台等处发病。病斑边缘不清晰，不肿起，不呈水渍状，病组织褐色或暗褐色，松软糟烂，感病枝条迅速失水干枯，病皮容易剥离；后期病斑表面产生很多小黑点。

[**发生规律**] 腐烂病病菌以菌丝体、分生孢子器和子囊壳在田间病株和病残体上越冬。发病周期开始于夏季，7月为病菌侵入适期，此时苹果树上定殖的病菌从树皮新生成的落皮层侵入形成表面溃疡；晚秋初冬果树休眠期进入发病盛期，冬季继续向树体深层扩展；第二年早春气温上升发病激增，扩展加快，晚春苹果树生长旺盛，病菌活动停顿，一个发病过程结束。一年有春季（3～4月，果树萌芽期）和秋季（7～9月，果实迅速膨大期）两个发病高峰期。春季高峰病斑扩展迅速，病组织较软，病斑典型，为害严重，常造成死枝、死树。秋季高峰相对春季高峰较小，但该期是病菌侵染落皮层的重要时期。

一切可以削弱树势的因素，如不利的气候条件、不良的栽培管理方式、病虫害发生重等都能加重腐烂病的发生。病斑下木质部带菌及病斑周围树皮形成落皮层后受到外来病菌的侵染，是导致病斑复发的主要原因。

[防治措施]

（1）农业防治　加强栽培管理，增强树势，提高树体抵抗力。平衡施肥，增施有机肥和磷钾肥。合理负载，疏花疏果，避免大小年。合理灌水，春灌秋控；树干涂白，预防冻害。尽量减少并保护各种伤口，剪锯口、环割口等及时涂药保护。秋冬季仔细检查果园，刮除表面溃疡，降低越冬病菌的扩展；认真清洁果园，及时剪除病枝，刮除病斑，刮除粗老翘皮等病残组织，集中带出园外销毁。

（2）及时刮治病斑　逐园、逐树、逐枝认真检查，尤其是侧枝与主干的分枝部位等易发病处，发现腐烂病病斑，立即刮治。刮除时把病部的变色组织及相连的5毫米左右健皮组织仔细刮净，深达木质部，连绿切成立碴、棱形，病斑边缘整齐光滑，不留毛茬，要达到"光、平、斜、滑"的标准，有利于病斑愈合。刮后病斑消毒，涂抹4%甲基硫菌灵膏剂或1.6%噻霉酮（腐烂型）5倍或45%代森铵涂抹剂等药剂任选一种，2周后再涂一次。超过树干1/4的大病斑，要及时桥接复壮。选1年生健康枝条作为接穗，在病斑上下边缘实行多枝桥接。半月内不能摇动桥接条。半月后用刀片轻划桥接条上的薄膜并去掉。

（3）药剂防治　抓住果树落叶后（11～12月）和早春萌芽前（3月中旬至4月上旬）两个关键时期，全树喷施45%代森铵（施纳宁）水剂400～500倍液或3～5波美度石硫合剂，铲除带菌树体。夏季6～7月再用药剂涂抹树干和大枝，杀灭在落皮层定殖的病菌或潜伏病菌。

苹果轮纹病

苹果轮纹病又称粗皮病、疣皮病、轮纹褐腐病、轮纹烂果病，是由贝轮格葡萄座腔菌梨生专化型引起的真菌性病害。主要为害枝干和果实。

[症状特征] 枝干被害，初期以皮孔为中心产生红褐色圆形或近圆形瘤状物，质地坚硬，中心突起，随后病斑周缘下陷龟裂，与健康组织形成一道环沟。第二年，病斑继续向外扩展，病部周围逐渐突起，在上年环状沟外又形成一圈环形坏死组织，秋后病健交界处产生裂缝，病斑开裂、翘起可剥落。这样连年扩展，就形成了轮纹状病斑。果实受害时，也以皮孔为中心，生成水渍状褐色小斑点，很快扩大成淡褐色或褐色交替的同心轮纹状病斑，并有茶褐色的黏液溢出，病斑不凹陷。条件适宜时，几天内即可使全果腐烂，常有酸臭气味。后期病斑自中心起散生黑色小粒点。

[发生规律] 病菌以菌丝体、分生孢子器及子囊壳在被害枝干或果实上的病残组织内越冬，成为第二年的初侵染源。第二年4、5月遇雨，越冬后的分生孢子器就产生分生孢子随风雨传播，经皮孔或伤口侵入，陆续侵染枝干和果实，一直到皮孔封闭后结束。6～7月是全年病菌孢子散发量最多的时期，也是全年侵染的高峰期。病菌具有潜伏侵染现象，幼果受侵染后不立即发病，当果实近成熟时，潜伏病菌迅速蔓延扩展，导致果实表现症状。果实近成熟至采收期为田间发病高峰。

果园内枝干上的病菌数量是决定病害发生与否的主要因素，病害的田间流行与降雨、品种、栽培管理和树势等条件关系密切。温暖、多雨或晴雨相间的天气有利于病菌孢子的散发及侵染，田间发病重。结果量过大、树势衰弱、管理粗放、土壤瘠薄的果园受害严重；枝干环剥加重该病的发生。富士、红星、乔纳金、嘎拉等最易感病，富士品种6～8月间最易感病。

[防治方法]

（1）农业措施　加强栽培管理，增施有机肥，合理控制挂果量。冬季认真清园，刮除枝干粗老翘皮，剪除病枝，捡拾病落果，集中烧毁或深埋，降低越冬菌源量。果实采收后严格剔除病果以及其他有损伤的果实。

（2）药剂防治　一是铲除越冬菌源。萌芽前用3～5波美度的石硫合剂或45％代森铵水剂300倍液全树喷施；对果树主干、主枝上病斑较集中的部位，及时刮除病斑后用上述药剂涂刷，杀灭枝干残余病菌。二是生长期喷药保护，5～7月是田间病菌侵染的重要时期，于苹果花后7～10天喷一次杀菌剂，间隔10～15天，连喷2～3次，套袋果套袋前的防治尤其重要，不套袋果园应连续喷药至9月上中旬。药剂可选用80%代森锰锌可湿性粉剂800倍液，或50%多菌灵可湿性粉剂600～800倍液，发病后应选用内吸性治疗剂如70%甲基硫菌灵800倍液，或10%苯醚甲环唑水分散粒剂3 000～5 000倍液，或80%三乙膦酸铝可溶性粉剂700倍液等。

苹果炭疽病

苹果炭疽病又叫苦腐病、晚腐病，是由围小丛壳菌引起的真菌性病害。

[症状特征] 主要为害果实。果实受害初期果面上出现褐色小圆斑，边缘清晰，后迅速扩大，软腐下陷，呈褐色或深褐色。纵剖病果，可见病部果肉呈漏斗状向深层扩展，病组织味道很苦。病斑发展中后期表面形成小粒点，呈同心轮纹状排列，表面湿度大时，小粒点（分生孢子盘）溢出粉红色分生孢子团。病斑扩展迅速，常导致全果腐烂、脱落，病果失水干缩呈黑色僵果。

[发生规律] 病菌以菌丝体在病僵果、枯死枝等部位越冬，也可在梨、葡萄、刺槐上越冬。第二年春苹果落花后，遇到适宜温湿度条件即产生分生孢子，通过风雨或昆虫传播，从果实皮孔、伤口侵入表皮。病菌从幼果期至成熟期均可侵染果实，有潜伏侵染现象，一般苹果落花后10天即开始侵染，果实近成熟时开始发病。病果上的粉红色黏液可再次侵染果实。

发病轻重主要取决于越冬菌源量的多少和果实生长期的降雨情况。坐果后降雨早、雨日多时，则病害发生重。果园周围种植刺槐、梨、葡萄，或苹果树与这些树木混栽，加重病害的发生。

[防治方法]

（1）农业措施　生长期发现病果和僵果及时摘除。冬季果树落叶后，彻底清除果园中的病果、僵果、枯死枝、衰弱枝，压低越冬菌源。加强栽培管理，平衡施肥，合理密植和修剪，降低果园湿度。尽量避免用刺槐作果园防护林。

（2）药剂防治　药剂防治抓住两个时期：一是果树萌芽前施药铲除越冬菌源。萌芽前全园喷施 3～5 波美度的石硫合剂，铲除树体带菌。以刺槐作果园防护带的，对刺槐也要进行喷药。二是生长期喷药，保护果实。落花后半月左右开始喷第一次药，根据降雨情况 10 天左右喷一次，连喷 3～4 次。药剂可选用 70％甲基硫菌灵800 倍液，或 80％乙磷铝可溶性粉剂 500～700 倍液，或 50％多菌灵可湿性粉剂 500～600 倍液等。

苹果斑点落叶病

苹果斑点落叶病是由苹果链格孢强毒株系引起的真菌性病害。

[症状特征] 主要为害幼嫩叶片，也为害新梢、果实和叶柄。春梢生长期幼嫩叶片最先发病，初期病斑为褐色圆形小斑点，周围常有紫褐色晕圈，边缘清晰。以后病斑逐渐增多或扩大，形成直径5～6 毫米的红褐色病斑，中央常见一深色突起的小点，天气潮湿时，病斑正反面产生墨绿色至黑色霉状物。高温多雨季节，病斑扩展迅速，多个病斑相连形成不规则病斑，常占据叶片大部分。秋梢嫩叶染病最重，生长受阻，常呈畸形。叶柄染病后，产生暗褐色圆形或椭圆形病斑，稍凹陷，病叶易从叶柄病斑处折断脱落。果实受害，果面产生褐色斑点，周围有红晕，初期仅限于表皮，贮藏期易受其他病菌侵染而腐烂。

[发生规律] 病菌以菌丝体在受害叶、枝条或芽鳞中越冬，叶芽是重要的初侵染源。第二年春季气温约 15℃若遇小雨或空气潮湿即产生分生孢子，从伤口、皮孔或直接侵入侵染嫩叶，随气流、风雨不断传播。病害一年有春梢期（5 月上旬至 6 月中旬）和秋梢期（8～9 月）两个发病高峰，落花后多雨，春梢发病重；6 月下旬到 7 月多雨，秋梢发病重。苹果嫩叶最易被病菌侵染，而一般 30天以上的老叶不易被侵染。

该病的发生流行与气候、品种、叶龄、树势强弱等密切相关，多雨潮湿有利于病害流行。春季苹果展叶后若降雨早、雨日多、空气相对湿度 70％以上则田间发病早，扩展快。苹果新梢抽生期如遇雨天，病斑明显增多，而在新梢停止生长期，即使有雨，新侵染病斑也很少。苹果品种间感病程度差异性较大，元帅系品种易感病，富士系品种中度感病。树势衰弱（特别是环剥、环割过重的树，连年动刀的树）、果园密植、通风透光不良、地势低洼、地下水位高等均易发病。

[防治方法]

（1）农业措施　加强田间管理，合理修剪，剪除徒长枝和病枝，改善果园通风透光条件；秋季果树落叶后，及时清除落叶病果，集中深埋或带出园外烧毁，减少初侵染源。合理施肥，增施有机肥，避免偏施氮肥。土壤黏重、地下水位高的果园及时排水，降低园内湿度，改善果园生态条件，减少病害发生。

（2）药剂防治

①抓住关键时期及时用药：第一次药剂防治的最佳时期应在5月下旬病菌初次侵染前。往年发病严重地区，在花芽露红期即开始喷药防治，一般果园从落花后10～20天开始防治，10～15天一次，连喷2～3次，控制初侵染，这是全年防治的关键；在此基础上，密切注意7～8月的降雨情况，根据降雨及时喷药2～3次，控制病害流行。

②根据病情发展，科学用药：花前花后宜选用保护性杀菌剂如代森锰锌可湿性粉剂800倍液；6～8月病菌进入多次侵染循环阶段，保护性杀菌剂和内吸性杀菌剂并用，内吸治疗性杀菌剂如3%多抗霉素可湿性粉剂500～600倍液，或25%戊唑醇水乳剂2 000～2 500倍液，或50%异菌脲可湿性粉剂1 500倍液等。

③提高施药质量，保证防效：一是要确保施药液量，成龄果园每亩施药液量以200千克为宜。二是施药要均匀周到。喷药时从上到下，由内膛到外围，叶片正反面都要均匀着药，不能漏喷，也不能多喷，以叶片充分湿润，又不会形成流动水滴为好。三是施药方法要科学。施药时注意雾化程度，喷洒药液时要保持均衡的压力，喷头离果树叶片0.5米以上，以保证雾化效果。药液雾化程度愈细，防治效果愈好。

苹果褐斑病

苹果褐斑病又称绿缘褐斑病，是由苹果盘二孢引起的真菌性病害。

[症状特征] 主要为害叶片，因苹果树品种和发病期的不同田间常见 3 种类型病斑。①同心轮纹型，病斑近圆形，较大。初期为黄褐色小点，病斑中心暗褐色，四周黄色，周缘有绿色晕圈。后期病斑表面产生许多小黑点，呈同心轮纹状排列。②针芒型，病斑小，数量多，病斑呈针芒放射状向外扩展，无固定形状，边缘不规则，暗褐色或深褐色，上散生小黑点。后期叶片逐渐变黄，但病部周围及背部仍保持绿褐色。③混合型。病斑较大，暗褐色，病斑中部呈同心轮纹状，边缘放射状向外扩展。

[发生规律] 病菌以菌丝和分生孢子盘在带病落叶中越冬，第二年春条件适宜即产生大量分生孢子，通过风雨进行传播，直接或从气孔侵入叶片为害。病菌通过雨水反溅，传播到近地面叶片上，导致树冠下层和内膛叶片最先发病，而后逐渐向上及外围蔓延。高湿条件下（连阴雨），病菌的分生孢子盘能很快、连续产生分生孢子，初次降雨将孢子冲掉后，不到 24 小时，分生孢子盘上又会产生出比原来数量更多的孢子进行侵染。褐斑病潜育期短，一般为 6～12 天，田间有多次再侵染。病菌从侵染到引起落叶需 13～55 天，田间一般从 6 月上中旬开始发病，7～9 月为发病盛期，严重时 8～9 月即可造成大量落叶。

病害的发生流行与气候、栽培、品种等有关，尤其是与降雨关系密切。如果 5～6 月降雨早、雨量大或雨日多则发病早而重，7～8 月多雨，病害发生重。温度影响病害的潜育期，在较高温度下，潜育期短，病害扩展迅速。管理不善、地势低洼、排水不良、树冠郁闭、通风不良常发病较重，树冠内膛下部叶片比外围上部叶片发病早而且重。

[防治方法]

（1）农业措施　加强栽培管理，增强树势。多施有机肥，增施磷、钾肥，平衡施肥；科学修剪，改善果园通风透光；合理灌溉，及时排水，降低果园湿度；疏花疏果，合理负载，提高树体抗病力。秋末冬初彻底清扫果园病落叶，集中烧毁或深埋。

（2）药剂防治　准确掌握首次施药时间，控制初侵染，一般为5月下旬至6月上旬，如果春雨早、雨量较多，首次喷药时间要相应提前。以后喷药次数可根据7～8月的降雨和发病情况，每隔15～20天施药1次，连喷4～6次。常用药剂有80%代森锰锌可湿性粉剂800倍液，或43%戊唑醇悬浮剂3 000～4 000倍液，或10%苯醚甲环唑水分散粒剂4 000～5 000倍液，或40%氟硅唑乳油8 000倍液，或70%甲基硫菌灵可湿性粉剂800～1 000倍液等。具体施药方法参考斑点落叶病。连阴雨期间，褐斑病菌每天都产生新鲜孢子进行侵染，如果果园病叶率超过3%，要根据天气预报抢在雨前单施耐雨水冲刷的77%波尔多液800倍液，或配制比例为硫酸铜：生石灰：水＝1：2～3：200～240（重量）的石硫合剂。

苹果白粉病

苹果白粉病是由白叉丝单囊壳引起的真菌性病害。

[症状特征]　主要为害花芽、叶片、新梢等幼嫩组织，也可侵染幼果，病部表面布满白粉是此病的典型特征。芽受害，轻病芽第二年萌发形成白粉病梢，重病芽当年枯死。新梢发病，节间短、细弱，病叶狭长，叶缘上卷，扭曲畸形，病叶两面布满白粉状物，后期叶片干枯脱落，病梢形成干橛。普通叶片受害，表面初产生白色粉斑，病叶凹凸不平，严重时叶片正反两面布满白粉，叶片卷曲，质脆而硬。

[发生规律]　病菌以菌丝体在病芽内越冬。第二年病芽萌发形成病梢，产生大量病菌孢子，成为初侵染来源。病菌借气流传播，从气孔或直接侵染嫩叶、幼果。一年有两个发病高峰，与新梢生长期相吻合，4～5月，春梢旺盛生长期是白粉病第1次发病盛期；7～8月高温季节病害发展停滞，8月底到9月初秋梢出现时为第2次发病高峰，10月以后很少侵染。

春季温暖干旱的年份，有利于病害的前期流行；夏季多雨凉爽、秋季晴朗，有利于后期发病。但连续阴雨对白粉病有一定的抑制作用。果园偏施氮肥或钾肥不足、种植过密、土壤黏重、积水过多发病重。一般富士、红玉、红星、国光等品种易感病。

[防治方法]

（1）农业措施　加强栽培管理。增施有机肥和磷钾肥，避免偏施氮肥。合理密植，疏剪过密枝条，改善果园通风透光条件。休眠期结合冬剪剪除病芽，果树开花前后及时剪除新发病梢和病叶丛、病花丛，装入塑料袋中带出园外集中处理，降低越冬菌源和初侵染源。

（2）药剂防治　果树发芽前，喷施 3～5 波美度石硫合剂。一般果园，苹果花芽露红时喷第一次药，落花 70% 后喷第二次药，严重果园落花后 10～15 天需喷第三次药。常用药剂有：15% 三唑酮可湿性粉剂 1 000 倍液，或 12.5% 烯唑醇可湿性粉剂 2 000～2 500 倍液，或 25% 腈菌唑乳油 4 000 倍液等。

苹果锈病

苹果锈病又叫赤星病，是由山田胶锈菌引起的转主寄生性真菌性病害，转主寄主主要有桧柏，其次还有高塔柏、新疆圆柏、翠柏等。

[症状特征]主要为害叶片，也能为害叶柄、新梢及幼果。叶片发病，叶正面初生橙黄色圆形病斑，边缘橘红色，稍肥厚，不久随着病斑扩大，病斑中部颜色变深而外围色较淡，并在中央部分密生鲜黄色小粒点，渐渐变为黑色小点；后期病部叶肉肥厚变硬，叶背逐渐隆起并长出丛生的黄褐色胡须状物。幼果受害多在萼洼附近形成直径约 1 厘米的圆形橙黄色斑点，稍凸起；后期病斑黄褐色，中央出现小黑点，周围也长出胡须状物，病果生长停滞，病部坚硬，多畸形。

[发生特点]越冬病菌侵染转主寄主桧柏的小枝，病部于秋季变黄隆起，后形成褐色球形或瘤状菌瘿。第二年春季 4、5 月降雨后，桧柏上的菌瘿吸水、膨胀，长出鸡冠状冬孢子角，后萌发产生孢子，借助风通过气流传播，从气孔侵染苹果嫩叶及其他幼嫩器官。病害一年只侵染一次，无再侵染。

果园周围 5 千米以内有桧柏等转主寄主存在，则锈病会发生。病害的发生早晚与轻重主要取决于早春 3～4 月的降雨早晚及雨量大小，早春降雨早，发病早，雨量大，发病重。病菌冬孢子角的萌发和小孢子的侵染，必须有一次 2 天的持续降雨，雨量 15 毫米以上，空气湿度大于 90% 的天气条件。果园附近种植桧柏较多的地区及以桧柏为绿化树的风景区周围，锈病一般发生较重。

[防治方法]

（1）农业措施　苹果树萌芽前，对果园附近有桧柏等转主寄主的地方，及时清除转主寄主上的锈病菌瘿。新建果园一定要远离有桧柏类等转主寄主的风景区、公路和陵园等地，保证果园方圆 5 千米内不能有桧柏、龙柏、翠柏等树木。

（2）药剂防治　包括清除越冬菌源和生长期防治。早春雨后及时对桧柏等转主寄主喷施三唑酮、烯唑醇等药剂，清除桧柏上的越冬菌源。苹果生长期可结合白粉病的防治，在苹果花芽露红、落花后全园喷施二次药剂，严重果园落花后 10～15 天可喷第 3 次药。常用药剂为三唑类杀菌剂，如 15% 三唑酮可湿性粉剂 1 000 倍液、12.5% 烯唑醇可湿性粉剂 2 000～3 000 倍液、25% 腈菌唑乳油 4 000～4 500 倍液等。

二、苹果虫害

桃小食心虫

桃小食心虫又名桃蛀果蛾、桃蛀虫，属鳞翅目蛀果蛾科，是仁果类和核果类果树的重要害虫。我国苹果产区均有不同程度发生，主要为害苹果、梨、桃、枣、杏、李等多种果树的果实。近年由于苹果套袋技术的应用，为害有所减轻，但管理粗放果园为害较重。

[为害特点]　果实受害后，果面出现针头大小的蛀果孔，由孔流出泪珠状汁液，干涸后呈白色蜡状物。幼虫蛀入后取食果肉，在果内形成弯曲纵横的虫道，排出的大量虫粪留在果内，使果内呈"豆沙馅"状。幼果被多个幼虫蛀果为害，常生长发育不良，形成

凹凸不平的"猴头果";后期受害的果实,果形变化不大;被害果大多有圆形幼虫脱果孔,孔口常有少量虫粪,由丝粘连。

[形态识别] 成虫体长 7 毫米左右,灰白色至灰褐色,前翅中部靠近前缘处有 1 个蓝黑色近三角形的大斑,基部及中部有 7 簇斜立的蓝褐色鳞片丛。卵椭圆形,初产橙红色,渐变为深红色。幼虫头部褐色,初孵体黄白色,老熟体背桃红色。冬茧圆形稍扁,茧丝紧密;夏茧长纺锤形,茧丝松散。两种茧外都附着土粒。

[生活习性] 1 年发生 1~2 代。以老熟幼虫在土中做冬茧越冬。第二年苹果落花后半月左右,幼虫开始出土,在地面做夏茧化蛹,蛹期约半个月。羽化的成虫 2~3 天后开始产第一代卵,卵主要产于果实萼洼处,梗洼处较少。初孵幼虫在果面爬行一段时间后,从果实胴部蛀入果实为害,老熟后从果中脱出。第一代成虫高峰期一般在 8 月中下旬。9 月中下旬第二代幼虫开始脱果入土越冬。越冬幼虫多集中在树干周围 1~1.5 米内。幼虫出土受土壤含水量影响较大,土壤含水量在 10% 以上时,能顺利出土;土壤含水量在 3% 以下,几乎不能出土。幼虫出土期遇到降雨或浇水后2~3 天,幼虫会出现出土小高峰。成虫无趋光性,白天不活动,多栖息于树干、枝条、叶背面或杂草上,夜间交尾、产卵。气温在25~30℃、空气湿度大时有利于成虫产卵。

[防治方法] 采取综合措施,化学防治应在做好测报的基础上,坚持地面防治与树上防治相结合。

(1)农业防治 生长期经常捡拾落地虫果和摘除虫果,并将其浸入水中淹死幼虫;果实采收后及时清除果园内虫果,降低虫源。

(2)生物防治 利用性诱剂诱杀成虫。苹果落花后半月,果园每亩放置桃小性诱芯 3~5 个,诱杀雄蛾,减少落卵量。诱芯的悬挂方法为:将一个直径约 15 厘米的盆内加水至 2/3 处,水中加少量洗衣粉,诱芯悬挂在离水面 1~2 厘米处,然后把盆悬挂在果树外缘树枝,离地面约 1.5 米。铁丝穿诱芯时,要将其孔口向下或向侧面。及时清除诱盆内的死虫,诱芯应 20~25 天更换一次。大面积连片果园使用效果更好。

（3）药剂防治

地面防治：果园设置的桃小食心虫性外激素诱捕器诱到成虫之日起或于5月中下旬降雨或果园浇水后，用50%辛硫磷乳油200倍液，或25%辛硫磷微胶囊剂300倍液，或40%毒死蜱乳油400倍液，喷洒树盘后浅锄耙平。

树上喷药：抓住成虫产卵期和幼虫孵化期。当果园卵果率达1%，或在诱捕器上出现成虫高峰期时立即喷药。药剂可选用：20%氰戊菊酯乳油2 500倍液，或20%甲氰菊酯乳油2 500倍液，或30%氰·马乳油1 500～2 000倍液等。间隔7～10天喷一次，连防2～3次。

（4）物理防治　一是灯光诱杀成虫，减少落卵量，减轻幼虫为害。4月下旬（果树花期）在果园安装频振式杀虫灯或太阳能杀虫灯，灯距100～150米，棋盘式分布，灯要稍高于果树，接虫盆（袋）口离地面1～1.5米，便于清理诱到的害虫。二是果实套袋。三是地面盖膜杀虫，于越冬幼虫出土前，以树干基部为中心，将半径1.5米范围内的地面覆盖上塑料薄膜，周围边缘用土压严，可消灭出土幼虫和越冬代成虫。

叶螨类

叶螨类主要有山楂叶螨、苹果全爪螨和二斑叶螨，属蛛形纲蜱螨目叶螨科，是北方落叶果树的一类主要害虫，主要为害苹果、梨、桃、杏、山楂、沙果等多种果树。

[为害特点]以成螨、若螨、幼螨刺吸寄主汁液。芽严重受害后不能继续萌发，叶片严重受害后，光合作用减弱，提早脱落。

山楂叶螨常群居叶背为害，严重时吐丝结网。叶片受害初期，正面出现许多苍白色斑点，后发展成褪绿斑块，受害严重时，叶背面呈现铁锈色，进而脱水硬化，全叶变黄褐色枯焦，形似火烧，提早脱落。

苹果全爪螨为害嫩芽，受害芽常不能正常展叶开花，甚至整芽死亡。受害叶正面布满黄白色斑点，最后全叶枯黄，但不提早落叶，也不拉丝结网。

二斑叶螨多在叶背取食和繁殖，叶片受害初期叶脉两侧失绿，逐渐扩大连片，后全叶焦枯，虫口密度大时叶面上结薄层白色丝网，或在新梢顶端群集成虫球。

[形态识别] 山楂叶螨夏型雌成螨体长 0.5～0.7 毫米，长卵圆形，红色至暗红色，背部稍隆起。苹果全爪螨雌成螨体长 0.4～0.5 毫米，卵圆形，红色至深红色，体背隆起，有 13 对白色瘤状突起，每个瘤上生一黄白色刚毛。二斑叶螨成螨体色多变，黄白色或灰绿色，体背两侧各具 1 块黑褐色长斑。

[发生规律]

山楂叶螨：一年发生 6～10 代，以受精雌成螨在果树主干、主枝及侧枝的粗老翘皮、裂缝中及主干周围的土壤缝隙中群集越冬。第二年 3 月下旬至 4 月上旬苹果花芽萌动后开始出蛰为害。一般苹果现蕾后至开花前是其出蛰盛期，苹果盛花期越冬代成螨开始产卵，7～8 月高温干旱季节是全年发生为害高峰期。越冬雌成螨出蛰后顺枝干爬行扩散，最初集中在树冠内部，随着螨量增加，叶片营养条件变劣，成螨由树冠内膛向外围扩散，分布全树为害。高温干旱是促其大发生的重要气候因素。

苹果全爪螨：一年发生 6～9 代，以卵在短果枝、果台或 2 年生以上的小果枝上越冬。第二年苹果开花前越冬卵开始孵化，此期气温高而稳定则卵孵化整齐，高峰集中，是化学防治的有利时期。幼螨、若螨和成螨主要在嫩叶叶背活动取食，静止期大多在叶背基部主、侧脉两侧。雌成螨较活跃，多在叶片正面活动为害，一般不吐丝结网。高温干旱有利于苹果全爪螨的繁殖为害，7 月至 9 月是全年为害最重时期。

二斑叶螨：一年发生 8～12 代，以雌成螨在树干翘皮下、粗皮缝内、杂草、落叶以及土缝中越冬。一般第二年 4 月上旬越冬雌成螨达出蛰盛期。树上越冬的或爬上树的雌成螨先在树冠内膛取食为害，产卵繁殖，此后逐渐向树冠外围扩散。夏季高温少雨有利于该螨繁殖为害，6 月出现为害高峰，7～8 月出现大量被害叶，受害严重的果树常造成早期落叶。二斑叶螨有吐丝拉网的习性，成螨常在丝网上爬行，并在丝网上产卵。

[防治方法]

（1）农业防治　果树休眠期刮除主干或主枝分杈以上的粗老树皮，清除园内落叶、枯枝、杂物等，带出园外集中处理，消灭越冬成螨。果园种草，为天敌提供适宜的栖息场所，增加自然天敌种群数量。加强栽培管理，增施优质有机肥，不偏施氮肥，及时浇水，中耕除草，剪除树根上的萌蘖；合理负载，提高果树本身的耐害能力和补偿能力。

（2）物理防治　树干捆绑诱虫带或草把、麻袋片等，诱杀越冬害螨。具体使用方法：害螨越冬前（8～9月），将诱虫带对接后用绳子或胶带绑扎在果树第一分枝下5～10毫米处，或固定在其他小枝基部5～10毫米处。等害虫完全越冬休眠后到出蛰前（12月到翌年2月），最好是惊蛰过后天敌爬出，再解下诱虫带集中烧毁。解下的诱虫带不可重复使用。

（3）生物防治　保护利用果园自然天敌，如捕食螨、食螨瓢虫、花蝽、草蛉等，也可于6月初果园人工释放胡瓜钝绥螨、中国捕食螨等天敌控制害螨。

（4）化学防治　休眠期防治，可在果树萌芽前树上喷施3～5波美度石硫合剂或45％石硫合剂晶体20～30倍液，消灭树上越冬成螨。

生长期防治一定要掌握适期偏早的原则，抓住3个关键时期用药，即谢花后半月越冬螨出蛰盛期、第1代螨卵孵化期和7月下旬至8月发生盛期。药剂选择要综合考虑果树生育期、气候条件、害螨发生规律、药剂性质等多方面因素，"对症下药"，严格控制用药次数和用药的浓度，轮换、交替使用不同机制的杀螨剂。早春气温低时，应选用速杀性较好，在低温下能充分发挥药效的杀螨剂如哒螨灵或唑螨酯，压低害螨基数。卵多螨少二者并存时，选用杀卵效果好、卵螨兼治的长效型杀螨剂如四螨嗪或噻螨酮。当害螨的成螨、若螨、卵并存时，害螨为害进入高峰期，选用对螨类各虫态都有效的杀螨剂，如喹螨醚、哒螨灵等。常用杀螨剂有1.8％阿维菌素乳油 3 000～5 000 倍液，或 5％唑螨酯悬浮剂 2 000～3 000 倍液，或 20％喹螨醚悬浮剂 4 000～5 000 倍液，或 5％噻螨酮乳油 2 000 倍液，或 73％克螨特乳油 3 000～4 000 倍液，或 15％哒螨酮乳油 1 500～2 000 倍液等，叶面喷施。

杀螨剂多具触杀性，而无内吸传导性，因此施药一定要均匀、周到，不能漏喷。除整个树冠喷雾外，重点保证苹果树内膛及骨干枝基部叶丛和外围枝所有叶片的正反两面都要喷到，尤其是叶片背面主脉两侧螨卵密集处。施药后 6 小时内遇雨要重新补喷。

蚜虫类

为害苹果的绣线菊蚜和苹果瘤蚜属同翅目蚜科。全国苹果产区均有发生，主要为害苹果、梨、桃、李、杏、沙果、樱桃、柑橘、山荆子、榆叶梅、枇杷等。

[为害特点] 以成蚜、若蚜群集为害新梢、嫩芽、叶片。被害叶皱缩不平，从边缘向背面横卷（绣线菊蚜）或纵卷（苹果瘤蚜），叶面凹凸不平。新梢被害后生长不良，影响树冠扩大。严重时还为害幼果，在果面造成许多稍凹陷红斑。

[形态识别]

绣线菊蚜：无翅胎生雌蚜体长 1.4～1.8 毫米，体黄色、绿色或黄绿色，头部淡黑色，身体两侧有乳头状突起。触角丝状，显著较体短。有翅胎生雌蚜体长 1.5 毫米，头、胸部黑色，腹部淡绿色，腹部两侧有黑色斑纹。

苹果瘤蚜：有翅成蚜体长 1.5 毫米左右，卵圆形，头、胸部黑色，腹部青绿色或深绿色，头部触角中间有一明显瘤状凸起。

[发生规律] 两种蚜虫 1 年发生 10 余代，以卵在枝条芽缝或树裂皮缝隙内越冬。翌年苹果萌芽后，越冬卵开始孵化。初孵若蚜为害芽和嫩叶，叶片长大后，群集在叶片背面和嫩梢上刺吸汁液。落花后至麦收前（5～6 月）是一年中为害的主要时期，麦收后，虫口数量大大下降。10 月产生有性蚜，迁回到苹果树上，交尾后产卵越冬。苹果不同品种受害有一定的差异性，元帅系品种受害较重，其次是国光、红玉等品种。

[防治方法]

（1）农业防治　结合冬剪，剪除被害枝梢，铲除越冬场所；落花后半个月内，经常检查，发现受害枝梢，及时剪除销毁。

（2）生物防治　一般果园应尽量少用化学农药，保护利用天敌。天敌种类主要有瓢虫、草蛉、食蚜蝇、花蝽、蚜茧蜂、蚜小蜂等。或于5月上中旬，在麦田中捕捉瓢虫，释放于果园，控制蚜虫。

（3）药剂防治　果树发芽前，结合防治其他害虫，喷施3～5波美度石硫合剂或45％石硫合剂晶体20～30倍液，或5％机油乳剂，杀灭越冬卵。

生长期防治抓住果树萌芽后开花前这一关键防治时期全树喷雾。药剂有10％吡虫啉可湿性粉剂2 000倍液，或3％啶虫脒乳油2 000倍液，或4.5％高效氯氰菊酯乳油1 500～2 000倍液，或40％毒死蜱乳油2 000倍液等。也可在蚜虫初发期用10％吡虫啉可湿性粉剂100倍液，或40％毒死蜱乳油200倍液等药剂涂干，先将主干上部或主枝基部的粗老皮刮净，至露出少量嫩皮即可，然后涂药于刮皮部位，涂成宽约6厘米的药环；涂药后用塑料布包好。5月下旬及时去除地膜。

苹果绵蚜

苹果绵蚜又名赤蚜、血色蚜虫、棉花虫，属同翅目绵蚜科，是国内多个省份的省间补充检疫对象。主要寄主有苹果、海棠、沙果、山荆子等苹果属植物。

[为害特点]　常群集于果树的枝干、枝条、剪锯口、树皮裂缝及根部为害，吸取汁液。虫体上覆盖白色棉絮状物，发生高峰期，常使整个果树枝条、叶片被满白色棉絮状物。被害部位逐渐形成瘤状突起，后破裂，导致树体衰弱。发生严重时还集中在果实的萼洼及梗洼处，影响果品产量和质量。

[形态识别]　无翅胎生蚜体卵圆形，暗红褐色，长1.8～2.2毫米。体背有4排纵列的泌蜡孔，全身覆盖白色蜡质绵毛。有性雌蚜体长约1毫米，头、触角及足均为淡黄绿色，腹部红褐色，稍被

白色绵状物。有性雄蚜体长约 0.7 毫米，黄绿色，腹部各节中央隆起，有明显沟痕。

[发生规律] 1 年发生 12～21 代。主要以一至二龄若蚜在果树根部、枝干、病虫伤疤边缘缝隙、剪锯口、根蘖基部或残留的蜡质绵毛下越冬。第二年春果树芽萌动时开始出蛰活动取食，5 月上旬初龄若虫逐渐扩散、迁移至当年生嫩枝叶腋及嫩芽基部为害，孤雌胎生，此期虫群数量小，虫体易着药，是喷药防治的第 1 个关键期。5 月下旬至 7 月初平均气温在 22～25℃，是全年繁殖为害盛期。全年有两次盛发期，分别为 6 月下旬至 7 月上旬和 9 月中旬后。11 月中旬平均气温逐渐降至 7℃，若蚜进入越冬状态。苹果绵蚜的近距离传播以有翅蚜迁飞为主，远距离传播主要通过苗木、接穗、果实等的调运。

[防治方法]

(1) 加强植物检疫　严禁从苹果绵蚜发生区（疫区）、特别是发生果园调运苗木、接穗及果实，防止绵蚜传入非疫区。

(2) 农业防治　果树休眠期，结合冬剪剪除病虫枝，刮除枝干粗皮、翘皮，用粗硬毛刷涂刷，清理剪锯口和病虫伤疤周围的绵蚜群落，彻底刨除根蘖，带出园外集中烧毁处理，压低越冬基数。果园操作时防止人为传带。加强果园栽培管理，合理施肥，适当提高磷钾肥量，增强树势。

(3) 药剂防治

①涂干：果树休眠期可用 40%毒死蜱乳油 200～300 倍液涂刷剪锯口及病虫伤疤等绵蚜群集越冬处。早春群聚蚜虫大量由地下向树上迁移时，将树干基部老皮刮至宽约 10 厘米的一道环，露出韧皮部，然后用毛刷涂抹 10%吡虫啉乳油 30～50 倍液或 48%毒死蜱乳油 200～300 倍液，每株树涂药液 5 毫升，涂药后用塑料薄膜包好。

②根部药剂处理：果树萌芽后至 5 月上旬，越冬绵蚜在根部浅土处繁殖为害，是集中杀灭绵蚜，降低虫源基数的最佳时机。将树干周围 1 米内的土壤扒开，露出根部，每株灌注 20%阿维·辛乳

油 200 倍液或 40％毒死蜱乳油 1 000 倍液或 10％吡虫啉 800～1 000 倍液等，药液干后覆土。

③树上喷雾：生长期药剂防治的关键期是苹果萌芽后开花前、落花后 7～10 天和秋梢期绵蚜发生高峰前，施药 3～4 次。药剂可用 48％毒死蜱乳油 1 000～1 500 倍液、52.25％毒·氯氰乳油 1 500～2 000 倍液、3％啶虫脒乳油 2 000 倍液、10％吡虫啉可湿性粉剂 1 000 倍液等。重点喷施树干、树枝的剪锯口、伤疤、缝隙等处。施药时特别注意喷药质量，喷洒周到细致，压力要稍大些，喷头直接对准虫体，将其身上的白色蜡毛冲掉，使药液接触虫体，提高防效。

金纹细蛾

金纹细蛾属鳞翅目细蛾科，又名金纹小潜叶蛾、苹果细蛾。广泛分布于各苹果主产区，寄主以苹果为主，此外还为害梨、桃、李、樱桃等。发生严重的果园，单片叶上虫斑多达 15～20 个，使叶片失去光合作用，造成早期落叶，严重影响树势。

［为害特点］幼虫从叶背潜入叶片上下表皮之间取食叶肉，使下表皮与叶肉分离、皱缩，上表皮拱起，成椭圆形虫斑，约 10 毫米，叶正面成黄白色透明网眼状；虫斑内残存网状未被啃食的绿色组织和黑色虫粪。剥开皱缩的下表皮，可见一头淡黄色的小幼虫或黄褐色的蛹。成虫羽化时会在病斑边缘下表皮上残留蛹壳。

［形态识别］成虫金黄色，头部银白色，顶端有两丛金色鳞毛。前翅狭长，金黄色，从基部至中部有 2 条银白色条纹，端部前、后缘各有 3 条银白色放射状条纹，金银两色之间夹有黑线。老熟幼虫淡黄色至黄色，体长 4～6 毫米，细纺锤形。

［发生规律］1 年发生 5 代。以蛹在落叶虫斑内越冬。次年苹果树花芽萌动时成虫开始羽化。成虫一般先在萌蘖苗或树冠下部的叶片上产卵，苹果树展叶后产在嫩叶背面，单粒散产。幼虫孵化由卵壳底部直接潜入叶内为害；老熟幼虫在虫斑内化蛹。各代成虫发生盛期为越冬代 4 月中旬，1～5 代分别为 5 月下旬、6 月下旬、7 月下旬、8 月下旬、10 月中旬。除越冬代和 1 代成虫发生比较集中

外，其余各代世代重叠现象比较严重。2～4代幼虫为害严重，为害高峰期为7～9月。

虫害发生程度与降雨量关系很大，5月份降雨量多，有利于卵的孵化和幼虫成活。不同品种的苹果受害程度有明显差异，新红星、国光、富士受害重，短枝金冠、红星、青香蕉和金冠受害较轻。金纹细蛾寄生蜂种类较多，以跳小蜂和姬小蜂为主。

[防治方法]

（1）农业防治　秋、冬季及早春树上树下彻底清除落叶，集中烧毁，消灭越冬蛹；苹果谢花后，彻底剪除萌蘖苗并加以处理，消灭上面的虫卵及幼虫。

（2）生物防治　4月上旬开始，利用性诱剂诱杀，每亩悬挂诱芯3～5个。

（3）化学防治　严重果园落花后立即防治第一代幼虫，一般果园在落花后40天是防治第二代幼虫的关键期，以后每间隔一个月左右用药1次防治各代幼虫。可利用金纹细蛾性诱剂确定具体用药时间，一般出现诱蛾高峰7天后喷药防治。药剂可选用25％灭幼脲悬浮剂3 000倍液，或25％氟虫脲悬浮剂1 000～2 000倍液、20％杀铃脲悬浮剂8 000倍液、1.8％阿维菌素乳油2 500倍液等。

卷叶蛾类

苹果园常见卷叶蛾类有苹小卷叶蛾（又称棉褐带卷蛾、茶小卷叶蛾、舔皮虫等）和顶梢卷叶蛾（又名芽白小卷蛾、顶芽卷叶蛾），属鳞翅目卷叶蛾科。苹果产区均有发生，主要为害苹果、桃、李、杏等果树，是苹果园主要害虫之一。

[为害特点]　苹小卷叶蛾以幼虫为害叶片、果实，通过吐丝结网将叶片连在一起造成卷叶，幼虫躲在卷叶中啃食叶肉，将叶片吃成网状，降低叶片光合作用。第1、2代幼虫除卷叶为害外，还常在叶与果、果与果相贴处啃食果皮，使果面出现多个形状不规则的小坑洼状。

顶梢卷叶蛾以幼虫为害苹果树嫩梢，幼虫吐丝将数片嫩叶缠缀成拳头状虫苞，并有叶背绒毛做成筒巢，幼虫潜藏于内取食。嫩梢顶芽受害后常歪向一侧呈畸形生长。顶梢卷叶团干枯后，不脱落。

[形态识别] 苹小卷叶蛾成虫黄褐色，体长 7～9 毫米。前翅深褐色，斑纹褐色，翅面上有 2 条浓褐色不规则斜向条纹，自前缘向外缘伸出，外侧的一条较细，中带前窄后宽，双翅合拢呈 V 字形。幼虫淡黄绿至翠绿色，体长 13～15 毫米，虫体细长。

顶梢卷叶蛾成虫灰白色，体长 6～7 毫米，前翅基部 1/3 处和中部各有一暗褐色弓形横带，后缘近臀角处有一近似三角形褐色斑，外缘至臀角间有 6～8 条黑褐色平行短纹，两翅合拢时后缘的三角斑合为菱形。老熟幼虫体长 8～10 毫米，污白色，头壳红褐色或褐色，具有黑褐色斑纹。

[发生规律] 苹小卷叶蛾 1 年发生 2～4 代。以二龄幼虫在果树裂缝或翘皮下、剪锯口等缝隙内结白色茧越冬。第二年春苹果树发芽时越冬幼虫出蛰，先在果树新梢顶芽、嫩叶进行为害，以后各代幼虫除为害叶片外还为害大量果实。幼虫活泼，卷叶受惊动时，会爬出卷苞，吐丝下垂。初孵幼虫多分散在卵块附近叶片背面、重叠的叶片间和叶果贴合的地方，啃食叶肉和果面。老熟幼虫在卷叶苞或果叶贴合处化蛹。在三代发生区，成虫发生期一般为：越冬代为6 月中下旬，第一代为 7 月中下旬，第二代为 8 月下旬至 9 月上旬。成虫具有较强的趋化性和趋光性，对糖醋液和黑光灯趋性较强。越冬代成虫羽化后 2～3 天产卵，卵喜产于较光滑的果面或叶片正面。1 头雌虫可产卵 2～3 块，卵粒数量从几粒到 200 粒不等。

顶梢卷叶蛾 1 年发生 2～3 代。以二至三龄幼虫在各类枝梢顶端的卷叶团中结茧越冬，极少数在侧芽和叶腋上越冬。次年早春苹果树发芽时，越冬代幼虫出蛰为害嫩芽，先在顶部第 1～3 芽内，以后转移至下部嫩芽上为害。一般一个顶梢一头幼虫，幼虫老熟后在卷叶团中做茧化蛹。卵多产于新梢叶部的叶背，卵期4～5天。第一代幼虫主要为害春梢，二、三代幼虫则为害秋梢。幼树和管理粗放果园发生较重。

[防治方法]

（1）农业防治 果树休眠期至萌芽前，彻底刮除主干、侧枝上的粗老翘皮，带出园外烧毁；彻底清除果园内的落叶、杂草，集中深埋或烧毁，消灭越冬害虫。结合冬、春修剪等果园管理，剪除枝梢卷叶虫苞及枯死虫芽；生长期及时摘除虫苞，捏死幼虫和蛹。

（2）生物防治　保护利用自然天敌。或人工悬挂性诱芯或糖醋液诱杀成虫。

（3）物理防治　果园安装杀虫灯或黑光灯诱杀成虫。果实套袋。

（4）药剂防治　抓住越冬幼虫出蛰盛期和第一代幼虫发生初期（具体时间可通过园内的性诱剂或糖醋液诱捕器进行监测确定），及时喷药。可选用生物农药 Bt 乳剂（100 亿个芽孢/毫升）1 000 倍液，或 20％杀铃脲悬浮剂 3 000～4 000 倍液，或 25％灭幼脲悬浮剂 1 500～2 000 倍液，或 48％毒死蜱乳油 1 200～1 500 倍液，或 80％敌敌畏乳油 1 500 倍液等。

金龟甲类

金龟甲类属鞘翅目、金龟总科害虫。其种类繁多，分布广泛。为害果树的有十多种，常见的有铜绿丽金龟和苹毛丽金龟。为害苹果、梨、桃、杏、樱桃、李、山楂、核桃、葡萄等多种果树。

[为害特点] 主要以成虫群集取食果树的幼芽、嫩叶、花蕾及花器，受害轻者花器及叶片残缺不全，或形成秃枝。铜绿丽金龟成虫还啃食果实成空洞。发生盛期常成群迁入果园，严重时一夜就可以将嫩芽和叶片吃光，使苹果坐果率下降，产量降低。幼虫取食果树幼根，使植株生长缓慢，树势减弱。

[形态识别] 苹毛丽金龟成虫卵圆形，头胸背面紫铜色，并有刻点，鞘翅茶褐色，具光泽，腹部两侧有明显的黄白色毛丛，尾部露出鞘翅外。铜绿丽金龟成虫卵圆形，头与前胸背板、小盾片和鞘翅铜绿色，有金属光泽，各鞘翅有明显 3 条纵纹，头及前胸背板两侧、鞘翅两侧均有红棕色的边。幼虫称"蛴螬"，头部黄褐色或褐色，体乳白色，肥胖多皱褶，弯曲成 C 形。

[生活习性] 金龟甲 1 年发生 1 代。以成虫（苹毛丽金龟）或老熟幼虫（铜绿丽金龟）在土中越冬。来年 5 月中下旬至 6 月初成

虫开始出土。出土后先集中在早期开花的植物上为害花和嫩叶，果树发芽开花时即转移至桃、杏、苹果上为害。5月中旬为产卵盛期，卵多产于土质疏松而植被稀少的11～20厘米表土层中。5月下旬至6月上旬幼虫孵化后为害果树的根部。6月中至7月上旬是为害高峰期，至8月下旬终止。成虫白天隐伏于灌木丛、草皮中或表土内，黄昏出土活动，尤喜栖息于疏松潮湿的土壤里。闷热无雨的夜晚活动最盛。成虫有假死性和较强的趋光性。

[防治方法]

(1) 农业防治　结合秋、冬季果园深翻，破坏金龟子的越冬场所，捡拾越冬成虫或幼虫。早春中耕随犁拾虫，集中杀死。成虫发生期早晚进行人工振落捕杀成虫。未腐熟的土杂肥和秸秆中藏有大量金龟子的卵和幼虫，而通过高温腐熟后大部分幼虫和卵能被杀死，所以，一定要施用充分腐熟的有机肥。

(2) 物理防治　果树开花前果园安装杀虫灯诱杀成虫。也可将糖、醋、白酒、水按1：3：2：20的比例配成液体，加入少许农药制成糖醋液，装入诱虫盆内（液面达盆的2/3为宜），挂在果园诱杀成虫。

(3) 化学防治　对为害花的金龟子，可在果树吐蕾和开花前，用48%毒死蜱乳油1 500倍液，或50%辛硫磷乳油1 000倍液喷雾。也可在树盘下均匀喷施上述药剂，或撒施5%毒死蜱颗粒剂或5%辛硫磷颗粒剂3～5千克/亩，然后浅锄入土，毒杀潜伏在土中的虫子。

梨网蝽

梨网蝽又名梨花网蝽、梨军配虫，属半翅目网蝽科，除为害苹果外，还为害梨、桃、山楂、樱桃、杏等。

[为害特点]　主要为害叶片，以成虫、若虫群集在叶背面主脉附近吸食汁液，受害叶片正面产生黄白色小斑点，虫量大时许多斑点蔓延连片，导致叶片苍白；严重时叶片变褐脱落。叶背因为害虫的分泌物和排泄物呈现黄褐色锈斑，易诱发煤污病。

[形态识别]　成虫黑褐色，体长3.5毫米，体形扁平。前翅略

呈长方形，平覆于身体上，静止时两翅重叠，中间接合处呈 X 形黑褐色斑纹。若虫形似成虫，暗褐色，三龄后长出翅芽，腹部两侧有刺状突起。

[生活习性] 1 年发生 3～4 代，以成虫在落叶、树干翘皮、树皮裂缝、土壤缝隙、杂草及果园周围的灌木丛中越冬。苹果发芽时开始出蛰，4 月下旬至 5 月上旬为出蛰盛期，但出蛰期不整齐，6 月后世代重叠。卵单产在叶背主脉两侧的叶肉内，但常有数十粒相邻存在，产卵处有褐色胶状物覆盖。若虫孵出后，多群集大主脉两侧为害。第一代成虫 6 月初发生，第二代成虫 7 月上旬发生，第三代在 8 月初发生，第四代在 8 月底发生。高温干旱有利于梨网蝽繁殖为害，7～8 月是该虫全年为害最严重时期。

[防治方法]

（1）农业防治　果树萌芽前，深翻树盘，彻底清除果园的落叶、杂草，仔细刮除树干粗老翘皮，并集中烧毁，消灭越冬成虫。

（2）物理防治　为害严重果园，秋季成虫下树越冬前在树干上捆绑诱虫带或束草把，诱集成虫越冬，入冬后至成虫出蛰前解下草把烧毁。

（3）药剂防治　萌芽前全园喷施 1 次 3～5 波美度石硫合剂、或 45％石硫合剂晶体 40～60 倍液，杀灭树上越冬成虫。

一般果园可结合防治春季蚜虫一并进行。重发果园生长期药剂防治要抓住两个关键时期，一是越冬成虫出蛰盛期（落花后 10 天左右），二是第一代若虫孵化末期。有效药剂有 1.8％阿维菌素乳油 8 000～10 000 倍液、40％毒死蜱乳油 1 000～1 200 倍液、52.25％毒·氯氰乳油 1 500～2 000 倍液、20％甲氰菊酯乳油 1 500～2 000 倍液等。

朝鲜球坚蚧

朝鲜球坚蚧又名朝鲜球蚧、杏球坚蚧、桃球坚蜡蚧等，属同翅目蚧总科害虫，主要为害苹果，还可为害梨、杏、桃、李、石榴等多种果树。

[为害特点] 以雌成虫和若虫聚集在寄主枝条上，终生刺吸苹

果枝条、叶片、果实汁液，虫体上常覆有坚硬的介壳，排泄的蜜露可诱发煤污病，影响光合作用，削弱树势甚至造成枝条枯死。春季苹果树受害严重时发芽推迟或不能发芽，开花少，坐果难，甚至果枝枯死，造成减产。

[**生活习性**] 1年发生1代，以二龄若虫在1～2年生枝条的裂缝、伤口边缘或粗翘皮处越冬，越冬位置固定后，分泌白色蜡质覆盖身体。次年3月上中旬树液流动后开始出蛰，越冬若虫从蜡壳下爬出，固着群居在一年生枝条上吸食为害，4月上旬虫体逐渐膨大，排泄黏液。4月下旬至5月上旬是为害最严重时期。5月上旬雌虫产卵于体后介壳内，每雌虫产卵1 000～2 000粒，并随产卵结束而干缩成空壳死亡。5月下旬至6月上旬为孵化盛期。初孵若虫分散到小枝、叶面或叶背固定为害，并分泌白色蜡质。10月下旬至11月上旬开始越冬。

[**防治方法**]

（1）农业防治　加强果园管理，及时施肥和灌水，满足果树对水肥的需要，提高果树的抗虫能力。果树休眠期结合防治其他病虫刮除粗老翘皮，同时对初发生的果园结合冬春修剪及时剪除有虫枝条，用硬毛刷或鞋刷刷除介壳，带出田外集中烧毁。

（2）化学防治　朝鲜球坚蚧的防治应抓住果树萌芽前和卵孵化盛期（5月下旬至6月）两个关键时期。果树萌芽前全园喷施3～5波美度的石硫合剂。苹果树生长期，初孵若虫从母体介壳下向外扩散转移阶段是全年防治的最关键时期，可用40%毒死蜱乳油1 200倍液，或10%吡虫啉可湿性粉1 000倍液喷雾。

第七节　茶树主要病虫害发生特点与综合防治技术

我国茶园主要分布在热带、亚热带和暖温带，气候温暖湿润，适宜病虫的发生和为害。据不完全统计，现已记载的茶树害虫、害螨种类已有800余种，茶树病害也有130余种，这些病虫会不同程度地对茶树生长和茶叶生产带来影响。然而，在实际生产上对茶园能构成经济损失的茶树主要病虫害只有数十种，了解和掌握这些茶树主要病虫害的发生特点，有针对性地开展茶树病虫害的综合防治，是保证茶叶生产的一项重要措施。

一、茶树病害

茶饼病

茶饼病是茶树上一种重要的芽叶病害，在我国南方产茶省局部发生，以云、贵、川三省的山区茶园发病最重。

[**症状特征**] 茶饼病主要发生在嫩叶和嫩茎上。发病的茶树嫩叶在初期呈淡黄至红棕色半透明小斑点，后扩展成直径 6～12 毫米圆形斑。病斑正面凹陷，浅黄褐色至暗红色，相应的叶片背面凸起，形成了馒头状突起，即疱斑。叶背突起部分表面初为灰色，上覆有一层灰白色或粉红色或灰色粉末状物，后期粉末消失，凸起部分萎缩成褐色枯斑，边缘有一灰白色圈，似饼状。一片嫩叶上可形成多个疱斑，严重时可达十几个，导致病叶不规则卷曲呈畸形。叶柄、嫩茎染病肿胀并扭曲，严重的病部以上的新梢枯死或折断。

[**发病规律**] 茶饼病是一种由真菌引起的病害，属低温高湿性病害。病菌以菌丝体在病叶中越冬。翌春或秋季菌丝体萌发并形成新的病斑，在潮湿条件下，均温 15～20℃，相对湿度高于 80％时，病斑表面形成白色粉状物，即由担孢子组成的子实层，成为发病的初次侵染源。担孢子成熟后随风雨进行传播，侵入新梢嫩叶，出现新病斑，并造成病害的流行。低温高湿条件有利于病害的发生；一般在春茶期和秋茶期发病较重，而在夏季高温干旱季节发病轻；丘陵、平地的郁蔽茶园，多雨情况下发病重；多雾的高山、高湿凹地及露水不易干燥的茶园发病早而重；管理粗放，通风不良、密闭高湿的茶园发病重；大叶种比小叶种发病重。

[**防治措施**]

（1）选种无病健康苗木。

（2）加强茶园管理，改善茶园通风透光性。及时除草、及时分批采茶，适时修剪；避免偏施氮肥，合理施肥，增强树势。

（3）药剂防治。可选用3％多抗霉素可湿性粉剂1 000倍液或75％十三吗啉乳油2 000倍液等杀菌剂防治，非采茶期和非采摘茶园可选用0.6％～0.7％石灰半量式波尔多液防治。

茶白星病

茶白星病是茶树上一种重要的芽叶病害，在我国各茶区均有发生，多分布在高山茶园。主要为害春茶和夏茶的嫩叶、新梢，影响新梢的生长，病叶加工的成茶味苦、色浑、易碎。

[症状特征] 茶白星病主要发生在茶树的嫩叶和新梢。开始时病斑呈针头大的褐色小点，以后渐渐扩大成直径为0.3～1.0毫米的圆形病斑，最大直径可达2毫米。病斑边缘呈暗紫褐色，中央呈灰褐色至灰白色，散生黑色小粒点。病斑周围有黄色晕圈，形成鸟眼状，有时中央部龟裂形成孔洞。发生严重时，在同一片病叶上许多病斑可连接成大型病斑，引起叶落。

[发病规律] 茶白星病是由真菌引起的病害。病菌以菌丝体或分生孢子器在病组织中越冬。翌春气温在10℃以上，湿度适宜时形成孢子。孢子成熟后萌芽，从气孔或茸毛基部侵染幼嫩组织，经1～2天后，出现新病斑。以后病斑部位形成黑色小粒点，产生新的孢子，借风雨传播，进行再次侵染。茶白星病属低温高湿性病害，高湿、多雾、气温偏低的生态条件有利于茶白星病的发生。一般来说海拔较高的茶园、北坡茶园、幼龄茶园等相对发病较重。

[防治措施]

（1）及时分批采茶可减少侵染源，减轻发病。

（2）增施有机肥和钾肥可使树势强壮，提高抗病性。

（3）必要时可选用药剂防治。非采茶期可采用0.6％～0.7％石灰半量式波尔多液防治。

茶炭疽病

茶炭疽病是一种较常见的茶树叶部病害，我国各产茶区均有分布。在浙江、四川、湖南、安徽等产茶省湿度大的年份发生较为严重，常出现大量枯焦病叶，影响茶树生长势和茶叶产量。

[**症状特征**] 茶炭疽病主要发生在茶树成叶上，老叶和嫩叶上也偶有发生。病斑多从叶缘或叶尖发生，初期病斑呈暗绿色水渍状，病斑常沿叶脉蔓延扩大，并变为褐色或红褐色，后期可变为灰白色。病斑形状大小不一，但一般在叶片近叶柄部成大型红褐色枯斑，有时可蔓及叶的一半以上。边缘有黄褐色隆起线，与健全部界限明显。病斑正面可散生许多黑色、细小的突出粒点。茶炭疽病为害后病叶质脆，易于破碎，也易于脱落，严重发生时可引起大量叶落。

[**发病规律**] 茶炭疽病是由一种由真菌引起的病害。病菌以菌丝体在病叶组织中越冬，翌春气温上升、湿度适宜，叶片病斑上开始形成分生孢子。分生孢子借助风雨传播，从叶背茸毛基部侵入叶片组织。从孢子在茸毛上附着到叶面出现圆形小病斑一般需 8~14 天，再到形成赤褐色大型斑块一般需 15~30 天。炭疽病病菌潜育期较长，一般多在嫩叶期侵入，在成叶期才出现症状。温湿度是影响炭疽病发生的最重要气候因素，春夏之交及秋季雨水较多的，茶炭疽病发生较重；夏季则因气温偏高并常干旱少雨，茶炭疽病发生较轻。

[**防治措施**]

(1) 选用抗病品种。

(2) 加强田间管理。及时清理枯枝落叶，减少翌年病原菌的来源；合理施肥，增强树势。

(3) 适时用药防治。防治时期应掌握在发病盛期前，可选用99％矿物油乳油 100 倍液和 10％苯醚甲环唑水分散粒剂 1 500~2 000 倍液等防治。

二、茶树虫害

茶尺蠖

茶尺蠖是我国茶园中最主要食叶类害虫之一，以取食茶树嫩叶为主，发生严重时可将成片茶园叶片食尽，严重影响茶树树势和茶

最受欢迎的种植业精品图书
农作物病虫害专业化统防统治培训指南

叶产量。主要分布在浙江、江苏、安徽、湖南、湖北、江西、福建等省，以浙江、江苏、安徽等茶区发生最为严重。

[形态特征] 茶尺蠖为完全变态昆虫，完成一个世代需要经过成虫、卵、幼虫和蛹4个阶段。成虫属中型蛾子，体长9～12毫米，翅展20～30毫米。有灰翅型和黑翅型两类。灰翅型体翅灰白色，翅面疏被茶褐色或黑褐色鳞片。黑翅型体翅黑色，翅面无纹。秋季一般体色较深，体形也较大。卵短呈椭圆形，常数十粒、百余粒重叠成堆，覆有白色絮状物，初产时鲜绿色，后渐变黄绿色，再转灰褐色，近孵化时为黑色。幼虫有4～5个龄期，一龄幼虫体为黑色，后期呈褐色，各腹节上有许多小白点组成白色环纹和白色纵线；二龄幼虫体为黑褐色至褐色，腹节上的白点消失，后期在第一、二腹节背出现2个明显的黑色斑点；三龄幼虫体为茶褐色，第二腹节背面出现1个八字形黑纹，第八腹节背面有1个倒八字形黑纹。四至五龄幼虫体色呈深褐色至灰褐色，自腹部第二节起背面出现黑色斑纹及双重棱形纹。蛹长椭圆形，赭褐色，臀棘近三角形，末端有分叉短刺。

[发生特点] 茶尺蠖一年发生5～6代，以蛹在茶树根际附近土壤中越冬，次年2月下旬至3月上旬开始羽化。成虫有趋光性，静止时四翅平展，停息在茶丛中。卵成堆产于茶树树皮缝隙和枯枝落叶等处。一个卵块孵化的数百头幼虫，一、二龄时常集中为害，形成发虫中心。初孵幼虫活泼、善吐丝，有趋光、趋嫩性，分布在茶树表层叶缘与叶面，取食嫩叶成花斑，稍大后咬食叶片成C形；三龄幼虫开始取食全叶，分散为害，分布部位也逐渐向下转移；四龄后开始暴食，虫口密度大时可将嫩叶、老叶甚至嫩茎全部食尽。幼虫老熟后，爬至茶树根际附近表土中化蛹。全年种群消长呈阶梯式上升，至第四或第五代形成全年的最高虫量。影响茶尺蠖种群消长的主导因子是天敌，目前已发现的天敌有寄生蜂、蜘蛛、真菌、病毒及鸟类等，其中绒茧蜂、病毒和真菌尤为重要。

[防治方法]
(1) 清园灭蛹。结合伏耕和冬耕施肥，将根际附近落叶和表土

202

中虫蛹深埋入土。

（2）灯光诱杀。田间安装杀虫灯诱杀茶尺蠖成虫。

（3）保护和利用天敌。尽量减少茶园化学农药的使用，保护田间的寄生性和捕食性天敌。

（4）药剂防治。药剂可选用1万PIB·2 000IU/毫升茶核·苏水剂1 000倍液、0.6％苦参碱水剂800～1 000倍液、2.5％溴氰菊酯乳油3 000倍液和4.5％高效氯氰菊酯乳油2 000～3 000倍液等药剂防治，防治时间应掌握在低龄期。

茶毛虫

茶毛虫是茶树重要的食叶类害虫之一，我国大多产茶省份均有分布。以幼虫取食茶树成叶为主，影响茶树生长和茶叶产量。此外，幼虫虫体上的毒毛及蜕皮壳触及人体皮肤后，能引起皮肤红肿、奇痒，对采茶、田间管理以及茶叶加工影响较大。

[**形态特征**] 茶毛虫为完全变态昆虫，完成一个世代需要经过成虫、卵、幼虫和蛹4个阶段。成虫翅展20～35毫米，雌蛾翅琥珀色、雄蛾翅深茶褐色，雌、雄蛾前翅中央均有2条浅色条纹，翅尖黄色区内有2个黑点。卵扁球形、淡黄色，卵块椭圆形，上覆黄褐色厚绒毛。幼虫6～7龄。一龄幼虫淡黄色，着黄白色长毛；二龄幼虫淡黄色，前胸气门上线的毛瘤呈浅褐色；三龄幼虫体色与二龄相同，胸部两侧出现一条褐色线纹，第一、二腹节亚背线上毛瘤为黑绒球状；四至七龄幼虫黄褐色至土黄色，随着龄期增加，腹节亚背线上毛瘤增加、色泽加深。蛹圆锥形、浅咖啡色、疏被茶褐色毛，蛹外有黄棕色丝质薄茧。

[**发生特点**] 茶毛虫一般以卵块在茶树中、下部叶背越冬，少数以蛹及幼虫越冬，年发生2～3代。卵块产于茶树中下部叶背，上覆黄色绒毛。幼虫群集性强，在茶树上具有明显的侧向分布习性。一、二龄幼虫常百余头群集在茶树中下部叶背，取食下表皮及叶肉，留下表皮呈现半透明膜斑；蜕皮前群迁到茶树下部未被害叶背，聚集在一起，头向内围成圆形或椭圆形虫群，不食不动，蜕皮后继续为害；三龄幼虫常从叶缘开始取食，造成缺

刻，并开始分群向茶行两侧迁移；六龄起进入暴食期，可将茶丛叶片食尽。幼虫老熟后爬到茶丛基部枝丫间、落叶下或土隙间结茧化蛹。影响茶毛虫种群消长的主导因子主要是气候条件和天敌数量，其中茶毛虫黑卵蜂、细菌性软化病及核型多角体病毒是主要的天敌。

[防治方法]

（1）摘除卵块和虫群。在11月至次年3月间人工摘除越冬卵块，同时利用该虫群集性强的特点，结合田间操作摘除虫群。

（2）灯光诱杀。在成虫羽化期安装杀虫灯诱蛾，减轻田间虫口数量。

（3）药剂防治。在低龄幼虫期喷药，药剂可选用1万 PIB·2 000IU/微升茶毛核·苏1 000倍液、0.6%苦参碱水剂1 000倍、10%联苯菊酯乳油3 000倍液和2.5%溴氰菊酯乳油2 000～3 000倍液等。

茶黑毒蛾

茶黑毒蛾在我国主要产茶区均有分布。以幼虫取食茶树成叶及嫩叶为害茶树，发生严重时可将成片茶园食尽，严重影响茶树树势和茶叶产量。同时由于茶黑毒蛾幼虫虫体上长有毒毛，触及人体皮肤能引起过敏，妨碍茶叶采摘及田间管理工作。

[形态特征] 成虫属中型蛾子，体翅暗褐色至栗黑色；前翅基部颜色较深，有数条黑色波状横线纹，翅中部近前缘处有一个较大近圆形的灰黄色斑，下方臀角内侧还有一个黑褐色斑块；后翅灰褐色，无线纹。卵扁球形，顶部凹陷，初产时灰白色、后转黑色。幼虫共5～6龄，体长可达24.0～32.0毫米。一龄幼虫体淡黄至暗褐色，第一胸背有1肉瘤；二龄幼虫体暗褐色，第一、二胸节有2列黑色毛丛，第八腹背可见1簇毛丛；三龄幼虫腹第一至第五节均有毛丛，第八腹背毛丛明显伸长；四龄幼虫腹部第一至第三节上毛丛呈棕色刷状，第四、五节毛簇黄白色，第八节毛簇黑褐色；五、六龄幼虫，体黑褐色，体背及体侧有红色纵线，各体节瘤突上长有白、黑簇生毒毛。蛹黄褐色，有光泽，体表多黄色短毛，腹末臀棘

较尖。蛹外有丝质绒茧，椭圆形，棕黄至棕褐色，质地较松软。

[发生特点] 茶黑毒蛾一般以卵在茶园中越冬，每年发生 4～5代。卵成块或散产于茶树中下部叶背、枯枝及杂草茎叶上，大多6～30 粒产在一起，排列整齐，不重叠。初孵幼虫活动性较差，一般停息在卵壳附近，常呈放射状排列，先食尽卵壳后再取食茶叶。一、二龄幼虫在成叶背面取食下表皮及叶肉，被害叶呈黄褐色网膜枯斑。三龄前幼虫群集性强，常十至数十头集中在一起。三龄后开始逐渐分散，取食叶片后留下叶脉，直至食尽全叶；但在蜕皮前仍3～10 头群集叶背，蜕皮后再分散取食。幼虫老熟后在茶丛基部等处结茧化蛹。

[防治方法]

（1）清园灭卵。结合茶园培育管理，清除杂草，可带走越冬卵。

（2）灯光诱杀。利用成虫趋光性用杀虫灯诱杀，减少次代虫口的发生数量。

（3）药剂防治。掌握在三龄前幼虫期。药剂可选用 10％联苯菊酯水乳剂 3 000 倍液、0.6％苦参碱水剂 1 000 倍液等。

茶刺蛾

茶刺蛾是茶园发生的主要刺蛾类害虫，我国主要产茶区均有分布，在浙江、湖南、江西等省年发生 3 代，在广西发生 4 代。以幼虫取食成叶为害茶树，影响茶树的生长和茶叶的产量。

[形态特征] 茶刺蛾为完全变态昆虫，完成一个世代要经过成虫、卵、幼虫和蛹 4 个阶段。成虫翅展 24～30 毫米，体和前翅浅灰红褐色，翅面具雾状黑点，有 3 条暗黑褐色斜线；后翅灰褐色，近三角形。卵扁椭圆形，黄白色，半透明。幼虫共 6 龄，最长时体长 30～35 毫米。幼虫长椭圆形，背部隆起，黄绿至绿色；背线蓝绿色，中部有 1 个红褐或淡紫色菱形斑，气门线上有一列红点；各体节有 2 对刺突，分别着生于亚背线上方和气门线上方；体背第二对与第三对刺突之间有 1 个绿色或红紫色肉质角状突起，明显斜向前方，这是区别于茶园其他刺蛾幼虫的最明显特征。蛹椭圆形、淡

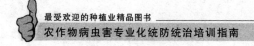

黄色，蛹茧卵圆形、褐色。

[发生特点] 茶刺蛾以老熟幼虫在茶树根际落叶和表土中结茧越冬，年发生3～4代。成虫主要栖息在茶丛下部叶片背面，有较强的趋光性。卵散产于茶丛中、下部叶片反面叶缘处。一、二龄幼虫活动性弱，一般停留在卵壳附近取食茶树叶片下表皮及叶肉，残留上表皮，被害叶呈现嫩黄色、渐转枯焦状的半透明斑块；三龄后取食叶片成缺口，并逐渐向茶丛中、上部转移，夜间及清晨爬至叶面活动；四龄起可食尽全叶，但一般取食叶片的三分之二后，即转取食其他叶片。幼虫老熟时移到茶丛枯枝落叶或浅土处结茧化蛹。茶刺蛾一般以第二、三代为害较重，气候条件及天敌因子对茶刺蛾种群的消长有较大的影响，其中以茶刺蛾核型多角体病毒的制约作用为强。

[防治方法]

（1）清园灭茧。在茶树越冬期，结合施肥和翻耕，清除或深埋蛹茧，减少次年害虫的发生量。

（2）灯光诱杀。利用茶刺蛾成虫的趋光性，安装杀虫灯诱杀成虫。

（3）药剂防治。应在二、三龄幼虫发生期喷施，药剂可选用8 000IU/毫克苏云金杆菌可湿性粉剂800～1 000倍液、0.6%苦参碱水剂800～1 000倍液和2.5%高效氯氟氰菊酯乳油2 000～3 000倍液等。

茶卷叶蛾

茶卷叶蛾是茶树的食叶类害虫之一，主要分布于广东、广西、云南等产茶省份。以幼虫吐丝卷结嫩叶成苞状，匿居苞中咬食叶肉，阻碍茶树生长，影响茶叶产量与品质。

[形态特征] 茶卷叶蛾为完全变态昆虫，完成一个世代需要经过成虫、卵、幼虫和蛹4个阶段。成虫属中型蛾子，翅展23～30毫米。体、翅多淡黄褐色，色斑多变。卵扁平椭圆形，淡黄色，卵常近百粒成块产在叶面，似鱼鳞状、覆透明胶质。幼虫大多为6龄，体长可达18～26毫米；头褐色，体黄绿至淡灰绿色，体表有

白色短毛；前胸硬质板近半月形，褐色，后缘深，两侧下方各有 2
个褐色小点。蛹纺锤形，黄褐至暗褐色；臀棘长，黑色，末端有 8
枚小钩刺。

[**发生特点**] 茶卷叶蛾以老熟幼虫在卷叶苞内越冬，年发生
4～6 代。次年 4 月上旬开始化蛹羽化。成虫夜晚活动，趋光性较
强。卵产于成、老叶正面。初孵幼虫活泼，吐丝或爬行分散，在芽
梢上卷缀嫩叶藏身，咬食叶肉。随虫龄增大逐渐增加食叶量，虫苞
卷叶数可多达 10 叶。幼虫老熟后，即留在卷叶苞内化蛹。影响茶
卷叶蛾种群消长的天敌因子有赤眼蜂、卷蛾茧蜂、真菌、病毒等，
其中以卷蛾茧蜂尤为重要。

[**防治方法**]

（1）清除虫苞。在一龄幼虫发生盛期，适时分批采摘，压低虫
口数量。

（2）灯光诱杀。利用成虫的趋光性，安装杀虫灯诱杀成虫。

（3）药剂防治。防治适期掌握在一、二龄幼虫盛发期，药剂选
用 0.6％苦参碱水剂 800～1 000 倍液、10％联苯菊酯水乳剂 3 000
倍液和 4.5％高效氯氰菊酯乳油 2 000 倍液等。

假眼小绿叶蝉

假眼小绿叶蝉是我国茶区分布最广、为害最重的一种茶树害
虫。以成虫和若虫吸取汁液为害茶树，导致茶树芽叶失水、生长迟
缓、焦边和焦叶，造成茶叶减产、品质下降。

[**形态特征**] 假眼小绿叶蝉为不完全变态昆虫，完成一个世代
要经过成虫、卵、若虫 3 个阶段。成虫淡绿至黄绿色，体长 3～4
毫米，头前缘有一对绿色圈，复眼灰褐色。前翅淡黄绿色，前缘基
部绿色，翅端微烟褐色，后翅无色透明。卵新月形，初产时乳白
色，后渐变淡绿色。若虫共 5 龄，体长可达 2.0～2.2 毫米。一龄
若虫体乳白色，复眼突出明显，头大体纤细；二、三龄若虫体淡黄
色，体节分明；四、五龄若虫体淡绿色，翅芽明显可见。若虫除翅
尚未形成外，体形、体色与成虫相似。

[**发生特点**] 假眼小绿叶蝉以成虫在茶树、杂草或其他作物上

越冬，年发生 9～12 代。翌年早春转暖时，成虫开始取食来补充营养，陆续孕卵和分批产卵。卵散产于茶树嫩茎皮层与木质部之间。若虫大多栖息在嫩叶背面及嫩茎上，以嫩叶背面居多，善爬行、跳跃、畏光，且横行习性。各虫态混杂，世代重叠。时晴时雨、留养及杂草丛生的茶园有利于假眼小绿叶蝉的发生。

[防治方法]

（1）分批、多次采摘。及时分批勤采，可随芽叶带走大量的卵和低龄若虫，控制该虫的为害。

（2）光色诱杀。田间放置色板和安装诱虫灯，可诱杀成虫。

（3）药剂防治。掌握虫情、适时喷药，药剂可选用24％溴虫腈悬浮剂 2 000 倍液、25％吡虫啉可湿性粉剂 1 500～2 000 倍液、10％联苯菊酯水乳剂 2 000～3 000 倍液和藜芦碱水剂 1 000 倍液等。

黑刺粉虱

黑刺粉虱是我国茶区发生范围较广的一种吸汁类茶树害虫，以幼虫刺吸成叶和老叶为害茶树，同时分泌蜜露，诱发煤烟病，影响茶叶产量和品质。

[形态特征]黑刺粉虱为刺吸式口器、完全变态昆虫，完成一个世代需要经过成虫、卵、幼虫和蛹 4 个阶段。成虫体橙黄至橙红色，体背有黑斑，前翅紫褐色，上有 7 个白斑，后翅淡褐色，静止时呈屋脊状。卵香蕉形，有一短柄与叶背相连，初产时乳白色，后渐变橙黄色至棕黄色，近孵化时紫褐色。幼虫扁平，椭圆形，共 3 龄。初孵幼虫淡黄色，后变黑色，体背有刺状物 6 对，背部有 2 条弯曲的白纵线。二龄幼虫背部有刺状物 10 对，三龄幼虫体背隆起、有刺状物 14 对。蛹漆黑色而有光泽，四周敷白色水珠状蜡，背部刺状物雄虫 29 对、雌虫为 30 对。

[发生特点]黑刺粉虱以老熟幼虫在茶树叶背越冬，年发生 4 代。成虫飞翔力弱，有色泽趋性，喜栖息在茶树嫩芽叶上或嫩叶背面，并吸取汁液补充营养。卵散产，常数粒至数十粒成簇产于叶背凹陷处。初孵幼虫能缓慢爬行，但很快就在卵壳附近固定为害，并

在虫体四周分泌白色蜡质。幼虫老熟后即在原处化蛹。在茶丛中的虫口分布以中下部为多。幼虫除吸取汁液为害茶树外，还可排泄蜜露到叶片正面，利于霉菌的繁殖并覆盖整个叶片，影响茶树的光合作用，严重时整个茶园叶片变黑。茶树郁蔽、阴湿的茶园一般发生较重，窝风向阳洼地茶园中的虫口密度往往较大。寄生菌和寄生蜂的联合种群作用，对黑刺粉虱有控制作用。

[防治方法]

（1）农业措施。修枝、整枝保持茶园良好的通风透光性，有利于控制黑刺粉虱的发生。

（2）色板诱杀。在成虫发生期，田间放置黄色黏虫板，可诱杀成虫。

（3）药剂防治。防治时间在第一代卵孵化盛末期，采用侧位喷洒，药液重点喷至茶树中下部叶片背面。药剂可选用 25％吡虫啉可湿性粉剂 1 500 倍液、10％联苯菊酯水乳剂 2 000～3 000 倍液和 99％矿物油乳油 150～200 倍液等。

丽纹象甲

丽纹象甲是我国茶区夏茶期间的一种重要害虫，以成虫取食茶树嫩叶，影响茶叶的产量和品质。

[形态特征]成虫体长 6～7 毫米，灰黑色，体背具有由黄绿色、闪金光的鳞片集成的斑点和条纹，腹面散生黄绿或绿色鳞片。触角膝状，柄节较直而细长，端部 3 节膨大。复眼长于头的背面，略突出。鞘翅上也具黄绿色纵带，近中央处有较宽的黑色横纹。卵椭圆形，初为黄白色，后渐变暗灰色。幼虫乳白色至黄白色，最长时体长 5～6 毫米，体多横皱，无足。蛹长椭圆形、灰褐色，头顶及各体节背面有刺突 6～8 枚，胸部刺突较为明显。

[发生特点]丽纹象甲以幼虫在茶园土壤中越冬，年发生 1 代。初羽化出的成虫乳白色，在土中潜伏至体色由乳白色变成黄绿色后才出土。成虫具假死习性，受惊后即坠落地面。成虫产卵盛期在 6 月下旬至 7 月上旬，卵分批散产在茶树根际附近的落叶或表土上。幼虫孵化后在表土中活动取食茶树及杂草根系，直至化蛹前再逐渐

向土表转移。丽纹象甲以成虫取食茶树嫩叶，被害叶呈现不规则的缺刻。茶园耕作、气候条件及天敌种群对丽纹象甲的发生有一定的影响。

[防治方法]

（1）茶园耕作。在7～8月进行茶园耕锄、浅翻及秋末施基肥、深翻，可明显影响初孵幼虫的入土及此后幼虫的存活。

（2）人工捕杀。利用成虫的假死习性，在成虫发生高峰期用震落法捕杀成虫。

（3）药剂防治。施药适期应掌握在成虫出土盛末期，药剂可选用10％联苯菊酯水乳剂1 000～2 000倍液、98％杀螟丹可溶性粉剂1 000～1 500倍液等。

角胸叶甲

角胸叶甲又称为黑足角胸叶甲，分布福建、江西、湖南、湖北、广东、广西等省份。以成虫取食茶树新梢嫩叶或成叶，影响茶树生长和茶叶产量。

[形态特征]成虫属小型甲虫，体长3.5～3.8毫米，体翅棕黄色，头颈短；触角第一节膨大，第二节短粗，其余各节基部略细，端部略粗；前胸背板宽大于长，刻点排列不规则；鞘翅背面具小刻点10～11行，每行24～38个，排列整齐；后翅浅褐色膜质。卵长椭圆形，初白色，孵化前变为暗黄色。幼虫头部黄褐色，体白微带黄色，3对胸足。

[发生特点]角胸叶甲以幼虫在土中越冬，年发生1代。成虫棕黄色，无趋光性，具假死习性，取食茶树新梢嫩叶或成叶，呈不规则的小洞。卵聚产于茶园表土层和枯枝落叶下，幼虫咬食茶树须根。幼虫老熟后，上升至土表做一蛹室化蛹。影响角胸叶甲的天敌有蜘蛛、步甲和蚂蚁等。

[防治方法]

（1）耕作除虫。茶园耕锄、浅翻及深翻，可明显减少土层中的卵、幼虫和蛹的数量。

（2）人工捕杀。利用成虫的假死习性，用震落法捕杀成虫。

（3）药剂防治。施药适期应掌握在成虫出土盛末期，药剂可选用10％联苯菊酯水乳剂2 000倍液、98％杀螟丹可溶性粉剂1 500倍液等。

茶蓟马

茶蓟马又称棘皮茶蓟马，以成、若虫锉吸汁液为害茶树，主要分布于广东、海南、广西、贵州、浙江等省份。

[形态特征]雌成虫体色黑褐色，前胸与头等长；翅窄微弯，后缘平直；前翅淡黑色，翅脉1条，翅中央靠基部一段有一白色透明带，合翅时能见背中有一黄白点。卵长椭圆形，乳白色，半透明。若虫共4龄，乳白色至橙红色，半透明，头扁而细长。

[发生特点]茶蓟马一年发生多代，世代重叠。成虫活动性较弱，受惊后会弹跳飞翔，白天在阳光照射下多栖息于茶树叶背荫蔽处。卵多散产于芽下第一叶的表皮下叶肉内。若虫趋嫩性强，有群集性，常十多头至数十头聚集栖息于嫩叶叶背或叶面；预蛹（三龄）时停止取食，并沿枝干下爬至土表枯叶下或树干下部苔藓、地衣及茶丛内层形成虫苞化蛹。成虫和一、二龄若虫均锉吸茶树嫩叶的汁液，受害叶片失去光泽，变形、质脆，严重时芽叶停止生长，以致萎缩枯竭。高温对茶蓟马种群数量有明显的抑制作用。

[防治方法]

（1）分批采摘。及时分批采摘可带走嫩叶上的虫群。

（2）药剂防治。部分茶蓟马发生较重的茶园，药剂可选用25％吡虫啉可湿性粉剂1 500倍液、10％联苯菊酯水乳剂2 000～3 000倍液和99％矿物油乳油150～200倍液等，或可结合茶园其他害虫的防治进行兼治。

茶橙瘿螨

茶橙瘿螨是我国茶区茶树主要害螨之一。以成螨和幼、若螨的针状口器刺吸茶树汁液为害，发生严重时芽叶萎缩、干枯，影响茶树生长和茶叶产量。

[形态特征]成螨体微小，长圆锥形，黄至橙红色，前体段有

羽状爪，后渐细呈胡萝卜状。卵球形，白色半透明，呈水晶状，近孵化时颜色变浑浊。幼螨无色至淡黄色，体形与成螨相似。若螨淡橘黄色，体长于幼螨，体形与成螨相似。

[发生特点] 茶橙瘿螨以卵、幼（若）螨及成螨在叶背越冬，年发生约25代。茶橙瘿螨营孤雌生殖，卵散产于嫩叶背面，尤以侧脉凹陷处居多。发生期各形态螨混杂，世代重叠现象严重。螨口以茶丛上部叶背为多，被害叶常呈黄绿色，叶片正面主脉发红，失去光泽，严重时叶背出现褐色锈斑，芽叶萎缩、干枯，状似火烧，造成大量叶落。气候条件是影响茶橙瘿螨种群消长的主要因子，高温抑制其繁殖，暴雨常造成种群数量下降。

[防治方法]

（1）分批及时采摘。茶橙瘿螨绝大部分分布在一芽二、三叶上，及时分批采摘可带走大量的成螨、卵、幼螨和若螨。

（2）药剂防治。在螨口数量上升期进行防治，药剂可选用99％矿物油乳油150～200倍液、57％克螨特乳油1 500～2 000倍液等，非采摘期可用石硫合剂。

咖啡小爪螨

咖啡小爪螨是我国南方茶区茶树主要害螨之一。以成螨、幼螨和若螨刺吸叶片汁液为害茶树，严重时可使茶园叶片发红，影响茶树生长和茶叶产量。

[形态特征] 雌成螨宽椭圆形，虫体暗红色，前端淡色，背隆起，有4行白细毛，有足4对。卵近圆形，红色至浅橙红色，中间有一根白细毛。幼螨椭圆形，鲜红色，足3对。若螨椭圆形，暗红色，足4对。

[发生特点] 咖啡小爪螨无明显的越冬、滞育现象，年发生约15代。全年各种螨态混杂发生，喜光，多栖于上部成叶及老叶表面为害。卵散产叶面，且多在叶脉附近及凹陷处。幼螨善爬行，且能吐丝随风飘移。咖啡小爪螨常在成叶叶面刺吸并结细丝网，受害叶呈现黄至红褐色斑，失去光泽，布满卵壳与脱皮壳，如白色尘埃，严重时叶片硬脆干枯脱落。

［防治方法］

（1）分批及时采摘。及时分批采摘可带走部分的成螨、卵、幼螨和若螨。

（2）药剂防治。在螨口增长前期进行防治，药剂可选用99％矿物油乳油150～200倍液、57％克螨特乳油1 500～2 000倍液等，非采摘期可用石硫合剂。

茶跗线螨

茶跗线螨又称茶黄螨、侧多食跗线螨和茶半跗线螨等，主要分布在四川、江苏、湖北、云南、贵州和浙江等茶区。以成螨和幼、若螨栖息在茶树嫩叶背面刺吸汁液为害，影响茶树树势和茶叶产量。

［形态特征］成螨体微小。雌成螨椭圆形，初期乳白色，渐变成淡黄、黄绿等色，半透明，后体段背面中央有纵向乳白色条斑。雄成螨近菱形，体色乳白色至淡黄色，半透明。卵椭圆形，无色透明，近孵化时淡绿色，卵壳上有纵向排列整齐的灰白色圆形泡状突起，共6行。幼螨前期椭圆形，乳白色，具足3对。若螨长椭圆形，体形与成螨接近，具足4对。

［发生特点］茶跗线螨以雌成螨在茶芽鳞片内或叶柄等处越冬，年发生20～30代。茶跗线螨以两性繁殖为主，也能营孤雌繁殖，卵单产、散产于芽尖和嫩叶背面。茶跗线螨趋嫩性很强，能随芽梢的生长不断向幼嫩部位转移，分布在芽下第一至三叶的螨数占总螨数的98％以上。留养不采茶的茶园和幼龄茶园发生较为严重。

［防治方法］

（1）分批及时采摘。由于茶跗线螨绝大部分分布在一芽二、三叶上，及时分批采摘可带走大量的成螨、卵、幼螨和若螨。

（2）药剂防治。在螨口数量上升期进行防治，药剂可选用99％矿物油乳油150～200倍液、57％克螨特乳油1 500～2 000倍液等，非采摘期可用石硫合剂。

第八节　蔬菜主要病虫害发生
特点与综合防治技术

一、蔬菜病害

黄瓜霜霉病

霜霉病为黄瓜主要病害，种植地区都有发生，显著影响生产。

［症状］此病全生育期都可发生，主要为害叶片。子叶染病后初呈褪绿色黄斑，扩大后呈黄褐色。真叶染病叶缘或叶背面出现水浸状病斑，逐渐扩大，受叶脉限制呈多角形淡黄褐色或黄褐色斑块，湿度高时叶背面或叶面均长出灰黑色霉层，即病菌孢囊梗和孢子囊。后期病斑连片致叶缘卷缩干枯，严重时植株一片枯黄。

［发生特点］病菌主要在冬季温室内为害越冬，南方常年发生。病菌借气流和农事操作传播。病菌生长温度 15～30℃，孢子囊萌发适温 15～22℃。气温 15～22℃时，叶面有水滴即可发病。温度 20～26℃，相对湿度 85％以上病菌生长最适宜；气温 15～20℃，相对湿度高于 83％病菌即大量产孢，湿度越高产孢越多。叶面结水是孢子囊萌发和侵入的必要条件。

［防治方法］

（1）培育无病壮苗，增施有机底肥，注意氮、磷、钾肥合理搭配。棚室采用高垄地膜覆盖配合滴灌或管灌等节水栽培技术。

（2）育苗棚和定植前采用 20％辣根素水乳剂 1 升/亩，或 50％复合生物熏蒸剂 500 毫升/亩熏蒸消毒。

（3）发病前采用 50％复合生物熏蒸剂 200 毫升/亩定期熏蒸预防，发病初期选用 100 万孢子/克寡雄腐霉可湿性粉剂 15～20 克/亩，或 72％克露可湿性粉剂 800 倍液，或 72.2％普力克水剂 800 倍液，或 72％霜脲·锰锌可湿性粉剂 800 倍液喷雾防治。有条件最好采用常温烟雾施药防治。

黄瓜枯萎病

枯萎病为黄瓜普通病害，局部地区发生，个别地块成片死秧，显著影响黄瓜生产。

[**症状**] 此病多在开花结瓜后陆续发病，病株初期表现为中下部叶片或植株一侧叶片褪绿，中午萎蔫下垂，早、晚恢复，以后萎蔫叶片不断增多至逐渐遍及全株，最后整株枯死，在主蔓基部一侧形成长条形凹陷病斑，湿度高时病茎纵裂，其上产生白色至粉红色霉层，即病菌子实体，剖茎可见维管束变褐，有时病部可溢出少许琥珀色胶质物。

[**发生特点**] 病菌以厚垣孢子或菌丝体在土壤、肥料中越冬。条件适宜形成初侵染，在病部产生大小分生孢子，通过浇水、雨水和土壤传播，从根茎部伤口侵入，并进行再侵染。通常地下部当年很少再侵染。连作地或施用未充分腐熟的沤肥，或低洼、土质黏重、植株根系发育不良，或天气闷热潮湿发病严重。品种间抗病性有差异。

[**防治方法**]

（1）实行非瓜类蔬菜 2～3 年轮作，施用充分腐熟的有机肥。选用无病土育苗，提倡用新法育苗，减少伤根。

（2）重病地块或棚室采用 20％辣根素水乳剂 3～5 升/亩随水滴灌覆膜，进行土壤生物熏蒸消毒处理，处理后增施生物菌肥。

（3）选用抗病品种，或采取嫁接防病。

黄瓜疫病

疫病为黄瓜重要病害，分布较广，保护地和露地都发病，多造成零星死苗或死秧，严重时大片死苗或死秧，显著影响黄瓜生产。

[**症状**] 此病苗期至成株期均可发生，保护地内主要为害茎基部。成株发病主要在茎基部或嫩茎节部出现暗绿色水浸状病斑，后变软缢缩，病部以上叶片逐渐萎蔫或全株枯死。湿度高时病部表面长出稀疏白霉，并迅速腐烂，剖茎维管束不变色。叶片染病多产生圆形或不规则形水浸状大型病斑，边缘不明显，扩展迅速，干燥时呈青白色，易破裂穿孔，病斑扩展到叶柄时叶片下垂。瓜条或嫩茎

染病，初为水浸状暗绿色，以后缢缩凹陷，最后腐烂，在病部产生稀疏白霉。

[发生特点] 病菌以菌丝体、厚垣孢子及卵孢子随病残体在土壤中越冬。条件适宜时越冬病菌接触到寄主即形成初侵染，25～30℃时1天后即引起发病。病部产生孢子囊萌发后形成游动孢子，通过风、雨及浇水传播，形成重复侵染。病菌9～37℃均可生长，最适温度23～32℃，相对湿度95％以上，并要求有水滴存在。通常瓜类蔬菜连茬种植发病较重，降雨多、雨量大发病重。

[防治方法]

（1）实行与非瓜类蔬菜2年以上轮作。采用无病土育苗，高垄或高畦地膜覆盖栽培。

（2）重病地块种植前采用20％辣根素水乳剂3～5升/亩随水滴灌覆膜，进行土壤生物熏蒸消毒处理，也可采用与黑籽南瓜嫁接防治。

（3）发病前或发病初及时进行药剂防治，喷药重点针对植株幼嫩和根茎部位，必要时中心病区可用药液灌根。药剂种类及使用浓度参见黄瓜霜霉病。

黄瓜白粉病

白粉病为黄瓜普通病害，局部地区发生，管理较粗放的棚室发病较重，显著影响黄瓜生产。

[症状] 此病全生育期都可发生，叶片发病严重，叶柄、茎蔓次之。发病初期在叶面或叶背及茎蔓上产生白色近圆形小粉斑，以叶面居多，以后向四周扩展形成边缘不明显的连片白粉，严重时叶片上布满白粉，即病菌菌丝和分生孢子。发病后期，白色霉斑逐渐消失，病部呈灰褐色，病叶枯黄坏死。有时在病斑上长出黄褐色至黑褐色小粒点，即病菌闭囊壳。

[发生特点] 病菌以闭囊壳随病残体在土中越冬，或在保护地内为害越冬。南方菜区病菌以菌丝或分生孢子在寄主上为害越冬和越夏。借气流、雨水和浇水传播。10～25℃均可发病，高温干燥和潮湿交替，病害发展迅速。生长后期植株生长衰弱，病害严重。种

植过密、生长期缺肥亦发病较重。

[防治方法]

（1）因地制宜地选用抗病优良品种。

（2）培育壮苗，定植时施足底肥，增施磷、钾肥，避免后期脱肥。定植前温室或大棚用20%辣根素水乳剂1升/亩，或50%复合生物熏蒸剂500毫升/亩熏蒸消毒。

（3）适时进行药剂防治，发病前可用硫黄500克/亩，或50%复合生物熏蒸剂200毫升/亩定期熏蒸预防。发病初可选用40%福星乳油8 000倍液，或100万孢子/克寡雄腐霉可湿性粉剂15～20克/亩，或10%世高水分散粒剂8 000倍液喷雾防治。有条件宜使用常温烟雾施药防治。

黄瓜角斑病

角斑病为黄瓜重要病害，部分地区发生，显著影响黄瓜生产。

[症状] 此病全生育期均可发生，可为害叶片、叶柄、卷须和果实，严重时也侵染茎蔓。子叶染病初呈水浸状近圆形凹陷斑，以后呈黄褐色坏死。真叶染病初为暗绿色水浸状多角形，以后变成淡黄褐色多角形病斑，湿度高时叶背溢出乳白色浑浊水膜状菌液，干后留下白痕，病部质脆易破裂穿孔，区别于霜霉病。

[发生特点] 病菌在种子内或随病残体在土壤内越冬。通过伤口或气孔、水孔和皮孔侵入，发病后通过雨水、浇水、昆虫传播，病害与结露或雨水关系密切。病菌生长温度1～35℃，发育适宜温度20～28℃，39℃停止生长，49～50℃致死。空气湿度高，或多雨，或夜间结露多有利发病。

[防治方法]

（1）选用无病种子，或选用种子重量0.3%的47%加瑞农可湿性粉剂拌种。

（2）合理浇水，防止大水漫灌，保护地注意通风降湿，缩短植株表面结露时间，注意在露水干后进行农事操作，及时防治田间害虫。

（3）发病初期进行药剂防治，可选用47%加瑞农可湿性粉剂

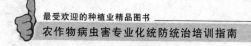

600 倍液，或 77％可杀得可湿性粉剂 500 倍液，或 25％噻枯唑可湿性粉剂 300 倍液，或用 1％新植霉素可湿性粉剂 200×10^{-6} 毫克/千克喷雾防治。

黄瓜根结线虫病

根结线虫病为黄瓜重要病害，局部地区分布，发病后显著影响生产。

[**症状**] 此病主要为害根系，染病植株和幼苗在侧根或须根上，产生初期乳白色后为黄褐色大小不等瘤状根结。解剖根结，病部组织内可见很多细小乳白色线虫。随病害发展根结之上可长出细弱新根，以后再度染病，形成根结。地上部症状表现因发病程度不同而异，轻病株症状不明显，重病株发育不良，植株矮小，叶片中午萎蔫或逐渐枯黄，最后枯死。

[**发生特点**] 南方根结线虫可在多种蔬菜上为害繁殖越冬。在北方菜区，线虫主要以雌成虫在根结内随病残体在棚室土壤中越冬。越冬卵孵化成幼虫，遇到寄主便从幼根侵入，形成瘤状根结。线虫主要分布在 20 厘米表土层内，3～10 厘米最多。主要通过带菌土、病苗、浇水和农具等传播。土温 20～30℃，湿度 40％～70％条件下，线虫繁殖很快，容易在土内大量积累。

[**防治方法**]

（1）无病土育苗，病害常发区选用无虫土或大田土育苗，施用不带病残体或充分腐熟的有机肥，也可用基质育苗，同时注意防止人为传播。

（2）重病地块种植前采用 20％辣根素水乳剂 3～5 升/亩随水滴灌覆膜，进行土壤生物熏蒸消毒处理。

苦瓜枯萎病

枯萎病为苦瓜的重要病害，在老菜区种植苦瓜年限较长的地区造成危害严重，显著影响苦瓜生产。

[**症状**] 此病在苦瓜全生育期均可发生，以结瓜后发病较多。发病初期植株叶片由下向上褪绿，逐渐变黄萎蔫，最后枯死，剖茎可见病株根茎部和根部维管束变褐。有时根茎表面可出现浅褐色坏

死条斑，潮湿时表面可产生白色至粉红色霉层，即病菌菌丝和分生孢子，终致病部腐烂，最后仅剩维管束组织。

[**发生特点**] 病菌以厚垣孢子或菌丝体在土壤、肥料中越冬。条件适宜形成初侵染，在病部产生的大小分生孢子通过浇水、雨水和土壤传播，从根茎部伤口侵入，并进行再侵染。通常地下部当年很少再侵染。连作地或施用未充分腐熟的沤肥，或低洼、土质黏重、植株根系发育不良，或天气闷热潮湿发病严重。品种间抗病性有差异。

[**防治方法**]

（1）实行非瓜类蔬菜2～3年轮作，施用充分腐熟的有机肥。选用无病土育苗，提倡用新法育苗，减少伤根。

（2）重病地块或棚室采用20％辣根素水乳剂3～5升/亩随水滴灌覆膜，进行土壤生物熏蒸消毒处理，处理后增施生物菌肥。

苦瓜白粉病

白粉病为苦瓜主要病害，分布广泛，发生普遍，保护地、露地都发生，严重影响苦瓜生产。

[**症状**] 此病主要为害叶片，严重时亦为害茎蔓和叶柄。发病初期在叶片正面和背面产生近圆形大小不等的白色粉斑，随病害发展，病斑迅速增多，最后粉斑密布，相互连接致叶片变黄枯死，终致全株早衰死亡。

[**发生特点**] 病菌以菌丝体或闭囊壳在寄主上或在病残体上越冬。温暖地区病菌以分生孢子进行初侵染和再侵染，周年发生，无明显越冬期。病菌喜温暖潮湿，干湿交替对病害也十分有利。通常温暖湿闷，时晴时雨有利于发病。偏施氮肥或肥料不足，植株生长过旺或衰弱发病较重。

[**防治方法**]

（1）因地制宜选用抗耐病良种。

（2）拉秧后彻底清除病残组织，集中进行灭菌处理。定植前温室或大棚用20％辣根素水乳剂1升/亩，或50％复合生物熏蒸剂500毫升/亩熏蒸消毒。

（3）适时进行药剂防治，发病前可用硫黄 500 克/亩，或 50％复合生物熏蒸剂 200 毫升/亩定期熏蒸预防。发病初可选用 40％福星乳油 8 000 倍液，或 100 万孢子/克寡雄腐霉可湿性粉剂 15～20 克/亩，或 10％世高水分散粒剂 8 000 倍液喷雾防治。

西瓜枯萎病

枯萎病是西瓜主要病害，分布广泛，发生普遍，显著影响西瓜生产。

［**症状**］此病在西瓜全生育期都可发生。苗期染病，病苗叶色变浅，似缺水状萎蔫，最后枯死，剖茎可见维管束变黄。成株期发病，初期叶片由下向上逐渐萎蔫，似缺水状，尤其在中午表现明显，早、晚恢复正常。几天后全株叶片萎蔫下垂至不再恢复而枯死。最后病根变褐腐烂，茎基部纵裂，剖茎可见维管束变褐。

［**发生特点**］病菌主要以菌丝、厚垣孢子或菌核在未腐熟的有机肥或土壤中越冬，在土壤中可存活 6～10 年，病菌可通过种子、肥料、土壤、浇水进行传播，以堆肥、沤肥传播为主要途径。病菌生长温度为 5～35℃，土温 24～30℃为病菌萌发和生长适宜温度。

［**防治方法**］

（1）实行与禾本科作物轮作，避免连茬种植。

（2）选用抗病品种，或采用黑籽南瓜、瓠子（京欣砧 1 号、京欣砧 2 号、航欣砧 1 号）抗性砧木嫁接。

（3）无病土育苗，营养土尽量选用塘土、园田土，不用菜田土和瓜田土。堆、沤肥要充分腐熟，禁止使用带菌的有机肥。适当增施磷、钾肥，控制施用氮肥。

（4）种子处理，可用 75％萎福双，或 65％防霉宝可湿性粉剂拌种。

（5）重病地块种植前采用 20％辣根素水乳剂 3～5 升/亩随水滴灌覆膜，进行土壤生物熏蒸消毒处理。

甜瓜白粉病

白粉病为甜瓜的常见病，分布广泛，发生普遍，春秋两季发病较重，发病率 30％～100％，显著影响甜瓜生产。此病除为害甜瓜外，还侵染多种葫芦科蔬菜。

[**症状**] 此病在甜瓜全生育期都可发生，主要为害叶片，严重时亦为害叶柄和茎蔓。叶片发病初期在叶正、背面出现白色小粉点，逐渐扩展呈白色圆形粉斑，多个病斑相互连接使叶面布满白粉。随病害发展，粉斑颜色逐渐变为灰白色，后期偶在粉层下产生黑色小点，最后病叶枯黄坏死。

[**发生特点**] 病菌随病残体在保护地内越冬，也可以分生孢子在其他寄主上为害越冬，借气流、雨水传播。病菌喜温湿，耐干燥，高温干燥和潮湿交替有利于病害发生发展。病菌生长温度10～30℃，适宜温度为20～25℃，相对湿度25%～85%分生孢子均可萌发，以高湿条件适宜发病。生长中后期植株生长衰弱发病严重。品种间对白粉病的抗性有明显差异。

[**防治方法**] 参见黄瓜白粉病。

甜瓜蔓枯病

蔓枯病是甜瓜的重要病害，分布广泛，各地都有发生，部分地区发生普遍。

[**症状**] 此病主要为害茎蔓，也为害叶片和叶柄。叶片发病多从靠近叶柄附近或从叶缘开始侵染，形成不规则红褐色坏死大斑，有不甚明显的轮纹，后期病斑上密生黑色小点，即病菌分生孢子器。茎蔓受害多在茎节处形成初为水浸状深绿色斑，以后变成灰白至浅红褐色不规则坏死大斑，迅速向各方向发展造成茎折或死秧，在病部常产生乳白至红褐色流胶，病斑表面形成许多小黑点，即病菌分生孢子器，最终干缩萎垂至枯死。

[**发生特点**] 病菌在病残体上、土壤内、棚室架材上越冬，也可附着在种子表面越冬。通过浇水、气流或农事操作传播。病菌生长温度15～35℃，适宜温度20～24℃。空气湿度高于85%，平均气温18～25℃时适宜发病。种植过密，通风不好，缺肥或偏施氮肥，保护地浇水后长时间闭棚容易诱发此病。

[**防治方法**]

（1）实行非瓜类作物2～3年轮作，拉秧后及时清除枯枝落叶及植物残体，带出棚外进行除害处理。

（2）选用无病种子，用 52～55℃ 温水浸种 20～30 分钟后催芽播种。也可用种子重量 0.3％ 的 50％ 扑海因可湿性粉剂拌种。

（3）定植前温室或大棚用 20％ 辣根素水乳剂 1 升/亩，或 50％ 复合生物熏蒸剂 500 毫升/亩熏蒸消毒。

（4）生产期采用 50％ 复合生物熏蒸剂 200 毫升/亩定期熏蒸预防。发病初期用 70％ 甲基托布津可湿性粉剂 600 倍液，或 50％ 扑海因可湿性粉剂 800 倍液，或 40％ 多硫悬浮剂 500 倍液喷雾，重点喷洒植株中下部。病害严重时，可用上述药剂使用量加倍后涂抹病茎。

番茄黄化曲叶病毒病

黄化曲叶病毒病是近些年新发生的毁灭性很强的新病害，分布广泛，发生普遍，曾在我国许多地区造成重大损失，显著影响番茄生产。

［症状］此病全生育期都可发生，苗期发病损失严重。病株上部叶片变小，黄化，卷曲，节间缩短，植株矮化，花朵减少，开花延迟，坐果少而小，成熟期果实转色不正常，且成熟不均匀。苗期发病，植株严重矮缩，叶尖卷曲，一般都不能正常开花结果；植株生长中后期发病，上部叶片和新芽呈现典型黄化卷曲症状，有的呈菜花状，坐果急剧减少，果实小，畸形。

［发生特点］此病种子不传带，该病毒在自然条件下只能由带毒烟粉虱传播，病苗亦可以远距离传播。番茄幼嫩时期高温、干旱，田间烟粉虱发生较多时此病发生严重。

［防治方法］

（1）因地制宜选用抗病品种。育苗前彻底清除苗床及附近的杂草，与生产作物完全隔离。

（2）培育无病苗，育苗前棚室采用 20％ 辣根素水乳剂 1 升/亩常温烟雾密闭施药熏蒸，或 20％ 敌敌畏烟雾剂 0.25～0.5 千克/亩熏蒸；棚室风口和出入口设置 50～60 目防虫网，在苗床土上方 10～15 厘米挂设黄色诱虫板 25～30 块/亩。

（3）定植棚在定植前采用 20％辣根素水乳剂 1 升/亩常温烟雾密闭施药熏蒸，或 20％敌敌畏烟雾剂 0.25～0.5 千克/亩熏蒸；棚室风口和出入口设置 50～60 目防虫网，在植株上方 20 厘米挂设黄色诱虫板 25～30 块/亩。

番茄蕨叶病毒病

蕨叶病毒病为番茄重要病害，分布较广，部分种植地区发生较重。

[**症状**] 此病多在苗期至开花期发生较重，病株表现不同程度矮化，顶部叶片细长，不扩展，筒状卷曲。严重时枝芽丛生，呈螺旋状下卷，或叶肉退化，叶片成纤细扭曲线状。中、下部叶片向上卷，重者亦卷成筒状，节间短缩。病轻时植株黄化矮缩，花冠加厚成巨型花，结果小或畸形。

[**发生特点**] 番茄种子不带毒，主要在活的寄主体内越冬。发病后由多种蚜虫传播，高温干旱有利于病毒增殖，也有利于蚜虫繁殖活动和传毒，因而高温干旱时病害严重。

[**防治方法**]

（1）种植前彻底铲除田间及四周杂草，适当远离老根菠菜和十字花科蔬菜采种地块。

（2）秋茬种植，注意适当晚播，最好直播，采用防雨棚、覆盖遮阳网防晒降温，播种后勤浇小水，或地面覆草降低地温，保持土壤湿润。

（3）露地种植，田边种植高棵作物，或田间适当间作玉米、菜豆（豇豆）等遮阴降温，改善田间小气候和引诱蚜虫取食，以减轻发病。

番茄晚疫病

晚疫病为番茄主要病害，分布广泛，发生普遍，保护地、露地都有发生。

[**症状**] 幼苗染病，叶片上出现暗绿色水浸状病斑，迅速向叶柄和茎部扩展，使之变细呈褐色坏死，致幼苗萎蔫或倒折。成株发病，多从叶尖或叶缘侵染，初为灰绿色小点，后变成不规则暗绿色

水浸状病斑，最后变褐色。温湿度适宜时在病健交界处产生稀疏白霉，随后病叶腐烂。青果染病，在果表面形成不规则褐色坏死斑，边缘云纹状。

[发生特点] 病菌在设施番茄、茄子上为害过冬，也可随病残体或马铃薯越冬。条件适宜时病菌产生孢子囊由雨水或气流传播引起发病，形成中心病株，借气流或雨水传播。低温高湿适宜发病。病菌生长温度10～25℃，适温20℃左右。产生孢子囊要求空气相对湿度达85%以上，孢子囊萌发要求有水滴存在。气温在病菌生长温度范围内，早晚大雾、露重，或连阴雨，病害即严重发生，相对湿度长时间在75%～100%，病害将流行。

[防治方法]

（1）收获后彻底消除病残组织，集中妥善处理。

（2）种植前采用20%辣根素水乳剂1升/亩熏蒸消毒，进行棚室表面灭菌。避免种植过密，忌大水漫灌，雨后及时排水。

（3）发现中心病叶、病株及时清除带到棚外妥善处理。发病后适当控制浇水，提高管理温度，控制晚疫病发展。

（4）发病初期在清除中心病株、中心病叶后及时进行药剂防治。可选用72.2%普力克水剂600倍液，或72%霜脲·锰锌可湿性粉剂600倍液，或72%克露可湿性粉剂600倍液喷雾，棚室番茄可选用常温烟雾施药防治。

番茄叶霉病

叶霉病为番茄主要病害，分布广泛，发生普遍，主要在保护地内造成危害。

[症状] 此病主要为害叶片，多从中下部叶先发病，初在叶正面出现边缘不清晰的褪绿浅黄色斑，随后在叶背面病斑上长出初为乳黄色后为黄褐至紫褐色绒状霉层。严重时，叶片上多个病斑相互连接致叶片卷曲坏死，最终全株枯死。

[发生特点] 病菌主要以菌丝体或菌丝块随病残体在土壤表面越冬，越冬病菌在适宜条件下产生分生孢子引起初侵染。温度4～32℃病菌均可生长，20～25℃最适宜，气温22℃左右、湿度90%

以上时病害发生严重。

［防治方法］

（1）重病棚室与非茄科蔬菜进行 2～3 年轮作，减少田间菌源。

（2）种植前采用 20％辣根素水乳剂 1 升/亩熏蒸消毒，进行棚室表面灭菌，生长期避免长时间闷棚。

（3）发病初期选用 40％福星乳油 6 000～8 000 倍液，或 10％世高水分散粒剂 8 000 倍液，或 47％加瑞农可湿性粉剂 600～800 倍液，或 2％武夷菌素水剂 300～400 倍液喷雾。

番茄灰霉病

灰霉病为番茄主要病害，在棚室内普遍发生，显著影响生产。

［症状］此病主要在花期和果实膨大期侵染。花期多从开败的花瓣侵入，沿花瓣向果实侵染，在果柄附近形成灰褐至黄褐色坏死斑，明显凹陷，空气潮湿时病果腐烂，在病部表面产生灰色霉层。果实膨大期多从脐部侵染，造成脐部腐烂。

［发生特点］病菌主要以分生孢子在棚室表面残留越冬。以分生孢子借气流和农事操作传播，经伤口或较衰弱的残花等侵入。发病后产生大量分生孢子进行重复侵染使病害迅速蔓延。病菌生长温度 2～31℃，适宜温度 20～23℃，要求 90％以上相对湿度和弱光照。

［防治方法］

（1）育苗和定植前采用 20％辣根素水乳剂 1 升/亩熏蒸消毒，进行棚室表面灭菌。

（2）根据本病特点应特别重视花期和浇催果水前的防治，即在花期和在浇催果水前用防治灰霉病药液重点针对性地喷花和喷果，保护果实不被侵害。

（3）发病后需及时小心清除病花、病果等病残组织，并配合通风降湿和药剂防治。可选用 40％施佳乐悬浮剂 800～1 000 倍液，或 45％特克多悬乳剂 800 倍液，或 50％敌菌灵可湿性粉剂 500 倍液喷雾。株植茂密时宜选用防治灰霉病药剂采用常温烟雾施药技术防治。

番茄溃疡病

溃疡病为番茄毁灭性病害，在许多种植地区都有发生。一旦发病，常造成整棚或整片植株萎蔫坏死。

[症状] 此病全生育期都可发生。幼苗发病真叶由下向上萎蔫坏死，剖茎可见维管束变色、髓部变空。成株发病多表现为由下向上，由局部枝叶向全株发展。初期下部叶片边缘褪绿萎蔫或翻卷，随后全叶呈青褐色皱缩干枯，进一步发展在叶柄、侧枝或主茎上形成灰白至灰褐色条状枯斑，剖茎可见髓部部分变空，维管束变褐。

[发生特点] 种子可带菌，也可随病残体在土壤中存活 2～3 年。病菌主要由各种伤口侵入，远距离传播主要靠带菌种子、种苗，近距离主要通过雨水、浇水传播。病菌生长温度 1～33℃，适宜温度为 25～27℃，适宜 pH 7，53℃ 10 分钟致死。番茄生长期内，温暖潮湿，多阴雨或多暴雨，或长时间结露有利于发病。

[防治方法]

（1）对种子实行严格检疫，禁止从疫区调运种苗。

（2）对种子消毒灭菌，可用 70℃ 干热灭菌 72 小时，还可用 1％盐酸浸种 5～10 小时后用清水充分洗净后催芽。

（3）采用高垄栽培，发病初期及时清除病株并带到田外妥善处理。病后禁止大水漫灌，雨后防止田间积水。

（4）发病初期药剂喷雾和浇根。可选用 47％加瑞农可湿性粉剂 800 倍液，或 77％可杀得可湿性粉剂 500 倍液，或 10％新植霉素可湿性粉剂 5 000 倍液喷雾和浇根。

番茄根结线虫病

根结线虫病为番茄重要病害，部分地区发生分布，一旦发病，显著影响番茄生产。

[症状] 此病主要侵害根系，在须根和侧根上产生浅黄色串珠状根结，或形成肥肿畸形瘤状根结，解剖根结可见很小的乳白色洋梨状线虫埋生其内。轻病株地上部症状不明显，重病株发育不良，矮小、畸形，似蕨叶病毒病症状，结果少或不结果，空气干燥时萎蔫，最后枯死。

[**发生特点**]根结线虫常以二龄幼虫或卵随病残体遗留在土壤中越冬,可存活1~3年。条件适宜时越冬卵孵化为幼虫侵入寄主,刺激根部细胞增生,形成根结或肿瘤。线虫发育至四龄时交尾产卵,卵在根结里孵化发育,二龄后离开卵壳,进入土中进行再侵染或越冬。带菌土、病苗传播病害。土温25~30℃、含水量40%左右,病原线虫发育最快。

[**防治方法**]

(1)选用仙客系列抗线虫品种。

(2)无病土育苗,或苗床用药剂处理。可用1.8%阿维菌素乳油1~1.5克/米^2,对适量水稀释后喷浇苗床。也可采用20%辣根素水乳剂3~5升/亩随水滴灌覆膜熏蒸苗床。

(3)定植前采用20%辣根素水乳剂3~5升/亩随水滴灌覆膜,对土壤进行生物熏蒸消毒处理。

辣椒病毒病

病毒病为辣椒重要病害,分布广泛,发生普遍,露地和保护地种植发病都相当严重,显著影响辣椒的产量和质量。

[**症状**]此病常有花叶、黄化、坏死和畸形等多种症状:轻花叶型表现明脉,轻微褪绿,或出现浓绿、淡绿相间的斑驳;重花叶型除表现斑驳外,叶面皱缩畸形,植株矮化。黄化病叶明显变黄,严重时大批落叶。坏死型病株部分组织变褐坏死,茎秆上出现条斑,植株顶枯,叶片产生坏死斑驳及环斑等。畸形型病株矮小变形,叶片变成线状蕨叶,呈丛枝状。有时几种症状同时出现,或引起落叶、落花、落果。

[**发生特点**]辣椒病毒病传播途径因毒源种类不同而异,但主要可分为虫传和接触传染两类。田间发病与蚜虫关系密切,特别是遇高温干旱天气,通常高温干旱病害严重。定植不适时,连作,低洼及缺肥等易引起此病流行。

[**防治方法**]

(1)引进选用相对较抗病或耐病的品种。种子用10%磷酸三钠溶液浸泡20~30分钟后洗净催芽播种。

（2）施足底肥，采用地膜覆盖栽培，适时播种，培育壮苗。生长期加强管理，高温季节勤浇小水。注意及时防治蚜虫。

（3）夏季种植采用遮阳网覆盖，或与高秆遮阴作物间作，改善田间小气候。

辣椒疫病

疫病是辣椒毁灭性病害，俗称死秧、烂秧。分布普遍，损失极其严重，是当前影响我国辣椒生产的最重要病害之一。

[**症状**] 此病在辣椒各生育期都可发生，可侵害根、茎、叶和果实。苗期发病，茎基部呈暗绿色水浸状软腐或猝倒，幼苗枯萎死亡，湿度高时病部表面产生少许白色霉状物。叶片多从叶缘侵染，病斑较大，初期水浸状，边缘黄绿至暗绿色，迅速扩展至病叶腐烂或枯死。茎和枝染病，形成褐色或黑褐色不规则条斑，病部以上迅速凋萎枯死。

[**发生特点**] 病菌以卵孢子、厚垣孢子随病残体在土壤内越冬，条件适宜时经灌溉水或雨水飞溅到茎基部或近地面果实上，引起发病。病部产生孢子囊形成重复侵染，借雨水、浇水传播为害。病菌生长发育适温 30℃，最高 38℃，最低 8℃，田间气温 25～30℃，相对湿度高于 85％时病害发展迅速而严重。

[**防治方法**]

（1）前茬收获后，及时彻底清除植株残体。耕翻土壤，实行菜与粮或菜与豆轮作。

（2）定植前采用 20％辣根素水乳剂 3～5 升/亩随水滴灌覆膜，对土壤进行生物熏蒸消毒处理。

（3）田间发现病苗或病株随时拔除，选用 72.2％普力克水剂，或 72％霜脲·锰锌可湿性粉剂 500～600 倍液，或 98％噁霉灵可湿性粉剂 2 000 倍液灌根，视病情 10～15 天一次，浇灌药液 150～250 毫升/株。发病期注意适当控制浇水。

茄子绵疫病

茄子绵疫病又称掉蛋、水烂，是茄子重要病害之一，病重时常引发大量烂果，造成直接经济损失。

[**症状**] 苗期发病，造成猝倒死亡。成株期主要为害果实，也为害茎、叶。果实发病，出现水浸状近圆形病斑，稍凹陷，逐渐扩大到整个果实，潮湿时病部表面产生白霉，果肉腐烂，易脱落；叶片发病，产生水浸状不规则或近圆形褐色病斑，有明显轮纹；茎部发病缢缩或折断，上部叶片萎垂。

[**发生特点**] 病菌随病残体越冬。通过雨水溅射到果实上，从果皮侵入，通过雨水或浇水传播蔓延，进行再侵染。秋末形成卵孢子或厚垣孢子越冬。病菌生长温度 8～38℃，适宜温度 30℃，要求相对湿度高于 95％。茄子生长期高温多雨，或低洼黏重的地块发病较重。

[**防治方法**]

（1）选择地势较高，排水良好的壤土种植。重病地块实行非茄科蔬菜 2 年以上轮作。

（2）采用高垄地膜覆盖栽培。雨后及时排水，避免田间积水。

（3）发病初期选用 72％霜脲・锰锌可湿性粉剂 600 倍液，或 69％安克・锰锌水分散粒剂 600 倍液，或 72.2％普力克水剂 600 倍液，或 25％阿米西达悬浮剂 1 500 倍液喷雾。重点喷果实。视病情及天气，7～10 天喷 1 次，连喷 2～3 次。

茄子黄萎病

茄子黄萎病又叫半边疯、黑心病，是茄子重要病害，对产量有明显影响。

[**症状**] 先从植株半边下部叶片近叶柄的叶缘及叶脉褪绿变黄，逐渐发展为半边叶或整叶变黄。病株初期晴天中午萎蔫，早晚或阴雨天可恢复，后期病株彻底萎蔫。病害由下向上，由半边向全株发展，严重时病株仅剩茎秆，剖开病株根、茎、果，可见维管束变褐。

[**发生特点**] 病菌随病残体在土壤中越冬。越冬病菌从根部侵入，在维管束内繁殖，并随植株体内液流扩展至茎、枝、叶、果实、种子。种子内外可带菌远距离传播。在田间由雨水、浇水、农家肥、农事操作等传播。茄子定植到开花期，日平均气温低于

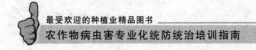

15℃的时间越长，发病越早而重，温度高发病晚而轻，温度28℃以上时病害受抑制。

[防治方法]

（1）选用无病良种或播前用种子重量0.3％的50％多菌灵可湿性粉剂拌种。

（2）发病严重地块可用野茄2号、苏茄1号、托鲁巴姆、红茄作砧木，栽培茄作接穗，采用劈接或插接法嫁接。

（3）苗床或生产田种植前采用20％辣根素水乳剂3～5升/亩随水滴灌覆膜，对土壤进行生物熏蒸消毒处理。

（4）生长期及时药剂防治。定植后发现病株用70％土菌消可湿性粉剂1 500倍液，或98％恶霉灵可湿性粉剂2 000倍液，或50％多菌灵可湿性粉剂500倍液喷洒植株、茎基和地表或进行灌根（每株灌药液0.2～0.3千克）。视病情10天左右施1次，施2～3次。

菜豆（豇豆）细菌性叶烧病

细菌性叶烧病为菜豆（豇豆）主要病害，显著影响生产。

[症状]此病主要为害叶片，苗期染病，子叶上出现红褐色溃疡斑，或在小叶叶柄基部产生水浸状病斑，绕茎扩展呈红褐色，致幼苗折倒枯死。成株叶片染病，多从叶缘开始侵染，形成V字形坏死斑，周围具黄色晕圈。

[发生特点]病菌随种子及病残体越冬，借风雨、浇水和施肥传播。生长温度4～41℃，最适温度25～28℃，48～49℃10分钟即致死。菜豆生长期连续阴雨或降雨次数多，病害即发生并迅速蔓延。

[防治方法]

（1）收获后彻底清除病残组织及残体，集中销毁，并深翻、晒土晾地，减少越冬病菌。

（2）采用无病株种子或播前用1％盐酸浸种8～12小时，或1％次氯酸钠浸种30分钟，洗净晾干后催芽。

（3）发病初期选用47％加瑞农可湿性粉剂800倍液，或77％

可杀得可湿性粉剂 500 倍液，或 20% 龙克菌悬浮剂 600 倍液，或 25% 噻枯唑可湿性粉剂 800 倍液，或新植霉素、农用链霉素 5 000 倍液喷雾，7~10 天防治 1 次，视病情连续防治 2~3 次。

花椰菜黑腐病

黑腐病是花椰菜的主要病害，分布广泛，发生普遍，还侵害其他多种十字花科蔬菜。

[**症状**] 幼苗出土前发病，多引起烂种而缺苗。子叶出土后发病，子叶呈水浸状坏死，迅速蔓延至真叶造成幼苗枯死。成株发病，叶缘形成 V 字形或不规则淡黄褐色坏死斑，病健分界不明显，病斑边缘常具有黄色晕圈，迅速向外扩展致周围叶肉组织变黄枯死。

[**发生特点**] 病菌随病残体在土壤中越冬，也可在种子和种株上存活越冬。病菌耐干燥，可存活 2~3 年，生长发育温度 5~39℃，适宜温度 25~30℃，致死温度 51℃、10 分钟。生长期主要通过浇水、施肥、风雨、农事操作和病株传播蔓延。高温多雨、空气潮湿、叶面多露、叶缘吐水或害虫造成的伤口较多，利于病菌侵入而发病。

[**防治方法**]

（1）与非十字花科蔬菜进行 2~3 年轮作。

（2）选用种子重量 0.3% 的 47% 加瑞农可湿性粉剂拌种。

（3）适时浇水、施肥和防治害虫，减少各种伤口。重病株及时拔除带到田外妥善处理。收获后及时清洁田园。

（4）发病初期进行药剂防治，可选用 47% 加瑞农可湿性粉剂 400~600 倍液，或 58.3% 可杀得 2 000 干悬浮剂 600~800 倍液，或 25% 噻枯唑可湿性粉剂 800 倍液，或 30% 络氨铜水剂 350 倍液，或新植霉素、农用链霉素 5 000 倍液喷雾，10~15 天防治 1 次，视病情防治 1~3 次。

菜心霜霉病

霜霉病为菜心的常见病，分布亦很广泛，保护地、露地均有发生。

[**症状**] 此病主要为害叶片，病斑初期为浅绿色，逐渐变黄坏死，形成不规则黄褐色坏死斑，受叶脉限制而呈多角形。空气潮湿病斑背面产生较厚密的霜状霉层。严重时病害发展迅速，短时间内即蔓延致大半叶片黄化坏死。

[**发生特点**] 病菌在病残体、土壤中或附着在种子表皮上越冬，也可在其他寄主上为害过冬。孢子囊萌发温度 8～12℃，侵入适温 16℃，菌丝生长适温 20～24℃。一般连阴雨天发病重，保护地通风不良，连茬或间套种其他十字花科蔬菜容易发病。

[**防治方法**]

（1）选用抗病良种。

（2）收获后彻底清除病残落叶，尽可能与非十字花科蔬菜轮作。

（3）发病初期进行药剂防治，可选用 100 万孢子/克寡雄腐霉可湿性粉剂 15～20 克/亩，72％克露可湿性粉剂 600～800 倍液，或 72％霜脲·锰锌可湿性粉剂 600～800 倍液，或 66.8％霉多克可湿性粉剂 800～1 000 倍液。

白菜病毒病

病毒病为白菜的主要病害，分布广泛，发生普遍，多在夏秋季发病较重。

[**症状**] 此病在幼苗期发生较重，染病轻时仅表现为花叶轻度畸形，幼苗或幼株叶片颜色浓淡不均，出现不均匀花叶、黄化或轻度皱缩、畸形。染病较重时明显畸形，心叶不发，皱缩或扭曲，外叶颜色浓淡不均，皱缩歪扭。

[**发生特点**] 常年种植十字花科蔬菜，无明显越冬现象。十字花科植物为初侵染来源。由桃蚜、菜缢管蚜、甘蓝蚜等将毒源传到各种十字花科蔬菜上，春夏秋冬相互传染，致多种蔬菜发病。高温干旱，地温高，寄主根系生长发育受影响，抗病力显著降低，蚜虫繁殖快、活动频繁，致病害普遍发生。

[**防治方法**]

（1）因地制宜地选用较抗病品种。

（2）合理间、套轮作，夏秋种植，远离其他十字花科蔬菜，发现重病株及时拔除。

（3）采用遮阳网或无纺布覆盖栽培技术，增施有机底肥，高温干旱季节注意勤浇小水和防治蚜虫，控制病害发生与传播。

（4）发病初期可喷洒 20％病毒 A 可湿性粉剂 500 倍液，或 1.5％植病灵乳剂 1 000 倍液，或喷施复合叶面肥，抑制发病，增强寄主抗病力。

白菜黑腐病

黑腐病为白菜主要病害，分布很广，发生普遍，以夏秋高温多雨季发病较重。

［症状］主要为害叶片，播种带菌种子可造成烂种。子叶染病呈水浸状，迅速蔓延至真叶或枯死。真叶染病，多在叶缘形成 V 字形黄褐色坏死斑。病菌从伤口侵入，在叶片任何部位形成不规则黄褐色病斑，病斑边缘常具黄褐色晕圈，随病害发展，病斑向周围迅速扩展，致周围叶肉变黄枯死。

［发生特点］参见花椰菜黑腐病。

［防治方法］参见花椰菜黑腐病。

白菜霜霉病

霜霉病为白菜主要病害，主要在南方菜区发生为害，以长江流域发生普遍。

［症状］此病主要为害叶片，从外叶开始侵染。病斑叶两面生，发病初期在叶片上产生黄绿色小点，逐渐转变成红褐至灰白色不规则坏死斑，进一步发展成多角形至不规则病斑，大小差异很大，随病情发展，多个病斑相互连接形成不规则大斑，终致叶片坏死干枯。空气湿度大时，叶背病斑表面长出白色霜状霉层，即病菌孢囊梗和孢子囊。

［发生特点］参见菜心霜霉病。

［防治方法］参见菜心霜霉病。

白菜根肿病

根肿病为白菜的重要病害，主要分布在南方地区，一旦发病，显著影响白菜生产。

［症状］此病只为害菜株根部，苗期发病损失严重。发病初期仅表现菜株矮小，生长缓慢，在烈日下外叶萎蔫，严重时枯萎死亡。挖出病株可见根部肿大呈瘤状，肿瘤形状和大小因着生位置变化较大。

［发生特点］病菌以休眠孢子囊随病根残体遗留在土壤中越冬，在土壤中可存活 6～7 年。病株残体沤肥未腐熟时也能带菌。田间主要通过雨水、浇水、昆虫和农机具传播。远距离病苗调运，病菜根或带菌泥土可传带。土壤偏酸（pH 5.4～6.5），气温 18～25℃，土壤含水量 70%～90% 适宜病菌休眠孢子囊萌发，也利于游动孢子活动与侵入。9℃以下、30℃以上很少发病。连作、低洼、下湿地，水改旱菜地发病严重。

［防治方法］

（1）保护无病区，严禁从病区调运种苗。

（2）重病区实行非十字花科蔬菜 6 年以上轮作，并彻底铲除田间十字花科杂草。

（3）无病土育苗，实行无病苗移栽。播种或移栽使用 20% 辣根素水乳剂 5～8 升/亩滴灌覆膜处理土壤。

（4）用充分腐熟的沤肥，收菜时彻底清除病根并集中销毁处理。

芹菜斑枯病

斑枯病为芹菜主要病害，分布广泛，发生普遍，显著影响产量和品质。

［症状］此病主要为害叶片，也为害叶柄和茎部。初为浅褐色油浸状小点，后发展成黄褐色至灰褐色坏死斑，病斑上较均匀散生黑色小点，即病菌分生孢子器。叶柄和茎部染病，多形成梭形褐色坏死斑，略凹陷至显著凹陷，边缘常呈浸润状，病部散生黑色小点。

［发生特点］病菌主要以菌丝体潜伏在种皮内或在病残体及病株上越冬。种皮内病菌可存活 1 年以上。病菌从气孔或直接透过表

皮侵入，寄主发病后产生分生孢子器，释放分生孢子进行重复再侵染。分生孢子萌发温度 9～28℃，发育适温 20～27℃。病菌致死温度为 48～49℃ 30 分钟。病菌在冷凉天气下发育迅速，潮湿多雨有利于发病，田间发病适宜温度为 20～25℃。芹菜生长期多阴雨或昼夜温差大，白天空气干燥，夜间结露多、时间长，或大雾等发病严重。

[**防治方法**]

（1）普通种子可用 48～50℃ 温水浸种 15～20 分钟，边浸边搅拌，其后用凉水冷却，待晾干后播种。

（2）收获后彻底清除田间病残落叶，发病初期及时清除病叶、病茎等，带到田外集中沤肥或深埋销毁，以减少菌源。

（3）棚室栽植在种植前采用 20％辣根素水乳剂 1 升/亩进行棚室表面消毒灭菌。

（4）发病初期选用 40％福星乳油 8 000 倍液，或 10％世高水分散粒剂 8 000 倍液，或 50％扑海因可湿性粉剂 1 000 倍液喷雾防治，7～10 天防治 1 次，视病情连续防治 1～3 次。棚室种植选用 50％复合生物熏蒸剂 300 克/亩定期预防熏蒸。

芹菜根结线虫病

根结线虫病为芹菜的重要病害，部分地区发生分布，保护地、露地都发病，以保护地种植发病严重，显著影响芹菜的产量和质量。

[**症状**] 此病为害根系，幼苗期主要侵害主根，成株期和半成株期多侵害幼嫩侧根和细根。根部受害后形成大小不等链珠状或葫芦状肿瘤，初期乳白色至乳黄色，以后变褐腐烂。受害幼苗或植株生长缓慢，叶色褪绿变黄，由外叶向心叶发展，最后萎蔫死亡。

[**发生特点**] 南方根结线虫以二龄幼虫或卵在土壤中越冬。幼虫在根结内发育至四龄进行交尾产卵。卵孵化后，幼虫到二龄时离开卵壳脱离寄主进入土中进行再侵入或越冬。根结线虫多分布在表土 20 厘米的土层内，主要在 3～10 厘米土层内活动。通过带菌土、病苗和浇水传播。

[防治方法]

（1）实行葱、蒜、辣椒等抗耐病蔬菜轮作，降低土壤中线虫数量。空茬期亦可种植快熟感病蔬菜诱集，提早连根将线虫带走。

（2）育苗或移栽前采用 20％辣根素水乳剂 3～5 升/亩，随水滴灌覆膜进行土壤熏蒸处理。

（3）收获后彻底清除病根，深翻土壤，长时间灌水。北方可进行表土层换土，经严冬可冻死大量虫卵。

二、蔬菜害虫

菜蛾

菜蛾又名小菜蛾、小青虫、两头尖、方块蛾，以我国南方和常年种植十字花科蔬菜的地区发生严重。

[为害特点] 以幼虫为害，一、二龄幼虫仅能取食叶肉，残留表皮，在菜叶上形成一个个"天窗"状透明斑痕，三、四龄幼虫可将菜叶吃成孔洞或缺刻，严重时全叶被吃成网状。

[形态特征] 成虫为灰褐色小蛾，体长 6～7 毫米，翅狭长。前翅后缘有黄白色三度曲折的波纹，两翅合拢时呈屋脊状，形成三个相接的菱形斑。老熟幼虫体长 10～12 毫米，头黄褐色，胸腹部黄绿色，体节明显，两头尖细，腹部 4～5 节膨大，虫体呈纺锤形，臀足向后伸长，超过腹部末端。蛹长 5～8 毫米，黄绿至灰褐色，纺锤形，外被灰白色透明薄茧，透过茧可见蛹体。

[生活习性] 此虫在我国由北向南年发生 2～20 代，多代区世代重叠严重，长江流域及以南地区周年发生为害，北方以蛹越冬，也可以幼虫、成虫在保护地内过冬，转暖后羽化。成虫羽化后当天即可交尾，1～2 天后产卵，产卵期可达 10 天。成虫昼伏夜出，也可随风远距离迁飞。黄昏后开始取食、交尾、产卵，午夜前后活动最盛，有趋光性。卵散产或数粒集聚在一起，每雌虫平均产卵约200 粒。幼虫很活跃，遇惊扰即快速扭动、倒退、翻滚或吐丝下垂。老熟幼虫在被害叶反面或枯叶、枯草上吐丝做薄茧，在茧内化

蛹。蛹期 5～15 天，平均 9 天。成虫发育适宜温度 20～30℃，0～10℃可存活数月，10～40℃可存活并繁殖，其抗逆性强，适温范围广，为害时期长、程度重。

[防治方法]

（1）收获后及时清除和处理残株败叶，消灭残存虫源。

（2）利用成虫的趋光性，安装杀虫灯诱杀成虫。利用性诱剂诱杀成虫。

（3）药剂防治。可用苏云金杆菌 Bt 乳剂 500～1 500 倍液，或 2.5%菜喜悬浮剂 1 000～1 500 倍液，或 5%卡死克乳油，或 25%灭幼脲 3 号悬浮剂 500～1 000 倍液，或 1.8%阿维菌素乳油 2 500～3 000 倍液，或 1%印棟素水剂 800～1 000 倍液，或 10%除尽悬浮剂 1 200～1 500 倍液喷雾。

菜粉蝶

菜粉蝶又名白粉蝶、菜白蝶，其幼虫称菜青虫，全国分布，主要在露地发生，春夏秋季连续种植十字花科蔬菜的地区发生严重。

[为害特点]菜粉蝶以幼虫取食叶片。二龄前幼虫只能啃食叶肉，留下一层透明的表皮。三龄后可蚕食整个叶片，轻则吃成孔洞，重则仅剩叶脉，严重影响植株生长发育和包心，造成减产。

[形态特征]成虫体长 12～22 毫米，体灰黑色，翅白色，顶角灰黑色，雌蝶前翅有 2 个明显黑色圆斑，雄蝶仅有一个明显黑斑。卵为弹头状，高约 1 毫米，表面具纵脊和横格，初产乳白色，后为橘黄色。幼虫体长 15～20 毫米，青绿色，背线淡黄色，腹面绿白色，体表密布细小黑色毛瘤，沿气门线有黄斑。蛹纺锤形，长 18～21 毫米，中间膨大并具有棱角状突起，绿色至棕褐色。

[生活习性]菜粉蝶在我国由北往南年发生 3～9 代。以蛹越冬，多在菜地附近的墙壁、屋檐下或篱笆、树干上、土缝、杂草和枯枝落叶堆内越冬。成虫边取食花蜜边产卵，以晴暖的中午活动最盛，夜间和风雨天常躲在隐蔽处，交尾后 3～7 天开始产卵，成虫期 7 天。卵散产，雌虫平均产卵 120 粒左右。幼虫不活跃，一般不转株为害。发育最适温度 20～25℃，相对湿度 76%左右，多在春、

夏交接期和中秋期形成两个高峰。

[防治方法] 根据菜粉蝶发生为害特点，宜综合防治。秋季收获后及时清除田间杂草、残株及败叶，杀灭虫蛹。成虫盛发期在清晨露水未干时人工捕捉，或在成虫活动时进行网捕。施药适期宜掌握在卵盛期后 3～5 天。使用微生物杀虫剂或昆虫特异性杀虫剂，施药时间需提前 2～5 天。药剂防治参见菜蛾防治方法。

甜菜夜蛾

甜菜夜蛾全国分布，间歇性暴发，年度间发生数量差异很大，食性杂，可为害十字花科、茄科、豆科、葫芦科、菊科、伞形花科、藜科、百合科等 200 多种蔬菜及其他植物。

[为害特点] 此虫以幼虫为害，初孵幼虫群集叶背，吐丝结网，在网内取食叶肉，留下表皮形成透明小"天窗"。三龄后将叶片吃成孔洞或缺刻，严重时将叶片食成网状，仅剩叶脉和叶柄，致菜苗死亡，造成缺苗断垄甚至毁种。三龄以上幼虫还可钻蛀多种蔬菜的花器、花茎、球茎、嫩梢、果实等。

[形态特征] 成虫灰褐色，头、胸有黑点，体长 8～10 毫米，翅展 19～25 毫米。前翅灰褐色，基线仅前段见双黑纹；内横线双线黑色，波浪形外斜；剑纹为一黑条；环纹粉黄色，黑边；肾纹粉黄色，中央褐色，黑边；中横线黑色，波浪形；外横线双线黑色，锯齿形，前、后端的线间白色；亚缘线白色，锯齿形，两侧有黑点，外侧在 M_1 处有一较大的黑点；缘线为一列黑点，各点内侧均衬白色。后翅白色，翅脉及缘线黑褐色。卵圆球状，白色，1～3 层，外覆白色绒毛，不能直接看到卵粒。老熟幼虫体长约 22 毫米，体色多变，背线有或无，颜色各异。明显特征是：腹部气门下线为明显黄白色纵带，有时带粉红色，纵带末端直达腹部末端，不弯到臀足上去。蛹黄褐色，长约 10 毫米，中胸气门显著外突，臀棘上有刚毛 2 根，其腹面基部亦有 2 根极短的刚毛。

[生活习性] 此虫在我国由北往南年发生 4～7 代，热带和亚热带地区全年发生繁殖。以蛹越冬，成虫最适温度 20～23℃，相对湿度 50%～75%，有趋光性，夜间活动，产卵期 3～5 天，产卵量

100～600 粒。幼虫 5 龄，个别 6 龄。三龄前群集为害，四龄后食量增大，有假死性，昼伏夜出，虫口密度过高时互相残杀。老熟幼虫入土吐丝筑室化蛹。

[防治方法]

（1）秋季和冬季翻耕土地，消灭越冬蛹，减少田间虫源。

（2）采用光灯诱捕器或性诱剂早期诱杀成虫。方法参见小菜蛾防治。

（3）春季清除田间地角及附近杂草，消灭部分初龄幼虫。结合田间管理，人工采除卵块和捕捉幼虫。

（4）幼虫三龄前喷药防治，参见菜蛾防治。因该虫抗药性较强选用米满、除尽等药剂防治效果较好。根据害虫昼伏夜出习性，施药宜在清晨或傍晚进行，注意交替用药。

棉铃虫

棉铃虫又名棉铃实夜蛾，全国分布，可为害番茄及其他多种蔬菜和粮食、经济作物。

[为害特点]棉铃虫以幼虫蛀食植株的花蕾、花器、果实、种荚，也钻蛀茎秆、果穗、菜球等，早期食害嫩茎、嫩叶和嫩芽。花蕾和花器受害后，苞叶张开，变成黄绿色，易脱落。果实和种荚常被吃空或引起腐烂。菜球被钻蛀后因雨水、病菌侵入常引起腐烂、变质，不能食用或显著降低产品质量。

[形态特征]成虫体长 14～18 毫米，翅展 30～38 毫米，灰褐至黄褐色。前翅具褐色环状纹和肾形纹，肾形纹前方的前缘脉上有二褐纹，肾形纹外侧为褐色宽横带，端区各脉间有黑点。后翅黄白色至灰褐色，端区褐色至黑色。卵约 0.5 毫米，半球形，乳白色，具网状花纹，卵孔不明显。老熟幼虫体长 30～42 毫米，体色变化很大，常为绿色型及红褐色型。头部黄褐色，背线、亚背线和气门上线呈深色纵线，气门白色，两根前胸侧毛（L_1、L_2）连线与前胸气门下端相切或相交。蛹长 17～21 毫米，黄褐色。臀棘钩刺2 根。

[生活习性]棉铃虫在我国年发生 2～7 代，以蛹在土中越冬。

成虫趋光和趋杨树枝，夜间交配产卵，多散产于植株的顶尖及嫩梢、嫩叶、果萼、果荚、果穗及茎基部。初孵幼虫仅能啃食嫩叶、花蕾、嫩梢等，一般在三龄开始钻蛀，四、五龄转移蛀食频繁，六龄时相对减弱。一头幼虫可钻蛀多个果穗、果荚等。棉铃虫喜温喜湿，成虫产卵适温在23℃以上，幼虫发育以25～28℃和相对湿度75％～90％最适宜。

[**防治方法**]

(1) 冬季和早春翻地灭蛹，减少田间越冬虫源。

(2) 用黑光灯、高压汞灯、杨树枝把或性诱剂诱捕盆诱杀成虫。

(3) 结合田间管理随整枝打杈摘除卵虫叶片、果实和嫩梢等，蛹期增加中耕和灌水，破坏棉铃虫正常化蛹。

(4) 卵高峰后3～4天和6～8天连续喷洒苏云金杆菌：Bt乳剂或HD-1粉剂，或棉铃虫核型多角体病毒。幼虫二龄（未钻蛀）前选用5％抑太保乳油3 000～4 000倍液，或10％多来宝悬浮剂1 500～2 000倍液，或3％莫比朗乳油1 000～2 000倍液，或5％卡死克乳油1 000～2 000倍液，或12.5％保富悬浮剂8 000～10 000倍液喷雾，钻蛀后宜在早晨或傍晚幼虫钻出活动时喷药防治。

烟青虫

烟青虫又名烟夜蛾、烟实夜蛾，全国各地都有分布，可为害甜椒、彩甜椒、辣椒等。

[**为害特点**]此虫以幼虫蛀食甜椒、辣椒等寄主的幼蕾、花和果实，造成落花、落果，致果实腐烂，也可咬食嫩叶，形成缺刻或将其吃光，钻蛀嫩茎，形成孔洞使幼茎中空而倒折。

[**形态特征**]此虫与棉铃虫极近似，主要区别为：成虫体色较黄，前翅上各线纹清晰，后翅棕黑色宽带中段内侧有一棕黑线，外侧稍内凹。卵稍扁，淡黄色，纵棱双序式，卵孔明显。幼虫两根前胸侧毛（L_1、L_2）的连线远离前胸气门下端，体表小刺较短。蛹体前段略显粗短，气门小而低，很少突起。

[生活习性]烟青虫在各地发生较棉铃虫代数少，华北地区年发生 3～4 代，以蛹在土中越冬。发生期略晚于棉铃虫。成虫产卵量亦比棉铃虫少，最多可达 500 粒。幼虫生活习性与棉铃虫相似，但在食性和为害特点上有较大区别，烟青虫主要为害辣（甜）椒，三龄后开始蛀果，只要食料充足一般不再出果（区别于棉铃虫）。通常幼虫老熟后才从果内钻出入土化蛹。

[防治方法]参见棉铃虫。由于幼虫在三龄蛀果后不再钻出，药剂防治必须在钻蛀前进行。

豆野螟

豆野螟又名豇豆荚螟、豇豆螟、豇豆蛀野螟、豆荚野螟、豆荚螟、豆螟蛾、豆卷叶螟、大豆卷叶螟、大豆螟蛾，全国分布，主要为害多种豆科作物。

[为害特点]此虫以幼虫为害豆叶、花器及豆荚，常卷叶为害或蛀入荚内取食幼嫩的种粒，在荚内及蛀孔外堆积粪便，受害豆荚品质极低甚至不能食用。

[形态特征]成虫体长约 13 毫米，翅展 24～26 毫米，暗黄褐色。前翅中央有 2 个白色透明斑；后翅白色半透明，内侧有暗棕色波状纹。卵 0.6 毫米×0.4 毫米，椭圆形、扁平，淡绿色，表面具六边形网状纹。老熟幼虫体长约 18 毫米，体黄绿色，头部及前胸背板褐色。中、后胸背板上有黑褐色毛片 6 个。蛹长 13 毫米，黄褐色。

[生活习性]此虫在我国发生 3～7 代，以蛹在土中越冬。成虫有趋光性，卵散产于嫩荚、花蕾和叶柄上。初孵幼虫直接蛀入嫩荚或花蕾取食，造成落蕾、落荚，三龄后蛀入荚内食害豆粒，被害荚雨后常腐烂。幼虫亦常吐丝缀叶为害。老熟幼虫多在叶背主脉两侧做茧化蛹，亦可吐丝下落在土表或落叶中结茧化蛹。

[防治方法]

（1）在田间架设杀虫灯诱杀成虫。

（2）及时清除田间落花、落荚，摘除被害的卷叶和豆荚，减少田间虫源。

（3）开花初期或现蕾期开始喷药防治，每 10 天喷蕾喷花 1 次。可选用 52.25％农地乐乳油 2 500～3 000 倍液，2.5％强力高效氯氰菊酯乳油、10％多来宝悬浮剂、5％卡死克乳油 1 500～2 000 倍液，或 12.5％保富悬浮剂 8 000～10 000 倍液喷雾。

桃蚜

桃蚜全国分布，又名烟蚜、桃赤蚜、菜蚜、腻虫。可为害多种蔬菜。

[为害特点] 此虫以成虫和若虫在菜叶上刺吸汁液，造成叶片卷缩变形，植株生长不良。此外，还传播多种病毒病，诱发煤污病，严重影响蔬菜产量和品质。

[形态特征] 体淡色，浅绿、浅黄至浅红色，头部色深，体表粗糙，背中域光滑，第七、八腹节有网纹。有翅孤雌蚜的头、胸黑色，腹部淡色。

[生活习性] 此虫在我国发生世代由北向南逐渐增多，华北地区年发生 10 多代，南方地区可达 30～40 代，且世代重叠极为严重。以无翅胎生雌蚜在露地蔬菜或温室内越冬，也可在菜心里产卵越冬。发育最适温度为 24℃，高于 28℃则不利。在我国北方地区春、秋呈两个发生高峰。桃蚜对黄色、橙色有强烈的趋性，对银灰色有负趋性。

[防治方法]

（1）在菜地内间隔铺设银灰色膜或挂拉银灰色膜条驱避蚜虫。

（2）田间挂黄板涂黏虫胶诱集有翅蚜，或距地面 20 厘米架黄色盆，内装 0.1％肥皂水或洗衣粉水诱杀有翅蚜虫。

（3）适时进行药剂防治，由于桃蚜世代周期短，繁殖快、蔓延迅速，多聚集在蔬菜心叶或叶背皱缩隐蔽处，喷药要求细致周到，尽可能选择兼具有触杀、内吸、熏蒸三重作用的药剂，保护地内宜采用烟雾剂或常温烟雾施药技术防治。可选用 70％艾美乐水分散粒剂 6 000～8 000 倍液，或 25％阿克泰水分散粒剂 4 000～6 000 倍液，或 1％印楝素水剂 800～1 200 倍液，或 10％多来宝悬浮剂 1 500～2 000 倍液，或 12.5％保富悬浮剂 8 000～10 000 倍液喷雾防治。

黄曲条跳甲

黄曲条跳甲又名黄条跳甲、黄曲条菜跳蚤、菜蚤子、土跳蚤、黄跳蚤、狗虱虫，全国普遍分布。

[为害特点] 此虫以成虫和幼虫形成为害。成虫食叶，刚出苗的幼苗子叶即可被吃光，至菜苗死亡，造成缺苗断垄。稍大的幼苗真叶被害后常形成许多孔洞。幼虫主要为害菜根，蛀食根皮，咬断须根，致幼苗或幼株萎蔫死亡。

[形态特征] 成虫为黑褐色长椭圆形小甲虫，鞘翅上各有一条黄色纵斑，中部狭而弯曲，体长1.8～2.4毫米。老熟幼虫长圆筒形，黄白色，各节具不明显肉瘤，老熟幼虫体长4毫米。卵椭圆形，淡黄色，半透明，长约0.3毫米。蛹椭圆形，乳白色，头部隐于前胸下面，蛹长约2毫米。

[生活习性] 此虫在东北年发生2代，华南7～8代。以成虫在落叶、杂草中潜伏越冬。10℃以上时开始取食，成虫善跳跃，高温时还能飞翔，以中午前后活动最盛，有趋光性，对黑光灯敏感，寿命长，产卵期可延续1个月以上，发生不整齐，世代重叠。幼虫在高湿条件下才能孵化，通常在近沟边的地块较多。幼虫孵化后在3～5厘米的土表层啃食根皮，老熟幼虫在3～7厘米深的土中作室化蛹。

[防治方法]

（1）冬前彻底清除菜田落叶和杂草，消灭越冬场所。

（2）播种前耕翻晒土，消灭部分虫蛹。

（3）结合防治其他害虫，采用黑光灯诱杀成虫。

（4）幼虫期及时进行药剂防治，可选用90%敌百虫粉剂1 000倍液，或40%辛硫磷乳油1 000倍液，或40.7%乐斯本乳油1 500倍液灌根，施药液150～250毫升/株。

（5）成虫发生期药剂防治，可选用10%氯氰乳油3 000～4 000倍液，或5.7%百树得乳油3 000～4 000倍液，或10%赛乐收乳油1 000～1 500倍液喷雾。

美洲斑潜蝇

美洲斑潜蝇又名蔬菜斑潜蝇、美洲甜瓜斑潜蝇、苜蓿斑潜蝇，可为害 130 多种蔬菜。

[为害特点] 此虫主要以幼虫钻蛀叶肉组织，在叶片上形成由细变宽的蛇形弯曲隧道，多为白色，有的后期变成铁锈色，白色隧道内交替排列湿黑色线状粪便。严重时叶片在很短时间内就被钻花干枯。成虫产卵和取食还刺破叶片表皮，形成白色坏死产卵点和取食点，严重影响光合作用，大量蒸发水分，致叶片坏死。

[形态特征] 成虫淡灰黑色，体长 1.3～2.3 毫米，额鲜黄色，侧额上面部分色深，小盾片鲜黄色至金黄色，前盾片和盾片亮黑色，触角第三节黄色。中胸背板黑色，翅长 1.3～1.7 毫米，足基节鲜黄色，腿节主要为鲜黄色，胫、跗节色深。雄外生殖器端阳体豆荚状，柄部短。雌虫较雄虫稍长。卵很小，米色，略半透明，产在植物叶片内。幼虫乳白至金黄色，蛆状，最长可达 3 毫米。蛹椭圆形，腹面稍扁平，长 2 毫米左右，橙黄至金黄色。

[生活习性] 美洲斑潜蝇在北京地区年发生 8～9 代，冬季露地不能越冬，保护地可周年发生。雌虫刺伤寄主植物叶片，导致大量叶片细胞死亡，形成肉眼可见的灰白色刻点。卵产于叶片表皮下，幼虫从卵中孵化后开始用口钩不断刮食叶片的栅栏组织，残留上表皮，形成白色蛇形潜道，将黑色粪便挤出。幼虫昼夜均可取食，随着龄期增加虫道不断加粗变长。幼虫有 3 龄，可根据虫道宽度和虫粪长度变化判断幼虫龄期。幼虫老熟后钻出叶面，在叶面或土壤表层正式化蛹。成虫有趋黄、趋嫩、趋绿性。

[防治方法]

（1）收获完毕，及时彻底清除田间植株残体和杂草，有虫植株残体必须高温堆沤处理。保护地在尚未拉秧前 40℃ 以上高温闷棚，杀灭残存虫蛹。

（2）种植前 30 厘米以上耕翻土壤，害虫发生期增加中耕和浇水，破坏化蛹，减少成虫羽化。

（3）悬挂 30 厘米×40 厘米大小的橙黄或金黄色黄板涂黏虫胶、机油或色拉油诱杀成虫。

（4）药剂防治注意交替轮换准确用药，防治成虫喷药宜在早晨或傍晚进行，防治幼虫宜在低龄期施药，即多数被害虫道长度在 2 厘米以下时进行，最好选用兼具内吸和触杀作用的杀虫剂。可选用 1.8%阿维菌素乳油 2 500～3 000 倍液，或 50%蝇蛆净乳油 2 000 倍液，或 50%灭蝇胺乳油 4 000～5 000 倍液，或 5%卡死克乳油 1 000～1 500 倍液喷雾防治。保护地可采用 20%辣根素水乳剂 700 毫升/亩，或 50%复合生物熏蒸剂 250 毫升/亩熏蒸防治。

温室白粉虱

温室白粉虱广泛分布，可为害葫芦科、豆科、茄科、菊科、伞形花科、十字花科、锦葵科等 100 多种蔬菜和花卉。以葫芦科、豆科、茄科、菊科作物受害严重。

[为害特点] 成虫和若虫吸食寄主植物的汁液，致叶片褪绿、变黄，萎蔫，甚至全株枯死。同时，分泌大量蜜露诱发煤污病，影响叶片光合作用，污染叶片和果实，严重时使蔬菜失去商品价值。此外，还传播多种病害。

[形态特征] 成虫体长 1～1.5 毫米，淡黄色，翅面覆盖白色蜡粉，停息时双翅在体上合成屋脊状。翅端半圆形，遮住整个腹部，翅脉简单，沿翅外缘有一排小颗粒。卵长约 0.2 毫米，侧面观长椭圆形，基部有卵柄，从叶背气孔插入植物组织中，初产淡绿色，后渐变褐色、黑色，表面覆有蜡粉。四龄若虫称伪蛹，体长 0.7～0.8 毫米，椭圆形，初期体扁平，逐渐加厚呈蛋糕状，中央略平，黄褐色，体背有长短不齐的蜡丝，体侧有刺。

[生活习性] 在北方温室内繁殖为害，无滞育和休眠现象。繁殖适温为 18～21℃，温室条件下约 1 个月完成一代。成虫羽化后 1～3 天可交配产卵，平均每雌产卵 142.5 粒。也可进行孤雌生殖，其后代为雄性。成虫有趋嫩性，在寄主植物打顶以前，各虫态在作物上自上而下的分布为：成虫、新产绿卵、变黑卵、初龄若虫、老龄若虫、伪蛹、新羽化成虫。种群数量由春到秋持续发展，夏季高温多雨抑制作用不明显，秋季达数量高峰。冬季温室持续生产果类喜温蔬菜，春末夏初即形成为害高峰。成虫对黄色有强烈趋性，可据此进行诱集防治。

[防治方法]

（1）避免适生寄主瓜类、豆类、茄果类蔬菜混栽套种。收获后彻底清理田间杂草和植株残体，妥善处理或高温沤肥，减少田间虫源。

（2）培育无虫苗，把育苗和温室生产分开，育苗前苗棚用20％辣根素水乳剂1升/亩，或50％生物熏蒸剂800毫升/亩熏蒸处理，杀灭残存害虫。风口用防虫网隔离，控制外来虫源。

（3）采用挂黄板诱杀或架黄盆诱杀。在白粉虱发生初期，将黄板套上塑料膜外涂机油或黏虫胶，挂在棚室内诱杀成虫，并定期更换塑料膜、涂黏虫胶。

（4）药剂防治。由于白粉虱世代重叠，各种虫态同时存在，目前尚无兼杀所有虫态的药剂，一种药剂防治需连续几次，并根据各虫态垂直分布规律重点针对相应虫态，以确保防治效果。可选用25％扑虱灵可湿性粉剂1 000～1 500倍液，或2.5％天王星乳油2 000～3 000倍液，或20％康福多浓可溶剂2 000～3 000倍液，或25％阿克泰水分散粒剂3 000～5 000倍液喷雾。保护地内可选用20％辣根素水乳剂700毫升/亩常温烟雾施药，或50％生物熏蒸剂300毫升/亩熏蒸防治。

瓜蚜

瓜蚜全国分布。又名棉蚜，主要为害甜瓜、西瓜、哈密瓜、西葫芦等瓜果蔬菜，亦可为害菜豆、荷兰豆、甜豌豆、豇豆、菠菜、秋葵、洋葱等多种其他蔬菜。

[为害特点]瓜蚜以成虫和若虫在叶片背面和幼嫩组织上吸食作物汁液。瓜苗嫩叶和生长点受害后，叶片卷缩，瓜苗萎蔫，严重时枯死。老叶受害，提前老化枯落，缩短结瓜期或影响幼瓜生长，造成减产。亦传播病毒病。

[形态特征]无翅胎生雌蚜体长1.5～1.9毫米，夏季黄色、黄绿色，春、秋季墨绿色，体表被薄蜡粉。有翅孤雌成蚜，体长1.2～1.9毫米，黄色，绿色或深绿色至蓝黑色，夏季以黄色型居多，体表被薄蜡粉。若蚜黄绿色至黄色，也有蓝灰色。有翅若蚜于

第一次蜕皮出现翅芽，蜕皮4次变成成虫。

[生活习性] 瓜蚜在华北地区年发生10余代，长江流域20～30代，以卵在越冬寄主上或以成蚜、若蚜在温室内蔬菜上越冬或繁殖为害。6℃以上时开始活动，于4月底产生有翅蚜迁飞到露地蔬菜上繁殖为害，秋末冬初又产生有翅蚜迁入保护地，可产生雄蚜与雌蚜交配产卵越冬。繁殖适温16～20℃，北方露地6月至7月中、下旬虫口密度最高，为害最重，7月中旬以后高温高湿和雨水冲刷，瓜蚜为害减轻。

[防治方法] 参见桃蚜防治。抗蚜威对瓜蚜防治效果较差，不宜选用。选用20％辣根素水乳剂700毫升/亩常温烟雾施药，或50％生物熏蒸剂300毫升/亩熏蒸防治。

黄蓟马

黄蓟马广泛分布，又名棕榈蓟马、瓜蓟马、棕黄蓟马，可为害葫芦科、豆科、十字花科、茄科等数十种蔬菜。

[为害特点] 黄蓟马以成虫和若虫锉吸瓜果以及豆类蔬菜的嫩梢、嫩叶、花和果的汁液，使被害组织老化坏死，枝叶僵缩，植株生长缓慢，幼瓜、嫩荚或幼果表皮硬化变褐或开裂，严重影响作物的产量与质量。

[形态特征] 成虫体长1毫米，金黄色，头近方形，复眼稍突出，单眼3只，红色，排成三角形，单眼间鬃位于单眼三角形连线外缘，触角7节，翅2对，周围有细长缘毛，腹部扁长。若虫黄白色，3龄，复眼红色。卵长椭圆形，白色透明，长0.2毫米。

[生活习性] 黄蓟马在我国由北往南发生8～20代，世代重叠严重，发育适温为15～32℃，2℃仍可生存。成虫在土壤内羽化爬出土表后向上移动，较活跃，有强烈的趋光性和趋色性，好蓝色，在作物叶片上"跳跃"飞动，多在幼嫩多毛的部位取食。雌成虫主要营孤雌生殖，偶行两性繁殖。卵散产于叶肉组织内，若虫怕光，多聚集在叶背取食，到三龄末期落入土中"化蛹"，在离土表3～5厘米处栖息。

[防治方法]

（1）每茬收获完毕，彻底消除田间植株残体和田间附近的野生寄主，注意妥善处理。

（2）避免瓜类、豆类、茄果类蔬菜间作、套种。采用地膜覆盖栽培，黄蓟马发生时期适当增加田间浇水。

（3）保护地在种植前用20％辣根素水乳剂1升/亩，或50％生物熏蒸剂800毫升/亩熏蒸处理。黄蓟马发生初期采用蓝板诱杀。

（4）适时进行药剂防治，可选用20％康福多浓可溶剂3 000～4 000倍液，或1.8％阿维菌素乳油3 000～4 000倍液，或25％阿克泰水分散粒剂3 000～4 000倍液喷雾，重点防治幼嫩部位和叶片背面。

花蓟马

花蓟马又名台湾蓟马，多数地方分布，可为害葫芦科、茄科、豆科及十字花科的多种蔬菜和粮、棉等作物。

[为害特点] 此虫以成虫和若虫为害蔬菜的花器，影响开花结实。也为害幼苗、嫩叶和嫩荚。严重时显著降低产量和质量。

[形态特征] 成虫体长约1.3毫米，体褐色略带紫，头、胸部黄褐色。

[生活习性] 此虫在我国南方可年发生11～14代，以成虫越冬。成虫有趋花性，卵大多产于花类植物组织中，如花瓣、花丝、花膜、花柄等，多产在花瓣上。

[防治方法]

（1）收获完毕，彻底消除田间植株残体和杂草，集中堆沤发酵处理。冬前深翻土壤，破坏化蛹场所，减少害虫越冬基数。

（2）避免瓜、豆、茄果类蔬菜连作、套种。采用地膜覆盖栽培，阻止害虫入土化蛹。

（3）保护地育苗和移栽前用20％辣根素水乳剂1升/亩，或50％复合生物熏蒸剂800毫升/亩熏蒸处理。

（4）播种前选用70％高巧干拌种剂按种子重量的0.3％～0.5％拌种处理种子。

（5）害虫发生前期或初期采用滴灌施药或药液浇根防治。根据此虫多隐藏在花器内为害和选择为害幼嫩组织，喷雾防治需重点针对花器和幼嫩部位，宜选用具有内吸、熏蒸作用对作物花器无药害的高效药剂。药剂参见黄蓟马。

朱砂叶螨和二点叶螨

朱砂叶螨和二点叶螨全国分布，朱砂叶螨发生普遍，二点叶螨在部分地区与之混合发生。朱砂叶螨又名棉红蜘蛛，可为害葫芦科、豆科、茄科、锦葵科、百合科、伞形花科等10多科近百种蔬菜。

[为害特点] 幼螨、若螨、成螨在叶背吸食汁液，致叶片出现褪绿斑点，逐渐变成灰白色斑和红色斑。严重时叶片枯焦脱落，田块如火烧状，造成植株早衰，缩短结果期，降低产量和品质。

[形态特征] 朱砂叶螨：雌成螨体长 0.42～0.52 毫米，椭圆形，体色变化较大，有红色、锈红色、暗红色等。体背两侧各有 1 暗色斑块，有时分隔成前后 2 块。足 4 对，长度相近，无爪，足和体背有长毛。卵黄绿至橙黄色，有光泽，圆球形，直径约 0.13 毫米。幼螨近圆形，长约 0.15 毫米，色泽透明，取食后体色呈暗绿色。眼红色，足 3 对。若螨长约 0.21 毫米，足 4 对，体形和体色似成螨但个体小。二点叶螨：雌螨体淡黄至黄绿色，体背两侧各有 1 黑斑。雄螨阳具端锤弯向背面，微小。

[生活习性] 在我国年发生 12～20 代，华北地区以滞育雌成螨在枯枝落叶、土缝或树皮中越冬，华南和北方温室可周年发生。在植株上先为害下部叶片，再向上部叶片蔓延，数量多时可在叶端或嫩尖上形成螨团。它们主要靠爬行，或吐丝下垂借风力传播。以两性生殖为主，有孤雌生殖现象，高温低湿有利于发育繁殖。

[防治方法]

（1）随时清除田间、地头、沟边杂草，收获后彻底清除田间残枝落叶，减少越冬螨源。秋季深翻菜地，破坏越冬场所。

（2）保护地育苗和移栽前用 20%辣根素水乳剂 1 升/亩，或50%生物熏蒸剂 800 毫升/亩熏蒸处理。

（3）害螨点片发生时及时挑治，有螨株达 5％以上时立即进行普防。可选用 1.8％阿维菌素乳油 4 000～5 000 倍液，或 5％尼索朗乳油 1 500～2 000 倍液，或 5％卡死克乳油 1 000～1 500 倍液，或 20％哒螨酮可湿性粉剂 3 000～4 000 倍液，或 50％阿波罗悬浮剂 2 000～4 000 倍液喷雾，重点防治中下部叶片。

茶黄螨

茶黄螨全国分布，又名侧多食跗线螨、黄茶螨、嫩叶螨、白蜘蛛，杂食性，可为害 30 科 70 多种作物。

[为害特点] 成、幼螨集中在寄主幼嫩部位刺吸汁液，尤其是尚未展开的芽、叶和花器。被害叶片增厚僵直，变小变窄，叶背呈黄褐色或灰褐色，带油状光泽，叶缘向背面卷曲，变硬发脆。

[形态特征] 成螨个体很小，需借助放大镜才能看到。

[生活习性] 南方茶黄螨年发生 25～30 代，有世代重叠现象，以成螨在土缝、蔬菜及杂草根际越冬，温暖地区和有温室的菜区茶黄螨可终年发生。螨靠爬行、风力和人、工具及菜苗传带扩散蔓延，开始发生时有明显点片阶段。茶黄螨繁殖快，喜温暖潮湿，要求温度更严格，15～30℃发育繁殖正常，适于卵孵化和幼螨生长发育需 80％以上相对湿度，低于 80％则大量死亡。保护地温暖潮湿对茶黄螨生长发育和繁殖有利。成螨十分活跃，且雄螨背负雌螨向植株幼嫩部转移。

[防治方法]

（1）搞好冬季苗房和生产温室的防治工作，铲除棚、室周围的杂草，收获后及时彻底清除枯枝落叶，消灭越冬虫源。

（2）保护地育苗和移栽前用 20％辣根素水乳剂 1 升/亩，或50％生物熏蒸剂 800 毫升/亩熏蒸处理。

（3）药剂防治，由于茶黄螨虫体极小，不易发现，早期调查需根据被害植株进行判断。保护地蔬菜在定植缓苗后要加强调查，发现个别植株出现受害症状时及时挑治，防止进一步扩展蔓延。春秋茶黄螨盛发期需间隔 7～10 天定期施药防治。喷药重点主要是植株上部嫩叶、嫩茎、花器和嫩果，并注意轮换用药。可选用 1.8％阿维菌素乳油 2 000～3 000 倍液，或 5％尼索朗乳油 1 500～2 000 倍液，或 5％卡死克乳油 1 000～1 500 倍液喷雾防治。

小地老虎

小地老虎又名地蚕、土蚕、黑土蚕、黑地蚕，全国分布，几乎可为害各种蔬菜幼苗。

[为害特点] 幼虫啃食蔬菜幼苗近地面茎基部，后期可将其咬断，致菜苗或菜株死亡，造成缺苗断垄，严重时毁种。幼虫亦可啃食多种名、特、优、稀蔬菜的块茎或块根，影响产品质量或造成腐烂。

[形态特征] 成虫体长 16～32 毫米，翅展 42～54 毫米，深褐色，前翅由内横线、外横线将全翅分为 3 段，具有明显的肾形纹、环形纹。卵长 0.5 毫米，半球形，表面具纵横隆纹，初产乳白色，后出现红色斑纹，孵化前灰黑色。幼虫体长 37～47 毫米，灰黑色，体表布满大小不等的颗粒，臀板黄褐色，具 2 条深褐色纵带。蛹长 18～23 毫米，赤褐色，有光泽，第五至七腹节背面的刻点比侧面的刻点大，臀棘为 1 对短刺。

[生活习性] 小地老虎在我国年发生 2～6 代，越冬虫态及地点在北方地区尚不清楚，春季虫源可能系外地迁飞而来。长江流域小地老虎能以老熟幼虫、蛹及成虫越冬。成虫夜间活动，交配产卵，卵多产在 5 厘米以下的矮小杂草上，尤其在贴近地面的叶背或嫩茎上，卵散产或成堆。成虫对黑光灯及糖醋酒液等趋性较强。幼虫共 6 龄，三龄前在地面、杂草或寄主幼嫩部位取食，三龄后白天潜伏在土表中，夜间出来为害，行动敏捷，虫量大时相互残杀。老熟幼虫有假死性，受惊扰后缩成环形。

[防治方法]

（1）早春清除菜田及周围杂草，防止小地老虎成虫产卵，若已被产卵并发现一、二龄幼虫，应先喷药后除草，以免个别幼虫入土隐蔽。清除的杂草应远离菜田作堆沤处理。

（2）采用捕虫灯诱杀成虫。或采用 6 份糖、3 份醋、1 份白酒、10 份水和 1 份 90％敌百虫调匀，或用泡菜水加适量农药，在成虫

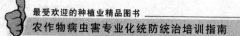

发生期诱杀成虫。亦可用发酵变酸的食物，如甘薯、胡萝卜、烂水果等加入适量药剂诱杀成虫。

（3）加强监测，适期防治。对成虫可采用黑光灯或蜜糖液诱蛾器，诱集监测。对幼虫采用田间系统调查进行监测，如定苗前有幼虫 0.5～1 头/米²，或定苗后有幼虫 0.1～0.3 头/米²，或百株菜苗上有虫 1～2 头即应防治。

（4）药剂防治。小地老虎一至三龄幼虫对药剂较敏感，且暴露在寄主植物或地面上，为药剂防治适期，选用多种药剂都可将其杀死。参见棉铃虫防治。

蛴螬

蛴螬是金龟子的幼虫，俗称白地蚕、白土蚕、蛭虫等，可为害豆科、茄科、葫芦科、十字花科、伞形花科、菊科等多科蔬菜及多种粮食、经济作物和果林等。

[**为害特点**] 此虫幼虫啃食蔬菜萌发的种子、咬断幼苗根茎，致使幼苗死亡，严重时造成缺苗断垄。亦可啃食寄主的块根、块茎，使寄主生长衰弱，降低其产量和质量。成虫则喜欢取食大豆、花生及果树的叶片。

[**形态特征**] 成虫为金龟子，不同种类形态特征不同，鞘翅革质、坚硬、椭圆至长椭圆形。卵为长椭圆形，表面光滑。幼虫肥胖，弯曲呈 C 形，多皱纹，头部橙黄或黄褐色。蛹为裸蛹，由黄白色渐变为橙黄色。

[**生活习性**] 蛴螬有的以幼虫有的以成虫越冬。成虫有假死习性、趋光性、趋粪性和喜湿性。白天潜伏在土中，黄昏后出土活动，咬食叶片并交尾产卵。三龄期以后幼虫为暴食期，往往把根茎部咬断吃光后再转移为害。新菜区前茬种植豆类、花生、薯类及玉米，蛴螬密度一般较高，施用未腐熟肥料，受害较重。地温 14～22℃，土壤含水量 10%～20%，小雨连绵，害虫为害加重。

[**防治方法**]

（1）适时秋耕，将部分成虫和幼虫翻至地表，使其风干、冻死或被天敌捕食以及机械杀伤，减少田间虫口基数。

（2）合理安排茬口，避免与大豆，花生、玉米等喜食寄主套作，重发生地块实行水旱或葱蒜类轮作。

（3）施用充分腐熟的农家肥，避免将幼虫和虫卵带入菜田。

（4）采用杀虫灯诱杀成虫。

（5）人工捕杀，发现菜苗被害，挖出土中的幼虫。利用成虫假死性，用竹竿敲击寄主使其震落捕杀。

（6）药剂防治。用3％米乐尔颗粒剂1～1.5千克/亩与种子拌匀后播种。或用80％敌百虫可溶性粉剂0.1～0.15千克/亩，或3％米乐尔颗粒剂1～1.5千克/亩拌适量细土，或用40％辛硫磷乳油0.2千克/亩稀释后制成毒土，均匀撒在播种或定植沟（穴）内，再覆一层细土。生长期蛴螬发生较重时，可用40％辛硫磷乳油1 000倍液，或80％敌百虫可溶性粉800倍液灌根，每株灌药液150～250毫升。

（7）在成虫盛发期进行药剂防治，可选用10％多来宝悬浮剂1 200～1 500倍液，或3％莫比朗乳油1 000～1 200倍液，或10％赛乐收乳油1 000～1 200倍液，或10％氯氰乳油3 000～4 000倍液喷雾。

沟金针虫

沟金针虫又名沟叩头虫、沟叩头甲、土蚰蜓、钢丝虫、芨芨虫，主要分布在北方地区。可为害豆科、茄科、葫芦科、十字花科等多科蔬菜及数十种粮食和经济作物。

[**为害特点**] 此虫主要以幼虫在土中取食田间播种下的种子、生长的幼芽、菜苗的根系，致寄主作物萎蔫枯死，造成缺苗断垄，甚至全田毁种。

[**形态特征**] 老熟幼虫体长20～30毫米，细长扁圆筒形，体壁坚硬而光滑，具黄色细毛，以两侧较密。体黄色，前头和口器暗褐色，头扁平。成虫雄虫体长14～18毫米，宽4毫米；雌虫体长16～17毫米，宽5毫米。雄虫显然瘦狭，背面扁平，雌虫明显阔壮，背面拱隆。体色棕红至深栗褐色，体表密被金黄色半卧细毛。

[生活习性] 此虫 2～3 年发生 1 代，以幼虫和成虫在土中越冬。白天潜伏于表土内，夜间出土交配产卵。雌虫无飞翔能力，雄成虫善飞，有趋光性。幼虫老熟后于 16～20 厘米深的土层内作土室化蛹，当年在原蛹室内越冬。由于沟金针虫雌成虫活动能力弱，一般多在原地交尾产卵，扩散为害受到限制，因而在有效防治后，短期内种群密度不易回升。

[防治方法] 参见蝼蛄。通常金针虫田间虫口密度达 1.5 头/米^2 时，即需进行防治。

第九节　专业化防治组织应大力推广应用综合防控技术

在以一家一户为防治主体的情况下，由于每一户的农田规模小，认识不到位等方面原因，病虫害综合防控技术很难落实到位，也难以见到成效。专业化防治组织的出现，通过成片地为农民提供全程的病虫害防治服务，可以真正将综合防控技术纳入整个防控方案，减少用药次数，降低防治成本，保护生态环境，促进农业可持续发展。

一、水稻病虫害综合防控技术

深耕灌水灭蛹控螟技术；稻鸭共育技术；频振式杀虫灯诱杀技术；昆虫性信息素诱杀技术；苏云金杆菌防治水稻螟虫技术；枯草芽孢杆菌防治稻瘟病技术；春雷霉素防治稻瘟病技术；井·蜡质芽孢杆菌防治稻曲病和稻瘟病技术。

二、玉米病虫害综合防控技术

频振式杀虫灯诱杀技术；释放赤眼蜂防治玉米螟技术；白僵菌封垛防治玉米螟技术；投撒颗粒剂防治玉米螟技术。

三、蔬菜病虫害综合防控技术

频振式杀虫灯诱杀技术；昆虫性信息素诱杀技术；色板诱杀技术；核型多角体病毒防治甜菜夜蛾、斜纹夜蛾、棉铃虫技术。

四、果树病虫害综合防控技术

频振式杀虫灯诱杀技术；昆虫性信息素诱杀技术；色板诱杀技术；以螨治螨生物防治技术；杀菌剂代森锰锌等防治病害技术。

农药安全使用规范 总则

(NY/T 1276—2007)

1 范围

本标准规定了使用农药人员的安全防护和安全操作的要求。

本标准适用于农业使用农药人员。

2 规范性引用文件

下列文件中的条款通过本标准的引用而成为本标准的条款。凡是注日期的引用文件，其随后所有的修改单（不包括勘误的内容）或修订版均不适用于本标准。然而，鼓励根据本标准达成协议的各方研究是否可使用这些文件的最新版本。凡是不注日期的引用文件，其最新版本适用于本标准。

GB 12475 农药贮运、销售和使用的防毒规程

NY 608 农药产品标签通则

3 术语和定义

下列术语和定义适用于本标准。

3.1

持效期 pesticide duration

农药施用后，能够有效控制农作物病、虫、草和其他有害生物为害所持续的时间。

3.2

安全使用间隔期 preharvest interval

最后一次施药至作物收获时安全允许间隔的天数。

3. 3

农药残留 pesticide residue

农药使用后在农产品和环境中的农药活性成分及其在性质上和数量上有毒理学意义的代谢（或降解、转化）产物。

3. 4

用药量 formulation rate

单位面积上施用农药制剂的体积或质量。

3. 5

施药液量 spray volume

单位面积上喷施药液的体积。

3. 6

低容量喷雾 low volume spray

每公顷施药液量在 50L～200L（大田作物）或 200 L～500 L（树木或灌木林）的喷雾方法。

3. 7

高容量喷雾 high volume spray

每公顷施药液量在 600 L 以上（大田作物）或 1 000 L 以上（树木或灌木林）的喷雾方法。也称常规喷雾法。

4 农药选择

4.1 按照国家政策和有关法规规定选择

4. 1. 1 应按照农药产品登记的防治对象和安全使用间隔期选择农药。

4. 1. 2 严禁选用国家禁止生产、使用的农药；选择限用的农药应按照有关规定；不得选择剧毒、高毒农药用于蔬菜、茶叶、果树、中药材等作物和防治卫生害虫。

4.2 根据防治对象选择

4. 2. 1 施药前应调查病、虫、草和其他有害生物发生情况，对不能识别和不能确定的，应查阅相关资料或咨询有关专家，明确防治

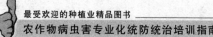

对象并获得指导性防治意见后，根据防治对象选择合适的农药品种。

4.2.2 病、虫、草和其他有害生物单一发生时，应选择对防治对象专一性强的农药品种；混合发生时，应选择对防治对象有效的农药。

4.2.3 在一个防治季节应选择不同作用机理的农药品种交替使用。

4.3 根据农作物和生态环境安全要求选择

4.3.1 应选择对处理作物、周边作物和后茬作物安全的农药品种。

4.3.2 应选择对天敌和其他有益生物安全的农药品种。

4.3.3 应选择对生态环境安全的农药品种。

5 农药购买

购买农药应到具有农药经营资格的经营点，购药后应索取购药凭证或发票。所购买的农药应具有符合 NY 608 要求的标签以及符合要求的农药包装。

6 农药配制

6.1 量取

6.1.1 量取方法

6.1.1.1 准确核定施药面积，根据农药标签推荐的农药使用剂量或植保技术人员的推荐，计算用药量和施药液量。

6.1.1.2 准确量取农药，量具专用。

6.1.2 安全操作

6.1.2.1 量取和称量农药应在避风处操作。

6.1.2.2 所有称量器具在使用后都要清洗，冲洗后的废液应在远离居所、水源和作物的地点妥善处理。用于量取农药的器皿不得作其他用途。

6.1.2.3 在量取农药后，封闭原农药包装并将其安全贮存。农药在使用前应始终保存在其原包装中。

6.2 配制

6.2.1 场所

应选择在远离水源、居所、畜牧栏等场所。

6.2.2 时间

应现用现配,不宜久置;短时存放时,应密封并安排专人保管。

6.2.3 操作

6.2.3.1 应根据不同的施药方法和防治对象、作物种类和生长时期确定施药液量。

6.2.3.2 应选择没有杂质的清水配制农药,不应用配制农药的器具直接取水,药液不应超过额定容量。

6.2.3.3 应根据农药剂型,按照农药标签推荐的方法配制农药。

6.2.3.4 应采用"二次法"进行操作:

1)用水稀释的农药:先用少量水将农药制剂稀释成"母液",然后再将"母液"进一步稀释至所需要的浓度。

2)用固体载体稀释的农药:应先用少量稀释载体(细土、细沙、固体肥料等)将农药制剂均匀稀释成"母粉",然后再进一步稀释至所需要的用量。

6.2.3.5 配制现混现用的农药,应按照农药标签上的规定或在技术人员的指导下进行操作。

7 农药施用

7.1 施药时间

7.1.1 根据病、虫、草和其他有害生物发生程度和药剂本身性能,结合植保部门的病虫情报信息,确定是否施药和施药适期。

7.1.2 不应在高温、雨天及风力大于 3 级时施药。

7.2 施药器械

7.2.1 施药器械的选择

7.2.1.1 应综合考虑防治对象、防治场所、作物种类和生长情况、农药剂型、防治方法、防治规模等情况:

1)小面积喷洒农药宜选择手动喷雾器。

2）较大面积喷洒农药宜选用背负机动气力喷雾机，果园宜采用风送弥雾机。

3）大面积喷洒农药宜选用喷杆喷雾机或飞机。

7.2.1.2 应选择正规厂家生产、经国家质检部门检测合格的药械。

7.2.1.3 应根据病、虫、草和其他有害生物防治需要和施药器械类型选择合适的喷头，定期更换磨损的喷头：

1）喷洒除草剂和生长调节剂应采用扇形雾喷头或激射式喷头。

2）喷洒杀虫剂和杀菌剂宜采用空心圆锥雾喷头或扇形雾喷头。

3）禁止在喷杆上混用不同类型的喷头。

7.2.2　施药器械的检查与校准

7.2.2.1 施药作业前，应检查施药器械的压力部件、控制部件。喷雾器（机）截止阀应能够自如扳动，药液箱盖上的进气孔应畅通，各接口部分没有滴漏情况。

7.2.2.2 在喷雾作业开始前、喷雾机具检修后、拖拉机更换车轮后或者安装新的喷头时，应对喷雾机具进行校准，校准因子包括行走速度、喷幅以及药液流量和压力。

7.2.3　施药机械的维护

7.2.3.1 施药作业结束后，应仔细清洗机具，并进行保养。存放前应对可能锈蚀的部件涂防锈黄油。

7.2.3.2 喷雾器（机）喷洒除草剂后，必须用加有清洗剂的清水彻底清洗干净（至少清洗三遍）。

7.2.3.3 保养后的施药器械应放在干燥通风的库房内，切勿靠近火源，避免露天存放或与农药、酸、碱等腐蚀性物质存放在一起。

7.3　施药方法

应按照农药产品标签或说明书规定，根据农药作用方式、农药剂型、作物种类和防治对象及其生物行为情况选择合适的施药方法。施药方法包括喷雾、撒颗粒、喷粉、拌种、熏蒸、涂抹、注射、灌根、毒饵等。

7.4　安全操作

7.4.1　田间施药作业

7.4.1.1 应根据风速（力）和施药器械喷洒部件确定有效喷幅，并测定喷头流量，按以下公式计算出作业时的行走速度：

$$V=\frac{Q}{q\times B}\times 10 \quad \cdots\cdots\cdots\cdots\cdots\cdots\cdots\cdots (1)$$

式中：

V——行走速度，米/秒（m/s）；

Q——喷头流量，毫升/秒（mL/s）；

q——农艺上要求的施药液量，升/公顷（L/hm²）；

B——喷雾时的有效喷幅，米（m）。

7.4.1.2 应根据施药机械喷幅和风向确定田间作业行走路线。使用喷雾机具施药时，作业人员应站在上风向，顺风隔行前进或逆风退行两边喷洒，严禁逆风前行喷洒农药和在施药区穿行。

7.4.1.3 背负机动气力喷雾机宜采用降低容量喷雾方法，不应将喷头直接对着作物喷雾和沿前进方向摇摆喷洒。

7.4.1.4 使用手动喷雾器喷洒除草剂时，喷头一定要加装防护罩，对准有害杂草喷施。喷洒除草剂的药械宜专用，喷雾压力应在 0.3 MPa 以下。

7.4.1.5 喷杆喷雾机应具有三级过滤装置，末级过滤器的滤网孔对角线尺寸应小于喷孔直径的 2/3。

7.4.1.6 施药过程中遇喷头堵塞等情况时，应立即关闭截止阀，先用清水冲洗喷头，然后戴着乳胶手套进行故障排除，用毛刷疏通喷孔，严禁用嘴吹吸喷头和滤网。

7.4.2 设施内施药作业

7.4.2.1 采用喷雾法施药时，宜采用低容量喷雾法，不宜采用高容量喷雾法。

7.4.2.2 采用烟雾法、粉尘法、电热熏蒸法等施药时，应在傍晚封闭棚室后进行，次日应通风 1 小时后人员方可进入。

7.4.2.3 采用土壤熏蒸法进行消毒处理期间，人员不得进入棚室。

7.4.2.4 热烟雾机在使用时和使用后半个小时内，应避免触摸机身。

8 安全防护

8.1 人员

配制和施用农药人员应身体健康，经过专业技术培训，具备一定的植保知识。严禁儿童、老人、体弱多病者和经期、孕期、哺乳期妇女参与上述活动。

8.2 防护

配制和施用农药时应穿戴必要的防护用品，严禁用手直接接触农药，谨防农药进入眼睛、接触皮肤或吸入体内。应按照GB 12475的规定执行。

9 农药施用后

9.1 警示标志

施过农药的地块要树立警示标志，在农药的持效期内禁止放牧和采摘，施药后 24 小时内禁止进入。

9.2 剩余农药的处理

9.2.1 未用完农药制剂

应保存在其原包装中，并密封贮存于上锁的地方，不得用其他容器盛装，严禁用空饮料瓶分装剩余农药。

9.2.2 未喷完药液（粉）

在该农药标签许可的情况下，可再将剩余药液用完。对于少量的剩余药液，应妥善处理。

9.3 废容器和废包装的处理

9.3.1 处理方法

玻璃瓶应冲洗 3 次，砸碎后掩埋；金属罐和金属桶应冲洗 3 次，砸扁后掩埋；塑料容器应冲洗 3 次，砸碎后掩埋或烧毁；纸包装应烧毁或掩埋。

9.3.2 安全注意事项

9.3.2.1 焚烧农药废容器和废包装应远离居所和作物，操作人员不得站在烟雾中，应阻止儿童接近。

9.3.2.2 掩埋废容器和废包装应远离水源和居所。

9.3.2.3 不能及时处理的废农药容器和废包装应妥善保管，应阻止儿童和牲畜接触。

9.3.2.4 不应用废农药容器盛装其他农药，严禁用作人、畜饮食用具。

9.4　清洁与卫生

9.4.1　施药器械的清洗

不应在小溪、河流或池塘等水源中冲洗或洗涮施药器械，洗涮过施药器械的水应倒在远离居民点、水源和作物的地方。

9.4.2　防护服的清洗

9.4.2.1 施药作业结束后，应立即脱下防护服及其他防护用具，装入事先准备好的塑料袋中带回处理。

9.4.2.2 带回的各种防护服、用具、手套等物品，应立即清洗2～3遍，晾干存放。

9.4.3　施药人员的清洁

施药作业结束后，应及时用肥皂和清水清洗身体，并更换干净衣服。

9.5　用药档案记录

每次施药应记录天气状况、作物种类、用药时间、药剂品种、防治对象、用药量、对水量、喷洒药液量、施用面积、防治效果、安全性。

10　农药中毒现场急救

10.1　中毒者自救

10.1.1 施药人员如果将农药溅入眼睛内或皮肤上，应及时用大量干净、清凉的水冲洗数次或携带农药标签前往医院就诊。

10.1.2 施药人员如果出现头痛、头昏、恶心、呕吐等农药中毒症状，应立即停止作业，离开施药现场，脱掉污染衣服并携带农药标签前往医院就诊。

10.2　中毒者救治

10.2.1 发现施药人员中毒后，应将中毒者放在阴凉、通风的地方，防止受热或受凉。

10.2.2 应带上引起中毒的农药标签立即将中毒者送至最近的医院采取医疗措施救治。

10.2.3 如果中毒者出现停止呼吸现象，应立即对中毒者施以人工呼吸。

附　录　A

用药档案记录卡格式（资料性附录）

农药使用日期和时间：
农田位置：
作物及生长阶段：
目标有害生物以及生长发育阶段：
使用的农药品种和剂量：
用水量：
操作者姓名：
邻近作物：
助剂的使用：
采用的个人防护设备：
喷雾过程中和喷雾后的气象条件：
操作者在雾滴云中暴露的时间：

湖南省岳阳市田园牧歌农业综合服务有限公司管理制度和服务协议

合同编号：TYMC—2011—0000001

水稻病虫害专业化统防统治合同

甲方：＿＿＿＿＿县＿＿＿＿镇＿＿＿＿村＿＿＿＿组 户主：＿＿＿＿＿

乙方：岳阳市田园牧歌农业综合服务有限公司

　　为搞好甲方水稻的病虫害专业化统防统治工作，确保甲方粮食的生产安全、质量安全和生态环境安全，实现增产增收的目标，经甲乙双方友好协商，制定2011年度水稻【早稻□晚稻□中稻□】病虫害专业化统防统治合同，以资共同遵照执行。

　　一、甲方下述种植的水稻由乙方进行病虫害专业化统防统治，其具体内容如下：

具体田块名称	面积（亩）	价格（元/亩）	金额（元）	备注
合计金额（大写）	仟　佰　拾　元　角￥：			

　　以上田亩面积均为实际面积，不以计税面积为准。

　　二、服务期间

　　从移栽（或直播田两叶一心）后至收割前。

　　三、乙方责任

　　负责提供农药并组织对甲方以上签约面积内水稻的二化螟（钻心虫）、

265

稻纵卷叶螟（卷叶虫）、稻飞虱、纹枯病、稻曲病进行统一防治（不含除草、除稗）。

四、产量赔偿标准

1. 稻飞虱：按死苗面积赔偿相关产量损失；

2. 稻纵卷叶螟（卷叶虫）：穗期剑叶（倒数第二片叶）白叶率超过6%的部分全赔，每超过1%，赔偿标准产量的0.5%（即穗期白叶率为7%，赔偿标准为1×0.5%×标准产量；穗期白叶率为8%时，赔偿标准为2×0.5%×标准产量……依此类推）；

3. 二化螟（钻心虫）：白穗率超过1%之外的部分全赔，每超过1%赔偿标准产量的1%（即白穗率为2%，赔偿标准为：1×1%×标准产量；白穗率为3%，赔偿标准为：2×1%×标准产量）；

4. 纹枯病：以冲顶面积计算，赔偿相应面积的标准产量；

5. 稻曲病：病粒超出1%以外按1%标准赔偿；

6. 产量赔偿基数标准：如甲方水稻因上述病虫为害损失超标（若发生较难控防的流行性、暴发性病虫害，防治效果参照同地周边大面积一般农户自防效果），经鉴定后其超标损失部分：移栽田（含抛秧）按早稻700斤*/亩、晚稻800斤/亩、一季稻900斤/亩；直播田按早稻500斤/亩、晚稻700斤/亩、一季稻800斤/亩的基数标准计算标准产量，其他原因造成的损失乙方不承担赔偿责任，粮食价格以国家收购价为准。存在纠纷时由县植保事故鉴定委员会进行鉴定，并依据鉴定结果进行处理。

五、责任免除

以下原因造成的损失，乙方不承担责任：

1. 检疫性的病虫害和当前无法有效控制的毁灭性病虫害；

2. 水稻青枯死苗，伤氮倒伏等非病虫害原因造成的损失；

3. 因施肥、雨水、干旱、污染、低温等人为不可抗拒的因素造成的损失；

4. 甲方没有按照乙方要求配合进行有效防治而造成的损失。

六、甲方责任

1. 如实申报被服务的具体田块和实际面积，并在病虫害专业化统防统治工作开始前两个月签订合同并交纳服务费；

2. 签订合同时，早稻一次性交纳服务费_____元/亩；晚稻一次性交纳服务费_____元/亩；一季稻一次性缴纳服务费_____元/亩；

3. 按照乙方要求及时反馈病虫害发生和施药防治后的信息，以便乙方及时处置问题（如甲方要求增施谷粒饱等，可由乙方统一采购，甲方自付

---

* 斤为非法定计量单位，1斤＝0.5千克。——编者注

费用）。

七、赔偿约定

1. 为切实履行双方承诺，因病虫害专业化统防统治工作失误而导致甲方水稻产量损失，经县级以上农业行政主管部门认定或双方协商一致后，由乙方按赔偿标准进行赔偿。

2. 甲方农作物面积如有变化，双方应补签协议，如有纠纷，双方应友好协商解决，协商不成的，由县级以上农业行政主管部门裁定。

3. 如果甲方的实际面积与合同面积不符，造成乙方配药不当使防治效果不到位而造成的损失由甲方负责承担；鉴于乙方在防治过程中是依据合同田亩数而计量用药，如甲方在申报田亩数时恶意瞒报，将可能导致乙方整体防治效果不到位或全面防治无效，由此造成的损失甲方须承担连带责任。

4. 甲方应做好必要的肥水管理等配合工作，以使乙方的施药达到最佳防效，确保高产稳产；如因甲方工作配合不力或其他人力不可抗拒的自然灾害所造成的病虫害损失，乙方不负责赔偿。

八、特别说明

1. 病虫害专业化统防统治并不是见虫就打，而是当病虫害达到了一定的基数才施药，有的放矢，才能标本兼治。

2. 病虫害专业化统防统治并不能使稻田没有一丝病虫危害，而是将病虫危害控制在国家允许目标以下。

3. 针对当前所有的防控手段都无法防治的"水稻癌症"，如南方黑条矮缩、穗颈稻瘟病，乙方会采取相应措施，积极预防，但不承担赔偿责任。

九、合同期限

本合同期限是指合同规定的农作物生长期间。

十、费用收取

合同费用均按季收取，即按早稻、晚稻和一季稻分期收取，甲方亦可一次性交清，如甲方不按时交清费用，乙方有权不向甲方提供合同规定的服务。

十一、其他未尽事宜，双方应补签协议解决，以强化合同法律法规的严肃性。

十二、本合同一式两份，甲乙双方各执一份，具有同等法律效力，双方代表签字后生效。

甲方（签名）：　　　　　　　　乙方（签章）：

联系电话：　　　　　　　　　　签名：

日期：　　年　　月　　日　　　日期：　　年　　月　　日

合同编号：TYMG—20—0000001

机防队长聘用合同

甲方：岳阳市田园牧歌农业综合服务有限公司

乙方：_____

　　为适应公司发展要求，建立健全基层服务网络，强化机防队的业务拓展和服务功能，经甲乙双方友好协商，现就甲方聘用乙方担任村级机防队队长达成如下协议，以资共同遵照执行。

　　一、甲方的权利和义务：

　　1. 甲方的权利：

　　A. 按照公司经营需要要求乙方推荐机防队员，由公司签订聘用合同，并按照甲方有关方案要求组织进行病虫害专业化统防统治工作；

　　B. 要求机防队使用公司统一配送的农药、机械等物资，并落实节约原则和保管责任；

　　C. 要求乙方对承包合同范围内的农作物数量、实际田亩面积进行如实统计、申报；

　　D. 要求乙方按承包合同及时收缴服务费用；

　　E. 根据公司需要，适时对机防队员工作进行合理调整；

　　F. 依据公司有关要求，对违反公司管理规定的机防队员及时进行合理处理。

　　2. 甲方的义务：

　　A. 协助乙方做好村支两委的协调工作，给予与其本职工作相适应的支持；

　　B. 按照合同要求及时支付乙方薪酬费用；

　　C. 为乙方提供农作物病虫害专业化统防统治的有关信息和技术，并组织机防队员进行业务培训；

　　D. 及时制定防治方案，提供所需防治药品和药械，做好后勤保障工作；

　　E. 为乙方提供意外伤害保险。

　　二、乙方的基本职责、义务和权利：

1. 乙方的基本职责和义务：

A. 选拔机防队员，组建机防队，负责机防队的日常管理，协助公司做好机防队员的培训工作；

B. 掌握落实签约农户的作物的实际面积及具体位置，并根据实际面积及位置进行统筹划片，以片为单位将防治任务安排落实至固定的机防队员并登记在册，以便于检查落实防治效果和考核工作；

C. 按公司统一部署，配合公司和村上做好农作物病虫害专业化统防统治的宣传发动；组织机防队员做好实际面积统计，协助村上与农户签订承包合同，尽力扩大业务规模，并及时收缴服务费用；

D. 依据公司防治方案，及时申领、配发防治工作所需机械、农药、防护用品等，并组织所属机防队在规定时限内保质、保量完成病虫害专业化统防统治任务，务求达到规定的防治效果；协助甲方做好农药包装废弃物品的集中回收和处理；

E. 及时处理农户反映的问题，对重大、突出问题立即上报公司办公室，经公司研究许可后，按公司要求采取措施，妥善处理各种涉农矛盾；

F. 负责对所属机防队员的监管，督促机防队员严格执行《安全用药技术操作规程》，严防各种防治事故发生；对不按公司统一要求进行统防统治工作或人为造成防治责任事故的机防队员进行相应处理，确保统防统治工作及时到位，务必达到防治效果；

G. 组织所属机防队员进行相关业务培训，不断提高专业技能。切实组织加强机械的维护和保养，使之保持正常使用状态；

H. 负责填写《工作日志》，对每次机防队员的培训，每次施药情况都要详细填写《工作日志》，以便于日后工作检查；

I. 督促机防队在每次防治任务结束后，做好防治器械的清洗与保养工作，并负责本机防队所领用防治器械、防护用品的管理，每次防治任务结束后，将器械集中收归仓库进行统一保管，并做好台账，做到账账相符、账实相符；

J. 负责机防队员工资结算；

K. 完成公司交办的其他任务。

2. 乙方的权利：

A. 要求甲方按合同要求及时支付薪酬费用；

B. 要求甲方及时提供病虫害专业化统防统治的具体方案和信息技术；

C. 要求甲方按承包合同和统防统治方案及时配送防治药剂和机械；

D. 根据基本职责要求负责本级相关工作。

三、特别约定：

1. 签订本合同后，乙方除认真完成统防统治任务外，还有义务参与公司的相关管理活动；

2. 在公司统一规定内，乙方对本级机防大队的相关事务有全权处理权，甲方应予以支持配合；

3. 除遇有特别情况，如乙方不执行公司要求需单方解除合同等情况，甲乙双方任何一方需解除合同时，应提前三个月提交解除意向；

4. 机防队长的管理实行责、权、利相统一的机制，如本级机防队因人为主观因素造成防治效果不达标需补施药或需对农户进行防治责任赔偿的，公司除责成乙方按规定追究直接责任机防队员的责任外，乙方还需承担相关监管责任。

四、薪酬及考核标准：

1. 薪酬标准：甲方按施药次数____元/（亩·次）支付给乙方作为工作经费及劳务报酬，按考核标准每季收割完成后支付；

2. 考核标准：单次防治效果全部合格，且补治面积控制在 2% 以内的，每降低一个百分点，另增加 0.5 元/亩费用，补治面积超过 2%，每增加一个百分点，按 1 元/亩扣除；单季防治任务结束后，该机防队所管辖范围内的总赔付率控制在 0.2% 以内的，另增加 1 元/亩费用；总赔付率超出 0.2% 的，每超过一个百分点，按 2 元/亩扣除。

五、本合同期限为一年，第二年续约时重新签订。

六、本合同一式两份，甲乙双方各执一份，具有同等法律效力，自双方签字后生效执行。

七、本合同未尽事宜双方应本着友好合作的原则另行协商解决。

甲方（签章）：　　　　　　　乙方（签名）：

签名：　　　　　　　　　　　联系电话：

时间：　年　月　日　　　　　时间：　年　月　日

合同编号：TYMG—20—0000001

机防队员聘用合同

甲方：岳阳市田园牧歌农业综合服务有限公司

乙方：_____

为适应公司发展要求，建立健全基层服务网络，强化机防队员的操作技术和服务功能，经甲乙双方友好协商，现就甲方聘用乙方担任村级机防队队员达成如下协议，以资共同遵照执行。

一、甲方的权利和义务

1. 甲方的权利：

A. 按照公司经营需要，由机防队长推荐、公司考核审查，选拔机防队队员，统一组织签订聘用合同后，按照甲方有关方案要求组织进行病虫害专业化统防统治工作；

B. 要求机防队使用由公司统一配送的农药、机械等物资，并落实节约原则和保管责任；

C. 要求乙方对承包合同范围内的农作物数量、实际田亩面积进行核实统计、申报；

D. 要求乙方配合机防队长按承包合同及时收缴服务费用。

E. 对不按公司统一要求进行防治工作或人为造成防治责任事故的机防队员进行相应处理，确保防治工作及时到位，务必达到防治效果。

2. 甲方的义务：

A. 按照合同要求及时支付乙方薪酬费用；

B. 为乙方提供有关农作物专业化统防统治的有关信息和技术，并依据工作需要进行业务培训；

C. 结合病虫害情况及时制定防治方案，提供所需防治药品和药械，

271

做好后勤保障工作；

D. 为乙方提供意外伤害保险。

二、乙方的基本职责、义务和权利

1. 乙方的基本职责和义务：

A. 按公司统一部署，配合甲方做好农作物病虫害专业化统防统治的宣传发动，尽力扩大业务规模；

B. 做好签约农户实际田亩统计，落实和掌握田亩的实际面积和具体位置；

C. 协助机防队长做好农户的合同签订工作和收费工作；

D. 依据公司防治方案及时申领防治工作所需机械、农药、防护用品等，并在规定时限内保质、保量完成病虫害专业化防治任务，务求达到规定防治效果；负责做好农药包装废弃物品的集中回收和处理，每天施完药后，做好《田间作业档案》的填写；

E. 协助机防队长做好防治效果的检查工作和农户的回访工作；

F. 对农户反映的重大、突出等问题需及时上报机防队长，经公司研究许可后，按公司要求采取补救措施；

G. 严格执行《安全用药技术操作规程》，严格按照甲方要求穿戴配发的防护服、防护帽、面具、手套等装备，严防各种防治事故发生；

H. 参加相关业务培训，不断提高专业技能。对自己使用的机械要进行日常维护和保养，使之保持正常使用状态；

I. 完成公司安排的其他任务。

2. 乙方的权利：

A. 要求甲方按合同要求及时支付薪酬费用；

B. 要求甲方及时提供病虫害专业化统防统治的具体方案和信息技术；

C. 要求甲方按承包合同和防治方案及时配送防治药剂和机械；

D. 根据基本职责要求负责本级相关工作。

三、特别约定：

1. 乙方除完成公司统防统治任务外，还有义务参与公司的相关管理

活动;

2. 除遇有特别情况，如乙方不执行公司要求需单方解除合同等情况，甲乙双方任何一方需解除合同时，应提前三个月提交解除意向;

3. 机防队员如因人为主观因素造成防治效果不达标需补施药或需对农户进行防治责任赔偿的，公司除责成乙方承担赔偿费用和用药用工费用外，乙方需配合甲方做好农户的协调工作。

四、薪酬及考核标准

1. 薪酬标准：甲方施药按单次计价，早稻第一次_____元/亩，第二次_____元/亩，第三次_____元/亩;晚稻第一次_____元/亩，第二次_____元/亩，第三次_____元/亩，第四次_____元/亩;一季稻第一次_____元/亩，第二次_____元/亩，第三次_____元/亩，第四次_____元/亩，第五次_____元/亩;薪酬费用按早晚稻分季支付，每季收割完毕，按考核要求支付当季薪酬费用。

2. 考核标准：单次防治效果全部合格，且补治面积控制在 2% 以内的，每降低一个百分点，另增加 0.5 元/（亩·次）费用，补治面积超过 2%，每增加一个百分点，按 1 元/（亩·次）扣除;必须按照甲方要求穿戴配发的防护服、防护帽、面具、手套等装备，如未按要求穿戴罚款 50 元/次。

五、本合同期限为一年，第二年续约时重新签订。

六、本合同一式两份，甲乙双方各执一份，具有同等法律效力，自双方签字后生效执行。

七、本合同未尽事宜双方应本着友好合作的原则另行协商解决。

甲方（签章）：　　　　　乙方（签名）：

签名：　　　　　　　　　联系电话：

时间：　年　月　日　　　时间：　年　月　日

岳阳市田园牧歌农业综合服务有限公司
华容县分公司

全程承包服务示意图

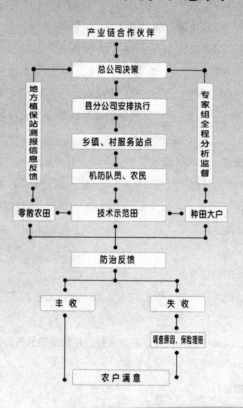

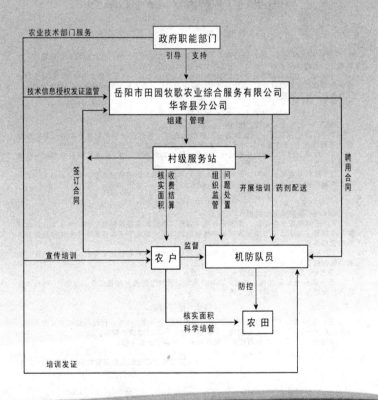

岳阳市田园牧歌农业综合服务有限公司
华容县分公司

农作物病虫害专业化防治服务队
（简称机防队）服务章程

第一章 总 则

第一条 根据省、市、县政府关于大力开展病虫害专业化防治工作的有关指示精神，为切实加强农作物病虫害专业化防治工作的管理与实施，制定本章程。

第二条 农作物病虫害专业化防治服务队（简称机防队）隶属于岳阳市田园牧歌农业综合服务有限公司华容县分公司，以面向基层、服务农村、服务农民、确保农民增产增收为宗旨，实行面向农民的有偿服务。

第二章 任 务

第三条 机防队必须承担以下任务

1. 贯彻"预防为主，综合防治"的植保方针，宣传普及农作物病虫害专业化防治知识，不断提高农民的植保知识水平和自愿参与农作物病虫害专业化防治的意识。

2. 根据上级下达的农作物病虫害专业化防治实施方案，在3天内实施并完成统一的施药防治工作。

3. 加强专业知识学习，提高专业技能，不断掌握农作物病虫害专业化防治技术，确保农作物质量安全、产量安全和生态环境安全。

第三章 组织形式与服务方式

第四条 机防队的组织形式

1. 在村级建立机防队，受本公司统一领导，机防队员采取自愿申请、承认本公司章程和服务章程、接受培训后在服务站长和机防队长的统一调度下开展病虫害专业化防治施药作业的管理办法。

2. 机防队员按照服务站长和机防队长所制定的防治方案和技术要求，使用统一配送的农药等物资实施专业化防治工作。

第五条 机防队员的服务方式

统一实行全程承包服务方式：在农户与本公司指定的服务站签订承包合同后，由机防队履行合同服务内容，并承担相关责任。

第四章 管 理

第六条 建立专业化机防队，严格执行审批登记手续，由建队行政村或机手提出申请，经本公司统一进行业务审查考核后，以基层行政村为单位建立机防队。

第七条 机防队在本公司指定的服务站统一领导下开展工作。

岳阳市田园牧歌农业综合服务有限公司华容县分公司
二〇一一年三月

岳阳市田园牧歌农业综合服务有限公司
华容县分公司

产量赔偿标准（暂行）

1. 稻飞虱：按死苗面积赔偿相关产量损失；

2. 稻纵卷叶螟（卷叶虫）：穗期剑叶（倒数第二片叶）白叶率超过6%的部分全赔，每超过1%，赔偿标准产量的0.5%（即穗期白叶率为7%，赔偿标准为1×0.5%×标准产量；穗期白叶率为8%时，赔偿标准为2×0.5%×标准产量……依此类推）；

3. 二化螟（钻心虫）：白穗率超过1%之外的部分全赔，每超过1%赔偿标准产量的1%（即白穗率为2%，赔偿标准为：1×1%×标准产量；白穗率为3%，赔偿标准为：2×1%×标准产量）；

4. 纹枯病：以冲顶面积计算，赔偿相应面积的标准产量；

5. 水稻稻曲病：病粒超出1%以外按1%标准赔偿；

6. 产量赔偿基数标准：如甲方水稻因上述病虫危害损失超标（若发生较难防控的流行性、暴发性病虫害，防治效果参照同地周边大面积一般农户自防效果），经鉴定后其超标损失部分：移栽田（含抛秧）按早稻700斤/亩、晚稻800斤/亩、一季稻900斤/亩；直播田按早稻500斤/亩、晚稻700斤/亩、一季稻800斤/亩的基数标准计算标准产量，其他原因造成的损失乙方不承担赔偿责任，粮食价格以国家收购价为准。

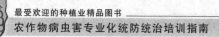

岳阳市田园牧歌农业综合服务有限公司
华容县分公司

安全用药技术操作规程

为确保施药人员安全、农作物数量安全质量安全和农田生态环境安全，防范各种植保事故发生，确保施药优质高效，特制定以下安全用药技术操作规程。

1. 严格按照服务站安排的配方、剂量、兑水量、施药时间和服务面积施药；

2. 喷药前做好施药器械的维护保养，防止结合部件漏液和反向喷射现象；

3. 当天所需药物按每斤母液一次配成稀释液；

4. 施药时穿戴配发的防护帽、面具、防护服、防护袜、手套等装备，避免人体直接接触药物；

5. 避开高温时段施药，7—8月份天晴高温时，上午10时至下午4时不要施药，避开水稻抽穗扬花期施药；

6. 必须使用顺风喷药和单侧喷药的方法，并保持正常速度行走；

7. 农药包装废弃物不得随意丢弃在田间，应带回服务站集中进行无害化处理；

8. 随身携带解毒药物、防止中暑药物和茶水，以备急需之用；

9. 施药后必须用肥皂或沐浴液洗澡，用清水清洗药械器具与防护装备，并存放在规定的位置；

10. 如果药物沾上皮肤或溅入眼睛，先应就近迅速用清水反复冲洗，必要时需送医院进行治疗；

11. 保持两人以上一起作业，出现中毒事故，应迅速就近送医院进行急救。

分公司经理工作职责

一、负责分公司全面工作；

二、负责分公司年度工作计划的制订、公司业务的发展；

三、负责分公司各项规章制度、操作规程的制订，并组织实施；

四、负责管辖区域内各级政府部门和各级农业部门的协调工作；

五、负责组织落实承包田亩合同的签订、服务费的收缴工作；

六、负责每次防治任务的组织落实，加强防治过程中的安全管理，环保管理，督促检查防治效果，并作好相关记录；

七、负责分公司的器械管理、药品的发放、管理工作；

八、负责分公司机防队的组建及培训工作；

九、负责公司各项宣传活动的组织实施；

十、负责分公司的各项成本控制、费用、车辆管理；

十一、负责落实和完成公司下达的各项任务、经济指标；

十二、完成总经理交办的其他任务。

服务站站长职责

1. 负责做好本辖区宣传发动工作，不断提高广大农户参与农作物病虫害专业化统防统治的自觉性与积极性，奠定广泛而深入的群众基础；

2. 负责组织和落实各村机防队的组建和管理工作；

3. 负责对机防队队员进行技术指导、培训，使之能熟悉掌握机械性能、喷施技术和基本的机械保养维护、常见故障的排除知识技能；

4. 负责组织落实承包田亩合同的签订、服务费的收缴工作；

5. 服从公司的统一调度，按照公司的防治方案要求组织机防队员施药，务必保证施药质量；

6. 在施药后三天内负责检查施药后的防治效果，并及时通报给公司技术策划部，如果防治效果不达标，需查明原因后上报公司技术策划部，经批准后采取补治措施；

7. 加强安全管理，督查机防队队员遵守《安全用药技术操作规程》的情况，每次防治战役后要公布检查结果；

8. 讲究工作方法，妥善化解在防治过程中产生的各种矛盾，确保防治工作顺利进行；

9. 遵守商业保密纪律，维护公司利益；

10. 完成公司交办的其他工作。

机防队队长职责

1. 负责选拔聘用机防队员，组建和管理本村机防队；

2. 熟悉掌握签约农户的农作物、面积及田块具体位置；

3. 配合公司做好宣传发动工作，不断提高广大农户参与农作物病虫害专业化统防统治的自觉性与积极性，尽力扩大公司承包面积；

4. 协助公司和农户签订合同并收取服务费；

5. 负责对机防队队员进行技术指导，使之能熟悉掌握机械性能、喷施技术和基本的机械保养维护、常见故障排除及相关技能；

6. 根据本村实际情况合理统筹安排机防队员施药，务必保证施药质量；

7. 做好农药管理工作，严格按公司技术人员下达的药品配方配药，杜绝少用药、乱用药、公药私用现象，加强未用完农药的回收管理和督促机防队员做好农药包装回收工作，并做好登记，做到有账可查。

8. 在施药后三天内负责检查施药后的防治效果，并及时通报给服务站长，如果防治效果不达标，需查明原因后上报，经批准后采取补治措施；

9. 负责防治过程的安全管理，督查机防队队员严格执行《安全用药技术操作规程》，每次防治战役后要公布安全检查情况；

10. 每次防治任务过程中及防治效果检查都必须填写《工作日志》；督促检查机防队员做好《田间档案》的填写工作，并及时上交公司；

11. 督促机防队员在每次防治任务结束后，做好防治器械的清洗与保养工作，并负责本机防队所领用防治器械、防护用品的管理，并做好台账，做到账账相符、账实相符；

12. 负责机防队员的工资结算及考核工作；

13. 讲究工作方法，妥善化解在防治过程中产生的各种矛盾，确保防治工作顺利进行。

14. 遵守商业保密纪律，维护公司利益；

15. 完成公司交办的其他工作。

机防队队员岗位职责

1. 服从机防队长管理和调配；

2. 积极参加公司与植保部门组织的技术培训，掌握各种水稻病虫害特性与防治要点，熟练掌握施药器械使用、日常维护、维修技术；

3. 协助机防队长做好本防治区域内收费工作；

4. 掌握本服务区域内防治丘块实际情况，协助机防队长落实面积，查找虚报瞒报情况；

5. 严格按照公司要求进行作业，不得少配、多配药剂，不得少施、乱施服务丘块，施药时认真细致，不得漏喷、插花；

6. 严禁利用公司器械、药剂给未纳入统防统治的丘块施药，严禁在未完成公司给予的防治任务时间内私自接活；

7. 施药时注意特殊丘块的特殊情况（如有未纳入防治内容的病虫害、品种缺陷、田间严重草害等）应及时反馈，以便公司采取措施；

8. 妥善保管公司配发的施药器械、防护用品、每次施药后清洗归仓，不得私借他人；

9. 严格按照公司的安全操作规程施药，穿防护衣，佩戴防护面罩，保护自己的人身安全；

10. 每次防治任务施药过程中及防治效果检查过程中，每日填写《田间档案》，并及时上交机防队长；

11. 协助机防队长和公司技术部门在施药三天以后进行田间回访调查，有防治不到位的地方听从公司安排立即采取补救措施；

12. 施药时理性、克制，不与他人发生纠纷；

13. 遇到防治纠纷时尽量利用本地人的身份与人沟通、化解矛盾；

14. 完成公司安排的其他工作任务。

工 作 日 志

农作物名称： 日期： 天气： 记录人：

防治目标			防治药剂	品名					
				用量					
施药机防队员、田亩位置、面积、田间状况、作物状况	机防队员姓名	器械名称	台数	田亩位置	田亩面积	田间状况			
						放水深度	作物状况		

河南沙隆达春华益农（商丘）农资连锁有限公司管理制度和服务协议

沙隆达春华益农　统防统治工作流程

1. 与农业部门共同确定病虫害防治对象、防治时间、所用药剂及价格。

2. 确定统防统治的区域，其中各乡镇万亩高产示范方为重点。

3. 市、县（区）农业部门和公司共同商定实施办法，召开各县区主管领导参加的统防统治大会进行安排和布置。

4. 县（区）农业部门会同实施地乡镇政府确定实施的时间和步骤。召开各乡镇主管领导参加的统防统治工作会议，安排具体工作和提出相应的要求。

5. 印制统防统治明白纸。

6. 各乡镇召开统防统治工作会议，向各支部书记布置宣传发动工作的具体内容，发放明白纸。

7. 各县级经销商会同各县农业部门在各乡镇向连锁店进行宣传和摸底，做到合理布局。

8. 公司通知实施地各定点连锁店并对各定点连锁店和机防队员进行培训，培训内容主要有：统防统治的目的和意义；当前主要病虫草害的发生规律、防治方法；统防统治所使用的产品以及产品的性质特点、防治对象、使用方法、使用剂量、使用时间、注意事项；机械的施药特点、操作规范，个人防护，机械故障排除，收费标准；项目实施的时间、任务、要求；为农户提供的具体服务内容。

9. 各村委会向本区域内所属农户发放统防统治明白纸。并以各种形式向农民进行宣传发动，引导农民了解统防统治的目的和意义，让农民知道在春华益农和中诚国联连锁店可参加统防统治。

10. 各乡镇连锁店或机防队代表公司与村民代表或农户签订统防统治协议书，协议书约定内容包括：防治对象、防治时间、防治面积、服务方式、使用产品、收费标准、服务效果、服务纠纷处理等。协议书一式三份，公司一份，各村委会或农户一份，当地县（区）级植保部门一份。

11. 由各村村委会、连锁店或机防队员统计自愿参与统防统治农户的种植面积、地块地点、施药时间，报给各连锁店，连锁店通知各机防队领取相应药品，在约定时间为农户进行统一防治。施药前，机防队员先要先向农户收取药品费用和服务费用，药品费用在施药结束后如数交至各连锁店，而服务费用作为机防队员的报酬，归己所有。

12. 跟踪防治效果。统防统治后 3～7 天由植保部门、各连锁店、村干部和农民代表对防治后的效果进行综合评定，发现问题及时处理解决。

13. 应急预案。为保证农作物病虫草害专业化防治工作不出现失误，考虑以下应急预案：第一，建立情况汇报制度，从机防队、机防大队到连锁店、村委会、乡镇政府、春华益农、农业局，层层负责，出现问题及时解决，不能解决的及时上报。第二，连锁店储备充足的农药资源和有力的配送能力，当出现特殊情况机防队不能及时满足防治要求时，将农药配送到指定地点，结合传统方式共同防治。第三，防止群体事件出现，一旦出现机防队与农民产生异议，连锁店应及时与村支部书记、村民组负责人协商，立即解决。做好机防人员意外人身伤害保险工作，一旦出事及时拨打 120 进行救护。

    沙隆达春华益农（商丘）农资连锁有限公司

机防队服务章程

1. 根据省、市、区政府关于大力开展病虫害专业化防治工作的有关指示精神,为切实加强农林作物病虫害专业化防治工作的管理与实施,制定本章程。

2. 农林作物病虫害专业化防治服务队(简称机防队)隶属于长沙双红农业科技有限公司,以面向基层、服务农村、服务农民、确保农民增产增收农业增效为宗旨,实施面向农民的有偿服务。

3. 机防队必须承担以下任务

3.1 贯彻"预防为主,综合防治"的植保方针,宣传普及农林作物病虫害专业化防治知识,不断提高农民的植保知识水平和资源参与农林作物病虫害专业化防治的意识。

3.2 根据公司下达的农林作物病虫害专业化防治实施方案,在规定时限内实施并完成统一的施药防治工作。

3.3 加强专业知识学习,提高专业技能,不断掌握农林作物病虫害专业化防治技术,确保农林作物质量安全、产量安全和生态环境安全。

3.4 按公司统一部署,及时收取服务费。

4. 机防队的组织形式

4.1 在村级建立机防队,受公司统一领导,直接面向农户承包施药防治,机防队员自愿申请、接受培训后在服务站长和机防队长的统一调度下开展病虫害专业化防治施药作业。

4.2 机防队员按照服务站长和机防队长所制定的防治方案和技术要求,使用统一配送的农药等物资实施专业化防治工作。

5. 机防队员的服务方式

统一实行全程承包服务方式:在农户与公司指定的服务站签订承包合同后,由机防队履行合同服务内容,并承担相关责任。

6. 建立专业化机防队,严格执行审批登记手续,由建队行政村或机手提出申请,经公司统一进行业务审查考核后,以基层行政村为单位建立机防队。

7. 机防队在公司指定服务站的统一领导下开展工作。

沙隆达春华益农(商丘)农资连锁有限公司

机防队队长职责

1. 熟悉掌握客户（农户）的农林作物、面积及具体田块（山地）；

2. 配合服务站长有针对性地做好宣传发动工作，不断提高广大农户参与农林作物病虫害专业化防治的自觉性与积极性，奠定广泛而深入的群众基础；

3. 负责对机防队员进行技术指导，使之能熟悉掌握机械性能、喷施技术和基本的机械保养维护、常见故障的排除等技能；

4. 服从公司统一调度，按照公司的施药技术要求组织队员施药，务必保证施药质量；

5. 在公司规定的时限内负责检查施药后的防治效果，并及时通报给服务站长，如果防治效果不达标，需查明原因后上报，经批准后采取补救措施；

6. 督查机防队员遵守《安全用药技术操作规程》，每次防治战役后要公布检查结果；

7. 讲究工作方法，妥善化解在防治过程中出现的各种矛盾，确保防治工作顺利进行。

沙隆达春华益农（商丘）农资连锁有限公司

机防队队员守则

1. 遵守机防队章程，服从机防队的统一管理；

2. 认真学习相关业务知识，掌握主要农林作物病虫害的识别与防治技术；

3. 按照公司统一要求，认真履行工作职责；

4. 严格遵守农药安全使用操作规程，切实防止中毒事故发生；

5. 爱护公物，掌握药械正确使用技术和维修保养技术；

6. 防止漏喷、重喷事件发生，确保施药质量；

7. 严禁以公司名义私自开展相关业务活动；

8. 农药包装废弃物应带回集中存放，严禁随意丢弃；

9. 不断强化服务意识，不断提高服务质量；

10. 保守公司商业秘密，维护公司利益。

沙隆达春华益农（商丘）农资连锁有限公司

安全用药技术操作规程

为确保施药人员安全、农林作物数量安全及质量安全和农村生态环境安全，防范各种植保事故发生，确保施药优质高效，特制定以下安全用药技术操作规程。

1. 严格按照连锁店安排的配方、剂量、兑水量、施药时间和服务面积施药；

2. 喷药前做好施药器械的维护保养，防止结合部件漏液和反向喷射等现象；

3. 当天所有母液需一次配成稀释液；

4. 施药时穿戴配发的防护帽、面具、防护服、防护袜、手套等装备，避免人体直接接触药物；

5. 避开高温时段施药，7～8月份天晴高温时，上午10时至下午4时不要施药；

6. 必须采用顺风喷药和单侧喷药的方法，并保持正常速度行走；

7. 农药包装废弃物不得随意丢弃在田间，应带回服务站集中进行无害化处理；

8. 随身携带解毒药物、防止中暑药物和茶水，以备急需之用；

9. 施药后必须用肥皂或沐浴液洗澡，用清水清洗药械器具与防护装备，并存放在规定的位置；

10. 如果药物沾上皮肤或溅入眼睛，应先就近迅速用清水反复冲洗，必要时需送医院进行治疗；

11. 保持两人以上一起作业，出现中毒事故，应迅速就近送医院进行急救。

沙隆达春华益农（商丘）农资连锁有限公司

机防工作合作实施协议

甲方：沙隆达春华益农（商丘）农资连锁有限公司

乙方：姓名 韩学闷　　　虞城 县（区）　利民 乡（镇）

胡桥 村　小韩庄 组

身份证号：411425＊＊＊＊＊＊　　联系电话：1523＊＊＊＊＊＊

　　为了促进农业发展，更好服务于农民兄弟，经甲、乙双方友好协商，就机防工作的顺利实施达成如下协议：

　　1. 机械设备由公司统一配置，使用权归乙方，所有权归甲方，所需车辆等动力设备由乙方提供，甲方为乙方发放统一证书和服装。

　　2. 乙方必须爱护机械设备并正确使用，使用中所产生的费用（加油、保养、维修等）由乙方承担，乙方必须保持设备能够正常使用及干净卫生。

　　3. 协议终止后，机械设备在检验合格后由甲方统一收回，如不能正常使用的在乙方负责维修正常后由甲方统一收回。

　　4. 甲方负责对乙方进行培训，使他们能够科学合理的使用农资产品和机械设备，乙方在培训合格后方能上岗操作。

　　5. 乙方要在甲方的指导下根据各个不同作物和时期为农民提供机防服务，但必须使用甲方指定的药剂，如果乙方在为农民服务时使用非甲方提供的产品，甲方不为其服务效果负责，并有权收回机械设备及解除合作协议。

　　6. 乙方应严格按照甲方的指导正确使用机械设备和农资产品，不能投机取巧、偷工减料，并接受甲方和农户的监督，不能和农户吵架、拌嘴，自觉维护春华益农的良好形象，如服务不到位造成农户有意见，轻者批评教育，重者罚款并向农户赔礼道歉、包赔损失。

7. 协议期间必须服从甲方的统一调动，不得私自向农户多收费或少收费，收费标准详见机防服务价目表。农户使用农资产品和服务必须现款，不允许赊欠，乙方必须每日向甲方结清所使用的农资产品货款，如有赊欠，所欠款项由乙方垫付。

8. 甲方派人在乙方的配合下，到各村庄开办农民讲堂，宣传科学种田的技术和引导农民加入机械防治的行列，也可由乙方自行联系农户，确定机防面积，但必须经甲方同意并统一配备农资产品后方可进行作业。

9. 乙方在作业过程中出现意外情况（中毒、意外受伤、车辆事故、伤病等），由乙方自行承担，甲方只承担由甲方提供的农药、化肥、种子质量方面的责任。

10. 公司为机防队员发放统一证书和服装，指导机防队适时合理用药用肥，保证使用效果。

11. 乡镇连锁店和机防队员负责联系农户，确定每次的机防面积，并收取相应的货款和人工费用。

12. 此协议一式两份，双方各执一份，自签订之日起生效，有效期至　　年　　月　　日止。可经双方协商同意后解除，但需提前5天通知对方。

13. 未尽事宜双方另行协商并签订补充协议。

甲方：达春华益农（商丘）　　　　　乙方：韩
农资连锁有限公司

2012年1月5日

农田病虫草害统防统治协议书

甲方：沙隆达春华益农（商丘）农资连锁有限公司

地址：商丘市南京路农资大市场北一排西一号　电话：0370 - 292 ***

乙方：__侯中先__

地址：__梁园区王楼乡__　　　　电话：__1383*******__

　　为了有效开展农田病虫害的防治工作，甲乙双方本着平等、自愿原则，经协商一致达成如下协议：

　　一、乙方自愿参与统防统治面积合计 __20__ 亩，本协议有效期自协议签订之日起至二〇一一年九月二十五日止。

　　二、甲方责任：

　　1. 甲方根据植保部门提供的病虫害发生信息及防治建议，严格遵守农药安全使用规定，向乙方提供符合国家质量标准的农药产品，指导农民适期完成防治作业，如因产品质量出现问题由甲方承担相应的责任。

　　2. 在植保部门的指导下，按季节开展粮食全程病虫草害防治服务时，根据每次防治对象及用药不同，根据农药监管部门的意见，向乙方按优惠后的药品价格收取费用。小麦全程保姆式病虫草防治 43 元，玉米全程保姆式病虫草害防治 39 元。

　　3. 甲方适时安排机防队在本协议指定的地块，严格按照操作规程，使用统防统治指定药剂和剂量，进行统一施药。

　　4. 在粮食生产过程中，指导机防队或乙方按照甲方产品使用要求正确使用，防治效果达到国家防控标准。若发生自然灾害或流行性、暴发性病虫害，防治效果应平均优于同地周边大面积一般农户自治效果。具体防治对象、使用药剂及价格、每亩施药服务费用等详见附页。

三、乙方责任：

1. 乙方自愿按照本协议指定面积参加甲方组织的统防统治工作。自愿接受甲方为乙方进行的农田病虫草害田间用药指导、用药管理。

2. 协议签订后乙方积极配合甲方，按照规定携带户口本到村委会领取病虫草害统防统治优惠券，并完整填写优惠券。

3. 乙方将自愿参与统防统治的面积和地块地点报到本村村委会或者甲方，甲方安排机防队适时进行病虫草害的防治，施药前，乙方将优惠券交给机防队员，并向机防队员交纳优惠后的药品费用和约定的机防服务费用。

本协议未尽事宜，由甲、乙双方协商解决，协商不成的可到人民法院提起诉讼。

四、本协议一式三份，甲乙双方各一份，交县级植保部门一份备案。

五、本协议自双方签字或盖章后生效。

甲方：沙隆达春华益（商丘）农资连锁有限公司

代表人：吴非

乙方：

2011 年 3 月 7 日

附录 4

安全科学使用农药图解

1.购买农药 看清标签

购买和使用农药，要仔细阅读标签。要购买和使用农药瓶(袋)上标签清楚并且登记证、生产批准证、产品标准号码齐全的农药。不要购买和使用农药标签模糊不清，或登记证、生产批准证和产品标准号码不全的农药。

2.农药储运 远离食品

农药必须单独运输，修建专用库房或箱柜上锁存放，并有专人保管。农药不得与粮食、蔬菜、瓜果等食品及日用品混运、混存。防止儿童进入农药库房。

293

3.农药配制　专用器具

配制农药，要选择专用器具量取和搅拌，决不能直接用手取药和搅拌农药。

4.喷洒农药　注意天气

田间喷洒农药，要注意风力、风向及晴雨等天气变化，应在无雨、3级风以下天气施药。下雨和3级风以上天气不能施药，更不能逆风喷洒农药。夏季高温季节喷施农药，要在上午10时前和下午3时后进行，中午不能喷药。施药人员每天喷药时间一般不得超过6小时。

5.田间施药　注意防护

　　田间施用农药，必须穿防护衣裤和防护鞋，戴帽子、防毒口罩和防护手套。年老、体弱、有病的人员，儿童，孕期、经期、哺乳期妇女，不能施用农药。

6.适期用药　避免残留

　　必须注意农药安全间隔期——农药安全间隔期是指最后一次施药至作物收获时的间隔天数。用药前，必须了解所用农药的安全间隔期，保证农产品采收上市时农药残留不超标。

7.药械故障　及时维修

施药机械出现滴漏或喷头堵塞等故障，要及时正确维修，不能用滴漏喷雾器施药，更不能用嘴直接吹吸堵塞喷头。

8.禁用规定　严格遵守

在我国·禁用·农药

六六六、滴滴涕、毒杀芬、二溴氯丙烷、杀虫脒、二溴乙烷、除草醚、艾氏剂、狄氏剂、汞制剂、砷类、铅类、敌枯双、氟乙酰胺、甘氟、毒鼠强、氟乙酸钠、毒鼠硅、甲胺磷、甲基对硫磷、对硫磷、久效磷、磷胺……

根据中华人民共和国农业部第199号、274号公告，在中国禁止使用甲胺磷等33种（类）剧毒、高毒、高残留农药。

9.高毒农药　果菜禁用

在我国限用农药品种	
限用的农药品种	限制作物
治螟磷、蝇毒磷、涕灭威、特丁硫磷、内吸磷、灭线磷、氯唑磷、硫环磷、克百威、甲基异柳磷、甲基硫环磷、甲拌磷、地虫硫磷、苯线磷	蔬菜、果树、茶树、中草药材
氧乐果	甘蓝
特丁硫磷	甘蔗
三氯杀螨醇、氰戊菊酯	茶树
丁酰肼	花生

蔬菜、果树、茶树、甘蔗、花生、中草药材等作物，严禁使用国家明令限用的高毒、高残留农药，以防食用者中毒和农药残留超标。

10.剧毒农药　严禁喷雾

克百威（呋喃丹）、涕灭威、甲基异柳磷等剧毒农药，只能用于拌种、工具沟施或戴手套撒毒土，严禁对水喷雾！

11.施药现场　禁烟禁食

配药、施药现场，严禁抽烟、用餐和饮水。必须远离施药现场，将手、脸洗净后方可抽烟、用餐、饮水和从事其他活动。

12.防治病虫　科学用药

对农作物病、虫、草、鼠害，采用综合防治(IPM)技术，当使用农药防治时，要按照当地植保技术推广人员的推荐意见，选择对路农药，在适宜的施药时期，用正确的施用方法，施用经济有效的农药剂量，不得随意加大施药剂量和改变施药方法。

13.施药地块　人畜莫入

施过农药的地块要树立警示标志，在一定时间内，禁止进入田间进行农事操作、放牧、割草、挖野菜等。

14.农药包装　妥善处理

农药应用原包装存放，不能用其他容器盛装。农药空瓶（袋）应在清洗三次后，远离水源深埋或焚烧，不得随意乱丢，不得盛装其他农药，更不能盛装食品。

最受欢迎的种植业精品图书
农作物病虫害专业化统防统治培训指南

15.施药完毕　洗澡更衣

施药结束后，要立即用肥皂洗澡和更换干净衣物，并将施药时穿戴的衣裤鞋帽及时洗净。

16.农药中毒　及时抢救

施药人员出现头疼、头昏、恶心、呕吐等农药中毒症状时，应立即离开施药现场，脱掉污染衣裤，及时带上农药标签到医院治疗。
中国疾病预防控制中心中毒急救控制电话：
010—83132345